"十四五"普通高等教育本科系列教材

XIANDAI SHEJI FANGFA

现代设计方法

编著　陈修龙　杨　通　隋秀华
田和强　邓　昱　贺俊杰
主审　曹　毅　韩宝坤　蔡　毅

中国电力出版社
CHINA ELECTRIC POWER PRESS

内 容 提 要

本书共分5章，主要内容包括概述、设计方法学、优化设计、有限元法和可靠性设计。本书重点介绍了现代设计的特点、体系、理念和方法，以及现代设计常用的计算机软件操作及其在工程实例中的应用，以求拓宽学生的视野，增强创新设计意识，为日后从事机电产品开发工作打下基础。本书配套数字资源，以便学生自主学习和拓展知识面。

本书可作为高等院校机械工程类专业本科生的教材，也可供其他相关专业师生及工程技术人员参考使用。

图书在版编目（CIP）数据

现代设计方法/陈修龙等编著．—北京：中国电力出版社，2021.7（2023.6重印）

“十四五”普通高等教育本科系列教材

ISBN 978-7-5198-5325-9

Ⅰ.①现…　Ⅱ.①陈…　Ⅲ.①设计学—高等学校—教材　Ⅳ.①TB21

中国版本图书馆CIP数据核字（2021）第022988号

出版发行：中国电力出版社
地　　址：北京市东城区北京站西街19号（邮政编码100005）
网　　址：http://www.cepp.sgcc.com.cn
责任编辑：周巧玲（010-63412539）
责任校对：黄　蓓　马　宁
装帧设计：赵姗杉
责任印制：吴　迪

印　　刷：北京天宇星印刷厂
版　　次：2021年7月第一版
印　　次：2023年6月北京第二次印刷
开　　本：787毫米×1092毫米　16开本
印　　张：9.25
字　　数：222千字
定　　价：30.00元

前　言

现代设计方法课程是一门以设计产品为对象，采用先进的计算机技术，运用工程设计的新理论和新方法，不断提高设计质量和缩短设计周期的集成学科。本课程涉及范围较广，需要具备矩阵理论、概率与数理统计、工程力学、现代机械设计和高级程序语言等方面的基本知识及应用能力。为适应我国机械工业发展和创新设计人才培养的需要，编者融入十余年来对本课程课堂教学的凝练和教学改革的成果，同时结合兄弟院校的优秀教学成果及案例编写了本书。

本书共精选 5 章内容，重点介绍设计方法学、优化设计、有限元法和可靠性设计等应用广泛、实用性强的设计内容，注重培养学生的综合分析、系统思考和创新设计的能力和机械工程素养，开发学生的思维方式及创新潜能，激励学生运用所学基本理论与基本方法去发现、分析和解决工程实践设计中的问题。通过本书的学习，学生可全面了解现代设计的特点、体系以及理念、思路和方法，在重点学习相关理论的基础上着眼于实际应用，掌握一些现代设计常用的计算机软件操作和具体使用方法，并将其应用于工程实例中，从而拓宽视野，增强创新设计意识，灵活运用现代设计方法，为从事机电产品开发工作打下基础，创造设计出实用性强的高品质新产品。

本书由山东科技大学、北华航天工业学院共同组织编写，具体分工如下：第 1、2 章由陈修龙编写；第 3 章由杨通编写；第 4 章由田和强编写；第 5 章由隋秀华编写；数字资源（PPT、电子教案、案例库等）由杨通、邓昱、贺俊杰和田和强负责制作。全书由陈修龙教授统稿。本书相关数字资源，请联系主编索取，E - mail：cxldy qq @163. com。

本书由江南大学曹毅教授、山东科技大学韩宝坤教授和北华航天工业学院蔡毅教授主审，他们对本书的编写提出了很多宝贵的意见和建议，在此表示衷心的感谢。同时也感谢山东科技大学博士研究生贾永皓以及硕士研究生孙成浩、江守源为本书做出的贡献。感谢“山东省优质课程现代设计方法”（SDYKC19076）的资助。

由于编者水平所限，书中难免有不妥之处，敬请广大读者批评指正。

编者
2021 年 2 月

目 录

第1章 概　　述

1.1 现 代 设 计

1.1.1 设计概念

设计是人类认识和改造自然的基本活动之一，它与人类的生产活动及生活密切相关。在人类改造自然和利用自然的历史长河中，设计活动始终贯穿于人类所有的实践活动中。从某种意义上讲，人类文明的历史就是不断进行设计活动的历史。

设计一词有广义和狭义两种概念。广义概念是把人类的理想变为现实的实践活动。狭义概念是根据客观需求完成满足该需求的技术系统的图纸及技术文档的活动，目前各种产品包括机械产品的设计即属于此。随着科学技术和生产力的不断发展，设计的内涵和外延都在扩大，设计的概念趋于广义化。设计不再仅仅考虑构成产品的物质条件和满足功能需求，而是综合经济、社会、环境、人体工学、人的心理、文化层次等多种因素的系统设计。目前科技界对设计尚无统一的定义，但对设计的基本内涵都有共同的认识。综合来理解，设计的含义就是为了满足人类与社会的功能要求，将预定目标通过人们的创造性思维，经过一系列规划、分析和决策，产生载有相应的文字、数据、图形等信息的技术文件，以取得最满意的社会与经济效益，这就是设计。然后通过实践转化为某项工程，或通过制造成为产品，而造福于人类。当然在转化与制造过程中设计也无处不在，因此设计存在于人类实践活动的始终。本质上产品设计过程就是创造性的思维与活动过程，是将创新构思转化为有竞争力的产品设计。从产品设计的理解出发，设计活动具有需求特征、创造性特征、程序特征、时代特征。

(1) 需求特征。产品设计的目的是满足人类社会的需求，所以设计始于需要，没有需要就没有设计，需求是设计的驱动力。

(2) 创造性特征。时代的不断发展使得人们的需求、自然环境、社会环境都处于变化之中，从而要求设计者适应条件的变化，不断更新老产品，创造新产品。

(3) 程序特征。任何产品设计都有设计过程。这个过程是指从明确设计任务到完成技术文件所进行的整个设计工作的流程。设计过程一般可分为产品规划、原理方案设计、技术设计和施工设计4个主要阶段。只有按设计程序进行工作，才能提高效率，保证设计质量。

(4) 时代特征。人类任何活动都受时代的物质条件、技术水平的约束，设计也是如此，例如设计中的设计手段、材料、制造工艺等，因此各种产品设计都具有时代的烙印。

认识了产品设计的特征，人类才能全面、深刻地理解设计活动的本质，进而研究与设计活动有关的各种问题，提高设计的质量和效率。

1.1.2 设计发展基本阶段

从人类生产的进步过程来看，整个设计进程大致经历了以下四个阶段。

(1) 直觉设计阶段。17世纪以前，设计活动是一种直觉设计。由于人类认识世界的局限性，设计者在设计过程中基本没有信息交流。设计方案存在于手工艺人的头脑之中，无法记录表达，产品也比较简单。

（2）经验设计阶段。随着生产的发展，单个手工艺人的经验或其头脑中的构思已很难满足这些要求。因此，一个个孤立的设计者联合起来，互相协作。设计信息的载体——图纸的出现，使具有丰富经验的手工艺人得以通过图纸将其经验或构思记录下来，传于他人，便于用图纸对产品进行分析、改进和提高，推动设计工作向前发展；同时满足更多的人同时参加同一产品的生产活动，满足社会对产品的需求及生产率的要求。利用图纸进行设计，使人类设计活动由直觉设计阶段进步到经验设计阶段，但是其设计过程仍是建立在经验与技巧的积累之上。经验设计虽然较直觉设计前进了一步，但设计周期长，质量也不易保证。

（3）半理论半经验设计阶段。20 世纪以来，由于科学技术的发展与进步，设计的基础理论研究和实验研究得到加强，随着理论研究的深入、试验数据及设计经验的积累，已形成了一套半经验半理论的设计方法。这种方法以理论计算和长期设计实践而形成的经验、公式、图表、设计手册等作为设计的依据，通过经验公式、近似系数或类比等方法进行设计。依据这套方法进行机电产品设计，称为传统设计。所谓"传统"是指这套设计方法已沿用很长时间，并仍旧得以广泛地采用，因此，传统设计又称常规设计。

（4）现代设计阶段。近 30 年来，随着科学技术的迅速发展，人类对客观世界的认识不断深入，设计工作所需的理论基础和手段有了很大进步，特别是电子计算机技术的发展及应用，令设计工作产生了革命性的突破，为设计工作提供了实现设计自动化和精密计算的条件。例如，CAD 技术能得出所需要的设计计算结果资料、生产图纸和数字化模型，一体化的 CAD/CAM 技术更可直接输出加工零件的数控代码程序，直接加工出所需要的零件，从而使人类设计工作步入现代设计阶段。此外，步入现代设计阶段的另一个特点就是，对产品的设计已不是仅考虑产品本身，还要考虑对系统和环境的影响；不仅要考虑技术领域，还要考虑经济、社会效益；不仅要考虑当前，还要考虑长远发展。

1.1.3 传统设计与现代设计

传统设计是以经验总结为基础，运用长期设计实践和理论计算而形成的经验、公式、图表、设计手册等作为设计依据，通过经验公式、近似系数或类比等方法进行设计。传统设计在长期运用中得到不断完善和提高，是符合当代技术水平的有效设计方法。分析传统设计的过程，可以看出其中每一个环节都是依靠设计者用手工方式来完成的。首先凭借设计者的直接或间接经验，通过类比分析或经验公式来确定方案，由于方案的拟订很大程度上取决于设计人员的个人经验，即使同时拟订几个方案，也难以获得最优方案。由于分析计算受人工计算条件的限制，只能用静态的、近似的方法，参考数据偏重经验的概括和总结，往往忽略了一些难解或非主要的因素，因而造成设计结果的近似性较大，有时甚至不符合客观实际。此外，信息处理、经验或知识的存储和重复使用方面还没有一个理想的有效方法，解算和绘图也多用手工完成，不仅影响设计速度和设计质量的提高，也难以达到精确和优化的效果。传统设计对技术与经济、技术与美学也未能做到很好的统一，使设计带有一定的局限性。这些都有待于进一步改进和完善。

总之，传统设计方法是一种以静态分析、近似计算、经验设计、手工劳动为特征的设计方法。显然随着现代科学技术的飞速发展、生产技术的需要和市场的激烈竞争以及先进设计手段的出现，这种传统设计方法已难以满足当今时代的要求，从而迫使设计领域不断研究和发展新的设计方法和技术。

现代设计是过去长期的传统设计活动的延伸和发展，是传统设计的深入、丰富和完善。

随着设计实践经验的积累、设计理论的发展以及科学技术的进步，特别是计算机技术的高速发展，设计工作包括机械产品的设计过程产生了质的飞跃。为区别过去常用的传统设计理论与方法，人们把这些新兴理论与方法称为现代设计。现代设计技术就是以满足市场产品的质量、性能、时间、成本、价格综合效益最优为目的，以计算机辅助设计技术为主体，以知识为依托，以多种科学方法及技术为手段，研究、改进、创造产品活动过程所用到的技术群体的总称。

现代设计不仅指设计方法的更新，也包含了新技术的引入和产品的创新。目前，现代设计方法所指的新兴理论与方法主要包括优化设计、可靠性设计、设计方法学、计算机辅助设计、动态设计、有限元法、工业艺术造型设计、人机工程、并行工程、价值工程、反求工程设计、模块化设计、相似性设计、虚拟设计、疲劳设计、三次设计、摩擦学设计、绿色设计等。

现代设计与传统设计的关系如下：

(1) 继承关系。现代设计是过去长期的传统设计活动的延伸和发展，它继承了传统设计的精华，克服了传统设计的一些不足。

(2) 共存与突破的关系。设计方法的发展都有着时序性、继承性，两种方法在一定时间内还会共存。当前的现代设计方法正处在发展之中，可以预见，随着科学技术的进步必将有新的突破。

1.2 现代产品的设计类型与进程

1.2.1 现代产品的特点与设计要求

现代产品的特点主要表现在广泛采用现代新兴技术，并对产品的功能、可靠性、效益提出更为严格的要求。许多高技术产品如激光测量装置、航天飞机、核动力设备等，无一不是采用现代新兴技术的结果。而常规产品如机床、纺织机械、工程机械、电视机等也都大量采用了新技术，如数字控制、气动纺纱、液压技术等。先进的科技成就正在源源不断地通过设计改变着产品。

机械产品中日益普遍地采用计算机进行自动控制，发展为机械-电子-信息一体化技术及产品，新兴技术促使机械产品在功能上出现了大跨越，成为现代产品最突出的特点。科学技术的发展、新的设计领域不断开辟，出现了芯片设计、基因设计、微型机械设计等新领域，同时新技术的不断涌现，又促进了经济的高速发展。而这些又促使了企业间的竞争日益激烈，这种竞争已成为世界范围内技术水平、经济实力的全面竞争。

现代机械日益向大型化、高速化、精密化和高效化方向发展，不可避免地对工业产品与工程设计提出了新的要求，具体表现为以下几个方面：

(1) 设计对象由单机走向系统。

(2) 设计要求由单目标走向多目标。

(3) 设计所涉及的领域由单一领域走向多个领域。

(4) 承担设计工作的人员从单人走向小组协同。

(5) 产品更新速度加快，设计周期缩短。

(6) 产品设计由自由发展走向有计划的发展。

(7) 设计的发展要适应科学技术的发展，特别是适应计算机技术的发展。

1.2.2 现代产品的设计类型及进程

产品设计是形成工业产品的第一道工序。要设计好一个现代产品，除需掌握现代设计方法外，还应了解产品设计过程的一般规律和设计程序。

1. 现代产品的设计类型

现代产品设计按其创新程度可分为开发性设计、适应性设计、变形设计三种类型。

(1) 开发性设计。开发性设计是在全部功能或主要功能的实现原理和结构未知的情况下，运用成熟的科学技术成果所进行的新型工业产品的设计，也可以称为“零—原型”的设计。

(2) 适应性设计。适应性设计是在工作原理不变的情况下，只对产品做局部变更或增设部件，其目的是使产品能更广泛地适应使用要求。例如，对各自不同的工况条件的适应性、产品工作的安全性、可靠性、寿命、工作效率、易控性等。

(3) 变形设计。变形设计是在工作原理和功能都不变的情况下，变更现有产品的机构配置和尺寸，使之满足不同的工作要求。

2. 现代产品设计的三个阶段

任何一种产品的开发，都要面对市场竞争的考验。要使产品被市场所接受，一般来说产品开发要经历功能原理设计、实用化设计、商品化设计三个重要阶段。

(1) 功能原理设计。产品的功能原理设计就是针对产品的某一确定的功能要求，寻找一些实现该功能目标的解法原理。其实质就是进行产品原理方案的构思与拟订的过程。因此，设计时必须从最新的自然科学原理及其技术效应出发，通过创新构思，优化筛选，寻求最适合实现预定功能目标的原理方案。

功能原理设计通常是以简图或示意图来进行方案构思的。它是一个形象思维与逻辑推理的过程，是实现创新和开发的关键阶段。功能原理设计的优劣，从根本上决定了产品设计的水平。

(2) 实用化设计。实用化设计就是使原理方案构思转化为包括总体设计、部件设计、零件设计到制造施工的全部技术资料。

(3) 商品化设计。一个产品要成为商品，并且在市场竞争中成功，必须具备一定的条件。商品化设计就是从技术、经济、社会等各方面来提高产品的市场竞争能力。

1.3 学习现代设计方法的意义

设计是人类改造自然的基本活动之一，设计是复杂的思维过程，设计过程蕴含着创新和发明机会。设计的目的是把预定的目标，经过一系列规划与分析决策，产生一定的信息，形成设计，并通过制造使设计成为产品，造福于人类。

在市场化、全球化的今天，产品的竞争实质上就是设计的竞争。目前，我国与发达国家在现代设计研究方面的差距直接反映在机械产品尤其是大型复杂装备产品上的差距。因此，加强现代设计方法的研究与应用，推动我国企业产品开发技术的现代化，是学术界和工业界需要大力开展的工作。通过广泛推广使用现代设计方法，使机械设计方法由使用经验、类比、静态、串行设计向采用数值化建模、动态、优化、并行设计的方向发展，从根本上提高我国机械产品性能和质量，加强我国机械产品的自主研发能力，提升我国机械产品在国际市场上的竞争力。

设计人员是新产品的重要创造者，对产品的发展有着重大影响。作为未来设计者的理工科大学生，学习和掌握现代设计方法具有特别重要的意义。为了适应当代科学技术发展的要求和市场经济体制对设计人才的需要，必须加强设计人员的创新能力和设计素质的培养，现代设计方法课程就是为达此目的而开设的。通过对这门课程的学习与研究，以期提高未来从事设计工作人员的设计水平，增强设计创新能力。

应该指出，现代设计是传统设计活动的延伸和发展。现代设计方法也是在继承传统设计方法基础上不断吸收现代理论、方法和技术以及相邻学科最新成就后发展起来的。因此，学习现代设计方法的目的不是要完全抛弃传统方法和经验，而是要在掌握传统方法实践经验的基础上再掌握一些新的设计理论和技术手段。

学习现代设计方法的任务如下：

(1) 了解现代设计方法的基本原理和主要内容，掌握各种设计方法的设计思想、设计步骤及上机操作要领，提高自身的设计素质，增强设计创新能力。

(2) 在充分掌握现代设计方法的基础上，力求在未来产品设计实践的工作过程中，能够应用和不断地发展现代设计方法，甚至发明和创造出新的现代设计方法和手段，以推动人类设计事业的进步。

习　题

1. 设计的概念是什么，具有什么特征？
2. 试述传统设计与现代设计的区别与联系。
3. 现代产品的特点是什么，包括哪几种设计类型？
4. 试述作为当代大学生应如何学习和掌握现代设计方法。

第2章 设计方法学

设计方法学（design methodology）是一门新兴的学科，近年来飞速发展，现在已经成为现代设计方法的重要组成部分。

20世纪60年代初期以来，世界各国经济高速发展，竞争日益加剧，一些西方国家紧急开展设计方法学研究，使得设计方法学在这一时期取得了飞速发展。由于经济文化背景的不同，不同国家的学者各有侧重。例如，德国学者和工程技术人员比较看重研究设计的进程、步骤和规律，进行系统化的逻辑分析，并将成熟的设计模式、解法等编成规范和资料供设计人员参考；英国和美国学者偏重分析创造性开发和计算机技术在设计中的应用，美国国家科学基金会提出了“设计理论和设计方法研究的目标和优化项目”的报告；苏联以G. S. Altshuller为主的研究机构分析了世界上近250万件高水平的发明专利，并综合多学科领域的知识，建立了TRIZ理论体系，运用这一理论，可大大加快人们创造发明的进程，从而能够很容易地得到高质量的创新产品。因此，不少国家在高等学校中开设有关设计方法学的课程，多方面、多层次地开展培训工作，从而更广泛地推进设计方法学的研究和应用。

虽然各国研究的设计方法在内容上各有侧重，但共同的特点都是总结设计规律，启发创造性，采用现代化的先进理论和方法使设计过程自动化、合理化，其目的是提高设计水平和质量，设计出更多功能全、性能好、成本低、外形美的产品，以满足社会的需求，适应日趋激烈的市场竞争。

我国在不断吸收国外研究成果的基础上，也开展了设计方法学的研究。应特别注意的是，这门学科具有强烈的社会背景，应当结合我国实际，在现实的基础上向前推进，进一步提高现实工业设计水平，使传统的设计概念得到扩展与深化。

各国学者在研究过程中共同推进和发展了设计方法学这门学科，使它成为现代设计方法的一个不可缺少的重要组成部分。总的来说，设计方法学是以系统的观点来研究产品的设计程序、设计规律和设计过程中的思维与工作方法的一门综合性学科，是在深入研究设计本质的基础上，以系统论的观点研究设计对象、设计进程和具体设计方法的科学。其目的是总结设计的规律性，启发创造性，在给定条件下，实现高效、优质的设计，培养开发性、创造性产品的设计人才。

2.1 机械产品的功能原理设计

在了解机械产品的功能原理设计之前，必须了解什么是机器及其相关的概念。

随着生产和科学技术的发展、机器的定义也在不断地发展和完善。现代机器定义如下：机器是由两个或两个以上相互联系配合的构件所组成的联合体，通过其中某些构件限定的相对运动，能将某种原动力和运动转变，以执行人们预期的工作，在人或其他智能体的操作和控制下，实现为之设计的某种或几种功能。

以前的教材中这样介绍机器的概念：任何机器是由原动机、传动机和工作机三部分组成。随着科学技术的发展，人们又增添了控制器作为第四部分。所谓控制器既包括机械装置，也包括电子控制系统在内。

机器的种类繁多，可以有不同的分类方法。例如，可以按行业分，也可以按轻、重分。对于机械设计学的研究来说，用功能的观点来进行分类是较为合理的。从功能的观点看，所有的机器首先可以分为工艺类和非工艺类两大类。所谓工艺类机器，是指那些对物料进行工艺性加工的机器，这类机器的主要特征是具有专用的工作头（例如机床的刀具）并进行独特的工艺加工动作，包括加工机床、食品机械、纺织机械、印刷机械等。非工艺类机器则不对任何物料进行工艺性加工，只是实现某些特殊的动作性功能，包括动力机械、起重运输机械、通用机械、精密机械、医疗器械等。对于工艺类机器而言，机器的结构和形式往往取决于所采取的工艺方法，如果工艺方法有所改变或革新，那么机器的形式将随之发生变化，这种变化有时是很大的。例如随着电火花加工工艺的产生而出现的电火花加工机床，和传统的金属切削加工机床有着完全不同的形式。对于非工艺类机器来说，其中每一种机器也都有各自独有的工作方式和规律。例如动力机械中的内燃机，其热力学原理是工作过程的基础，而精密机械中的测量机则以精密的运动和定位作为技术基础。

机械产品设计的最初环节，是先要针对该产品的主要功能提出一些原理性的构思。这种针对主要功能的原理性设计，可以简称为功能原理设计。例如，要设计一种点钞机，首先要构思将钞票逐张分离的工作原理。图 2 - 1 所示为其功能原理设计的构思示意。显然，进行原理性构思时首先要考虑应用某种“物理效应”（如图中的摩擦、离心力、气吹等），然后利用这种“作用原理”，最后达到实现“功能目标”的结果。

功能原理设计的重点在于提出创新构思，使思维尽量发散，力求提出较多的解法以供进行比较选优。对构件的具体结构、材料和制造工艺等则不一定要有成熟的考虑，因此一般只需用简图或示意图来表示所构思的内容。功能原理设计是对产品的成败起决定性作用的工作。脱离市场需求的盲目创新是没有意义的，一个好的功能原理设计应该既有创新构思，又同时考虑其市场竞争潜力。

任何一种机器的更新换代都存在三个途径：一是改革工作原理；二是通过改进工艺、结构和材料提高技术性能；三是加强辅助功能使其更适应使用者的心理。这三个途径对于产品的市场竞争力的影响同等重要，但第一个途径在实现时的困难程度却比后面两个要大得多。

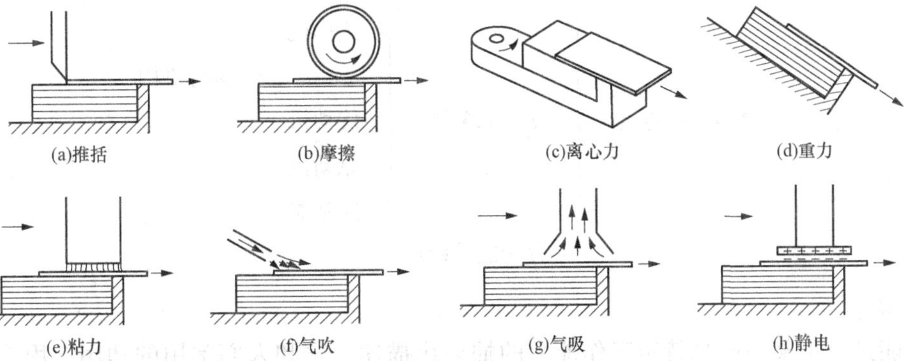

图 2 - 1　点钞机分离功能原理构思

2.1.1　功能原理的基本类型以及功能、功能单元和功能结构

1. 功能原理的基本类型

功能原理设计是一种创新构思的过程，它不同于一般工作过程可以遵循某种步骤或方法。对于设计者来说，进行功能原理求解时，主要依靠他本人的知识、经验、才能和灵感（直觉）。因此，对于同一个问题，不同的设计者往往会构思出完全不同的解法原理。功能原理设计的两个工作特点如下：

（1）功能原理设计是一种综合，不可能有任何“定法”可循。分析和综合是两种不同的科学方法：分析可以按某些既定的方法按步进行；而综合则是“有法而无定法”，即不可能只要按某种“方法”去做就一定能得到某种好的解法。

（2）功能原理设计所要求解的问题是有多解的问题，即既不是只有唯一解，也不是绝对无解，而且很难得到绝对理想的解。一般来说，在构思阶段，应尽可能多地搜寻各种可能的解法，以便在众多解法中选出较为满意的解法来。

尽管现有的功能原理五花八门，基本可分为两大类，一类是动作功能，另一类是工艺功能。所谓动作功能，就是以实现动作为目的的功能；而工艺功能，则是以完成对对象物的加工为目的的功能。其中，动作功能又可分为简单动作功能和复杂动作功能，而这两种基本功能可能同时又是综合技术功能和关键技术功能。上述五种功能类型的关系如下：

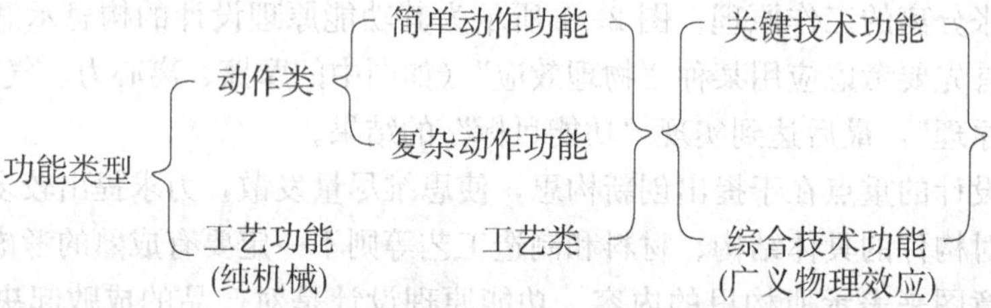

要进行功能原理设计，首先应对“功能”的概念及其他有关的概念有科学的认识。20世纪60年代，欧美各国先后开展了设计科学的研究，“功能”被明确地用作设计学的一个基本概念。人们开始意识到，设计的最主要工作并不只是选用某种机构或设计某种结构。更重要的是要进行工作原理的构思。其中的核心问题就是“功能”问题。机器与分功能系统之间的关系如下：

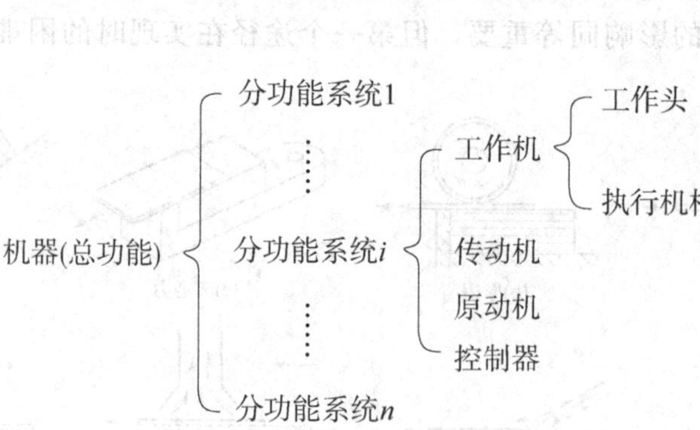

2. 功能

功能是对于某一产品特定工作能力的抽象化描述。它和人们常用的功用、用途、性能、能力等概念既有联系又有区别。电动机工作能力的描述如下：

电动机：
- 功能—作原动机
- 用途—驱动电扇、机床……
- 性能—效率、耐用性、振动……
- 能力—功率、转速……

→ 功能—将电能转变为旋转运动的动能

系统工程学用黑箱（black box）来描述功能（见图 2-2）。任何一个技术系统都有输入和输出，把技术系统看成一个黑箱，其输入用物料流 M、信息流 S 和能量流 E 来描述；其输出用相应的 M′、S′和 E′来描述。于是，就可以这样来定义“功能”：功能是一个技术系统在以实现某种任务为目标时，反映技术系统输入量和输出量之间的因果关系。

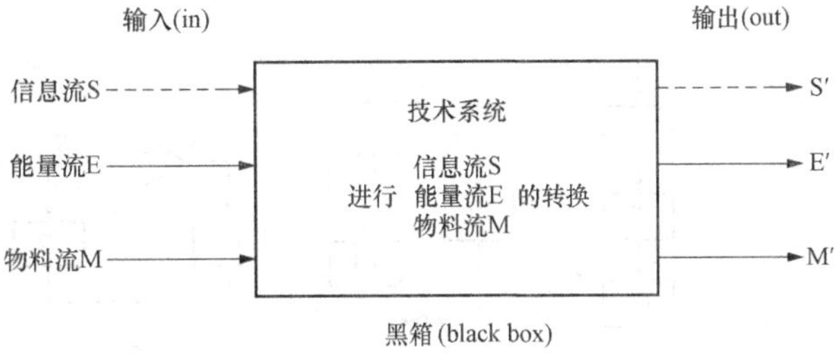

图 2-2 用黑箱描述技术系统的功能

系统分析中常见的白箱和灰箱，则是指内部结构完全已知或部分已知的技术系统。

3. 功能单元

所谓功能单元，是指以功能为核心，既保持一定的功能的独立性，又具有一定的复杂程度的技术单元。也可以说，功能单元是不能再分解的最小功能单位，是直接能从物理效应、逻辑关系等方面找到解法的基本功能。由这些功能元素可以构成任何技术系统的复杂的总功能。典型的基本功能元素共有以下 12 对：

放出—吸收	传导—绝缘	集合—扩散
引导—阻碍	转换—回复	放大—缩小
变向—定向	调整—激动	连接—开断
结合—分离	接合—拆开	储存—取出

将总功能分解成较为简单的、具有一定独立性、可以直接求解功能单元，也称功能元。直接实现总功能的各分功能称为一阶分功能；实现一阶分功能的分功能称为二阶分功能；依次类推，分解到末端的为功能单元。注意，分功能和功能单元都是根据功能的相对独立性划分的，与机械的零件、部件或机构不能等同。前者是对一个机械系统的某一分系统工作任务的抽象描述，后者是功能载体。

4. 功能结构

如前所述，一般情况下技术产品的总功能可分解为若干分功能，各分功能又可进一步分解为若干二级分功能，如此继续，直到各分功能被分解为功能单元为止。为了便于分析，将分功能或功能单元按照功能流三个基本要素流的流程有序地连成一个总体系统，即构成机械系统（或一般技术系统）的总功能。这种由分功能或功能单元按照其逻辑关系连成的结构称为功能结构。分功能或功能单元的相互关系可以用图来描述，表达分功能或功能单元相互关系的图称为功能结构图。

任何功能结构都由以下三种基本结构组成：

（1）串联结构。又称顺序结构，它反映了分功能或功能单元之间的因果关系或时间、空间顺序关系，其基本形式如图 2-3（a）所示，F1、F2、F3 为分功能。

（2）并联结构。又称选择结构，几个分功能作为手段共同完成一个目的，或同时完成某些分功能后才继续执行下一个分功能，则这几个分功能处于并联关系，如图2-3（b）所示。当按逻辑条件来考虑功能关系时，它们处于如图2-3（c）所示的选择关系，执行分功能F1还是F2取决于是否满足特定条件。

（3）环形结构。又称循环结构，是指输出反馈为输入的结构，如图2-3（d）所示。按逻辑条件分析，满足一定条件而循环进行的结构如图2-3（e）所示。

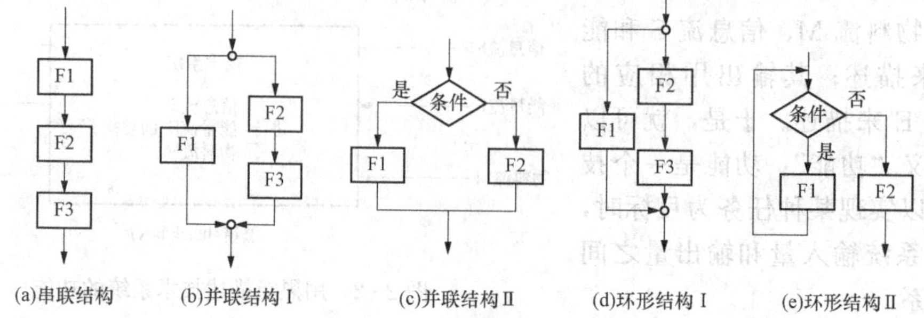

图2-3 功能基本结构形式

2.1.2 功能原理设计的工作特点、工作内容和工作要点

1. 功能原理设计的工作特点

20世纪50年代末，在钟表制造行业中悄悄地进行着一场革命——用新的工作原理来代替古老的机械钟表原理。经过多年的努力，液晶显示的纯电子表和机电结合的石英（quartz）电子表终于诞生了。可以说这是工作原理改革的最典型的成功案例。由此可以看出功能原理设计工作的特点如下：

（1）功能原理设计是用一种新的物理效应来代替旧的物理效应，使机器的工作原理发生根本变化。

（2）功能原理设计中往往要引入某种新技术（新材料、新工艺等），但首先要求设计人员有一种新想法、新构思。没有新想法，即使将新技术放到设计人员面前也不会将其运用到设计中去。

（3）功能原理设计使机器品质发生质的变化。例如，机械表不论在技术上如何改进，其精确性始终不可能和石英电子表相媲美。

当然，每一个功能原理设计不一定都能体现上述三个特点，而能体现这三个特点的，则应该是高品位的功能原理设计。

2. 功能原理设计的任务和主要工作内容

功能原理设计的任务概括起来可以表述如下：针对某个确定的功能要求，寻求相应的物理效应；借助某些作用原理，求得实现功能目标的某些解法原理。例如，要实现直线移动这样一个功能要求，可以寻求液压、电磁等物理效应，通过油缸、直线电机牵引电磁铁、刚体传动等作用原理，求得实现直线移动这个功能目标的解法原理。

功能原理设计的工作内容主要是构思能实现功能目标的新的解法原理。其工作步骤首先是明确功能目标；其次是进行创新构思；然后通过模型试验进行技术分析，验证其原理的可行性，对于不完善的构思进行修改、完善和提高；最后对几个解法进行技术经济评价，选择较为合理的解法作为最优方案，见图2-4。

3. 功能原理设计的工作要点

功能原理设计是在创意确定之后，进一步实现创意阶段所提出的功能目标，因此它的工作重点是构思和创造，以及随后的原理验证和表达。功能原理设计是一个创新过程，但这种创新决不能像求解数学难题那样只是冥思苦想，而应该做实际工作，考虑注意事项。主要可以归结为以下一些工作要点：

(1) 明确所要设计任务的功能目标。由顾客或领导部门提出的最初的设计任务往往是笼统的，在很多细节上是不明确、不具体的。设计者必须亲自通过调查分析，确定合理、明确的功能目标。

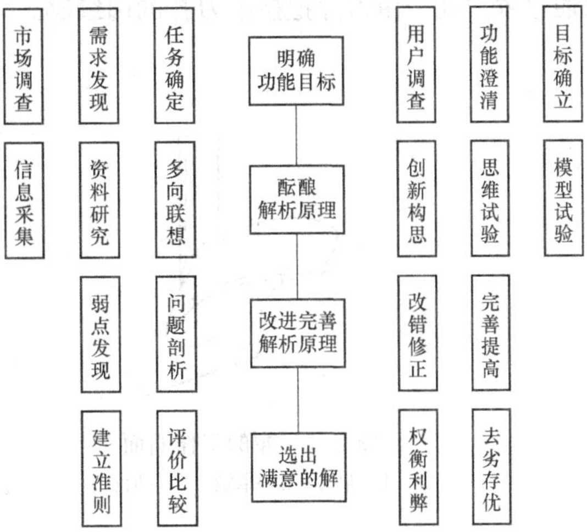

图 2-4 功能原理设计的任务和工作内容

(2) 调查、分析已有的解法原理。在科学技术飞速发展的今天，技术产品已经普及到几乎每一个生活和生产领域。对于任何一种新提出的任务来说，可以很容易地寻找到类似的技术作为参考。

(3) 进行创新构思，寻求更合理的解法原理。设计者应该有一个信念就是现有的产品绝不是顶峰，肯定还会有更好的设计出现，要争取由自己推出新一代的创新产品。

(4) 初步预想实用化的可能性。好的原理构思最后不一定能成为产品，例如在专利文献中大量的专利都没能成为有用的技术。

(5) 认真进行原理性试验。这是功能原理设计阶段的最后一步，也是最重要的一步。在进行创新构思时，尽管发明者反复检验过他的发明原理，但是实际做试验往往会出现意想不到的问题。

(6) 评价、对比、决策。设计者必须要根据实验的结果进行评价和对比，从技术和经济两方面的对比结果来做出决策。

2.1.3 工艺功能、关键技术功能、综合技术功能及设计的创造性问题

1. 工艺功能

工艺类机器是对被加工对象（某种物料）实施某种加工工艺的装置，其中必定有一个工作头（如机床的刀具、挖掘机的挖斗等），用这个工作头去完成对工作对象的加工处理。在这里，工作头和工作对象相互配合，实现一种功能，称为工艺功能。这里的“工艺”是指加工工艺。

这类工艺功能要考虑两个重要因素：一是采用哪种工艺方法；二是工作头采用什么形状和动作。而归根结底是确定工作头的形状和动作。人类所发明的最古老的工艺功能可能是石器时代的刮削器，它能实现刮削工艺。耕地的犁也是工艺功能的一种典型，犁头的工作面是一种复杂的空间曲面（见图 2-5），它能把泥土犁起，翻过来扣在犁沟边上。

机器的工艺方法往往不能完全模仿手工的工艺方法。例如为了把肉切碎，模仿手工剁切的方法显然不是理想的途径，很难把肉均匀剁碎，而且砧板也承受不了机械的剁切。因此，人们想出了绞碎的工艺方法，并设计了相应的工作头（见图 2-6），通过螺旋输送器强迫肉

块通过绞刀孔，由刀片把挤出刀孔的肉绞碎。

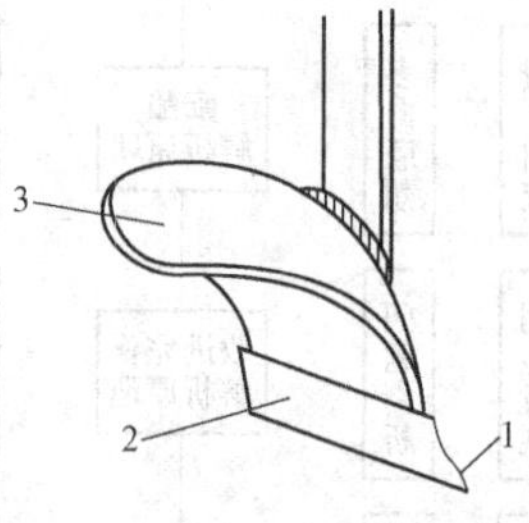

图 2-5 犁的工作曲面
1—犁尖；2—犁镜；3—曲面

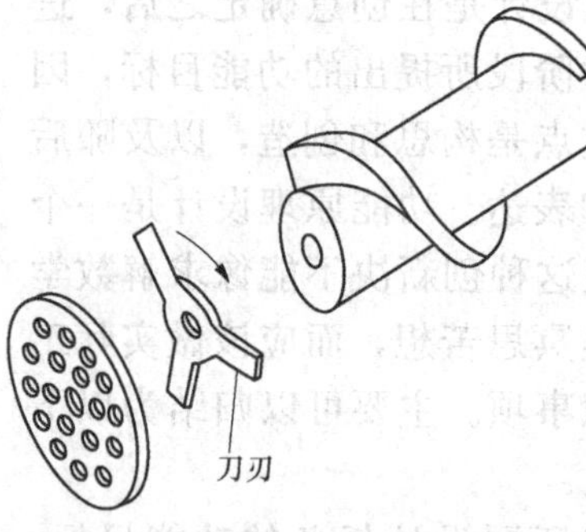

图 2-6 绞肉机

工艺功能与动作功能的不同之处主要在于工作头对物体的作用，这种作用有一部分是纯机械的作用，例如绞肉机刀口对肉的铰切作用。但工艺功能的最大特点在于该作用有时并不是纯机械的，而是加入其他广义的作用，例如现在工厂常见的贴标机（见图 2-7）。

因此，工作头的形状、运动方式和作用场是完成工艺功能的三个主要因素。

工艺功能比动作功能更容易进行改进和革新，因为工作头的变革可能性是很大的。例如目前市场上出现的家用切碎机（见图 2-8），其工作头的形状、工作方式完全不同于老式的绞肉机，特别是它两把刀子的形状设计很有特色，保证了被切的肉或菜能被均匀切碎。

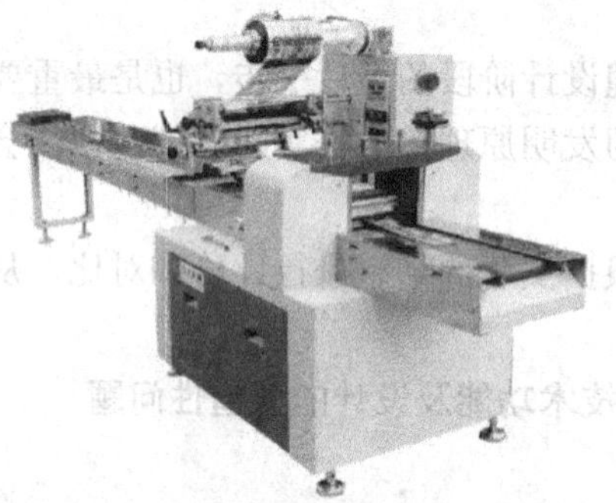

图 2-7 贴标机

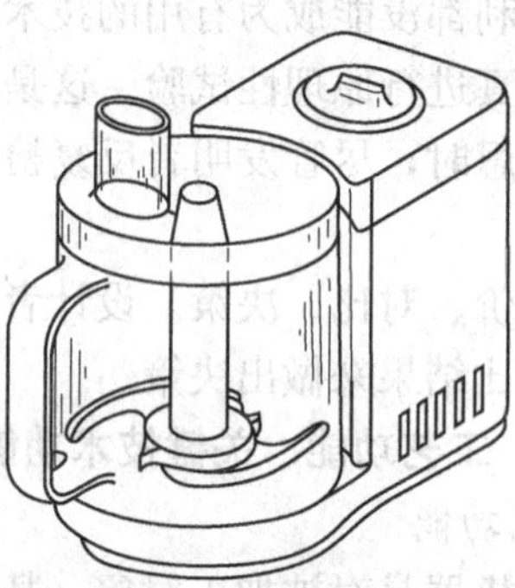

图 2-8 家用切碎机

苏联的科学家提出的物-场分析法（S-Field 法）可以作为求解工艺功能的有效思路。所谓 S 是指对象或物体（substance）的意思。这种方法适合求解工艺功能。这个方法的基础是对最小技术系统的理解和分析；在任何一个最小技术系统中，至少有一个主体（S1）、一个客体（S2）和一个场（F），这三者缺一不可。

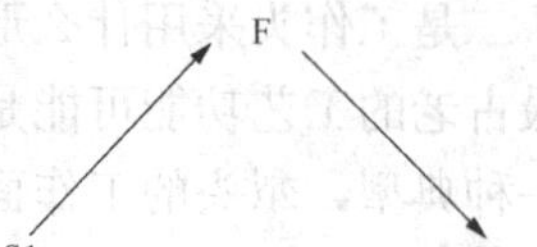

图 2-9 标准 S-Field 模型

图 2-9 所示为标准 S-Field 模型，即 S1 通过 F 作用于 S2。其中，S1 为主体，是对客体发出作用的物体，也就是所说的工作头（或工具）；S2 为客体，就是被加工的物体，也就是工艺动作的对象物体；F 为场，这不单指某种物理场，而是广义地指 S1 向 S2 作用时发出的力、运动、电磁、热、光等一切作

用场。基本的方法是寻求合理的F和S1，此外还可以通过完善、增加和变换的方法来寻求新的解法。

2. 关键技术功能

利用常规技术设计制造的产品，其技术性能只能达到一般水平。随着市场竞争的加剧，几乎所有的企业都在设法提高自己产品的技术性能指标，于是出现了对“关键技术”的研究，并由此而出现了各种“Know How”（技术诀窍）。现在几乎可以这样说，没有关键技术和“Know How”的产品，在激烈的竞争中难以建立起竞争优势，也就难以在市场上得到一席之地。同样，对于现代设计人员而言，不懂得关键技术功能就等于不懂得现代设计。

产品中的关键技术主要与以下几个方面有关：

（1）材料：例如高强度、高耐磨性、特殊润滑油、特殊轻质材料（如复合材料）、特殊物理性能要求等。

（2）制造工艺：高精度、小的表面粗糙度值、高的热处理要求等。

（3）设计：通过设计实现特殊的功能原理，尤其是实现以前从未有人实现过的功能或是比别人已经实现的功能更好的功能水平。

由于特殊的工作条件（约束）或特殊的使用要求，用常规技术或已有技术难以达到的技术难点，或是别人目前难以实现的技术高度。而关键技术功能的技术要求高，而解决的方法也往往是出奇制胜。

关键技术功能的求解思路是技术矛盾分析法。从分析技术矛盾到构思出解法原理的过程，是求解关键技术功能的原理解法的一般规律。

3. 综合技术功能

前面所述的动作功能都是指用纯机械的方法，用形体产生动作，现有机器里绝大多数属于这种情况。但是，实际上还存在一些非机械方式获得动作的情况。例如，飞机在空气中飞行是靠空气动力学原理实现的，螺旋桨旋转能推动轮船前进是流体力学的原理，内燃机和电动机能转动也是依靠热力学和电磁学的原理实现的。由此可见，动作功能可以不用纯机械的方式来实现，实际上，用光、电、磁、液、热、气、生、化等原理都可以实现某些动作功能，甚至在某些场合，比纯机械的方式还要好。

在某些特定的条件下，采用广义物理效应，有可能实现比纯机械方法更好的动作或工艺功能。这里并不强调全部可以代替纯机械功能，因为在许多场合纯机械的动作和工艺功能还是特别简单可靠的，没有必要用更复杂的广义物理效应去代替。

综合技术功能的求解思路是物理效应引入法。

这种方法适合于综合技术功能的求解。这里所指的物理效应是一种广义的概念。机构学本身包含运动学、力学方面的各种物理效应，除此之外，还有更多的物理效应（如热胀冷缩、电磁效应、光电效应、流体效应等）可以在求解时引入。最简单的例子就是利用热胀冷缩的效应使双金属片产生弯曲变形，用作电流的过载保护器、调温电器的温控开关等。

4. 设计过程的创造性问题

设计本身就是创造，创意阶段需要创新，构思阶段即功能原理设计阶段更需要创新。一个设计人员是否有较高的创造性素质，在很大程度上决定了他工作中的创造性效果。研究证明：高智商的人不一定有很高的创造性，而只有一般智商的人却常常表现出很高的创造才能。一个设计人员的创造性素质首先在于他有没有强烈的创造意识（欲望）。但创造意识只是一种主观愿望，设计人员还必须要有创造性的知识基础、思维方法和对创造性机理的认识和理解。最后，也是最重要的，设计人员还必须要有从事创造实践的积极性，坚持实践，才有可能获得成功。

(1) 创造性机理。如图 2-10 所示，心理素质是核心，知识、经验、能力是基础，创造性的思维不断探索方向，实践是成功之路，如果在前进的道路上遇到了成功的机会，就有可能抓住机会取得成功。

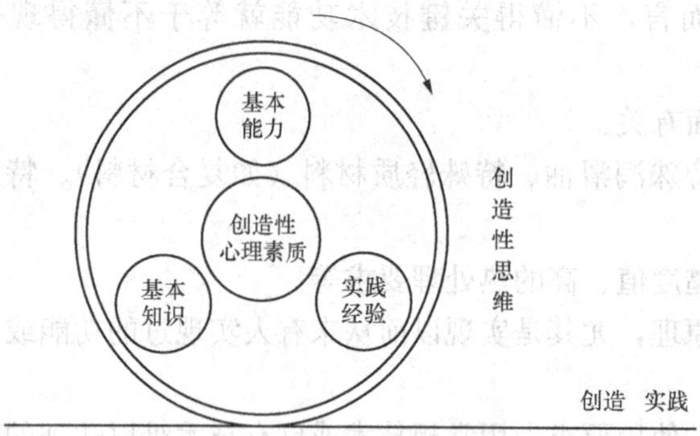

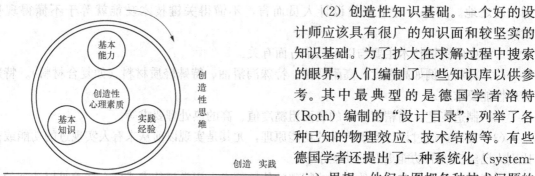

图 2-10 创造性形成的机理模型

(2) 创造性知识基础。一个好的设计师应该具有很广的知识面和较坚实的知识基础。为了扩大在求解过程中搜索的眼界，人们编制了一些知识库以供参考。其中最典型的是德国学者洛特（Roth）编制的"设计目录"，列举了各种已知的物理效应、技术结构等。有些德国学者还提出了一种系统化（systematic）思想，他们力图把各种技术问题的解法分类排序，系统地编排成表格，以供设计人员查阅。这些都属于知识系统化的工作。

(3) 情绪智商。这是美国哈佛大学心理系教授丹尼尔·戈尔曼于 1995 年提出的概念。他认为一个人的成功，一般智商的作用只占 20%，而情绪智商的作用则占 80%，这可以很好地解释那些智商高而没有成就，而智商一般却可能有很高成就的现象。

(4) 创造性思维规律。思维习惯上的墨守成规也是创造性发挥的重大障碍。为此有必要介绍创造性思维及其方式和规律。

1）直觉和灵感。直觉和灵感是创造性思维的重要形式，几乎没有任何一种创造性活动能离开直觉。

2）潜意识。有些思维学家（如弗洛伊德 Freud）认为在人脑的思维活动中，存在着无意识的思维。所谓无意识和下意识的行为就和这种思维活动有关，这种下意识也被称为潜意识。

3）形象思维和思维实验。形象思维是指头脑里产生实物形象的思维方式，思维实验则是指在头脑里对所构思的过程进行模拟性的实验。

4）视觉思维和感觉思维。这两种思维都是强化认识、强化联想和诱发灵感的重要手段，都属于动作思维的范畴。

5）想象力。发明创造需要有丰富的想象力。虽然并不是所有想象得到的东西都能做得到，但是想象不到的东西肯定是不能做到的。

6）敏感和洞察力。创造性思维的一个重要能力是要善于抓住一闪即逝的思想火花。

7）联想，侧向思维，转移经验。创造性思维要求"发散"，要尽可能地把思维的触角伸到更多陌生的领域，以探索那些尚未被发现的、更有前途的解法原理。

综上所述，创造力有知识、经验、能力、心理素质和机遇五个要素。此外，创造力的发挥，还需要三个推动力，即创造性欲望、创造性思维和创造性实践。如果一个人只具备很好的五个创造力要素，而缺乏三个推动力的话，还是难以做出创造性成果来的。

2.1.4 功能原理设计阶段的模型试验

原理性设计是在明确产品设计任务之后着手解决问题的第一步。在这个阶段中，为了验证所构思的功能原理解法是否能实现原定的功能目标，了解各种构思的功能原理有何不同、是否可取，必须进行模型试验。一般来说，为了实现一个产品的功能原理，常常可以构思有多种解法。其中，有的可能实现，有的则不一定能实现，也有的即使能实现还存在性能好坏的问题。下面以卷棉花签机的功能原理设计为例加以说明。

如图 2-11 所示的四种卷棉花签机的功能原理构思都能实现将棉花卷于木签上。图 2-11（a）所示为用手转动木签，棉花置于带刺的平板表面；图 2-11（b）所示为木签不动，棉花置于转动轴表面；图 2-11（c）所示为木签由转动轴夹紧旋转，棉花在静止槽中卷紧；图 2-11（d）所示为用手移动夹有木签的两块平板，棉花通过静止槽时被卷紧。但这四种构思究竟是否都能实现，或者哪一方案最佳，显然如图 2-11 所示，分别由模型试验来寻找功能原理实现的可能性是行之有效的。

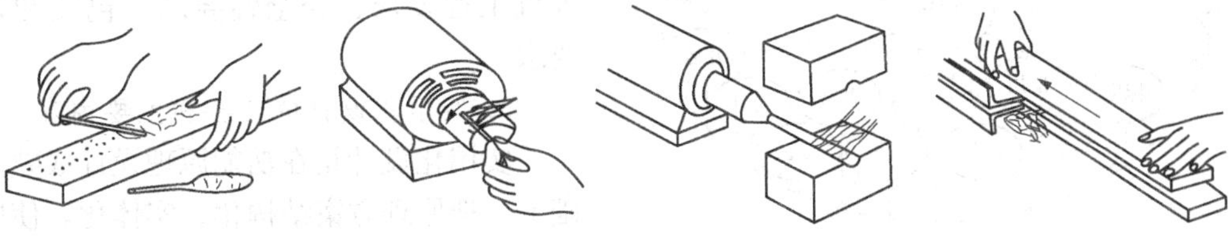

图 2-11 卷棉花签功能原理设计的模型试验

在功能原理设计阶段的模型试验中，由于试验所用的对象是模型，而模型毕竟不是实际机械，因此有时要应用相似性原理。例如，飞机机身的空气动力学特性的模型试验（风洞中），以及一些大型机械的动力学特性试验，都要通过模型试验并应用相似性原理来进行试验研究。

2.2 机械产品的实用化设计

2.2.1 产品设计的基本任务和主要内容

1. 产品设计的核心

产品设计就是根据市场需求，把提供的资源（能量、物料、信息）转化为满足人类和社会需求的技术装置的规划工作。

设计活动主要经过以下几个阶段：了解市场需求，拟订设计任务和技术要求，功能原理设计，实用化设计，商品化设计，制造和销售。

设计要求是各主要设计阶段、样机试验、设计鉴定的依据。

我们把设计理解为一个“空间”，整个设计“空间”分为两部分：内部为设计应遵循的主要阶段，其任务是使设计要求转化为“硬件”以满足需求，这也是设计的最终目的，故称内部空间为设计核心工作；外部空间所列举的问题为对设计的各种要求和应用的技术方法，是设计的外围问题。

核心技术是指实现总功能和主要要求的技术，对不同的机械其核心技术是不相同的。关键技术是实现某种功能过程中需要解决的技术难题。它与核心技术是两个不同的概念，在核心技术中也有关键技术问题。

2. 设计的外围问题

产品设计过程中的各种设计要求，是设计的依据和前提，它们就是设计的外围问题，如图2-12所示。

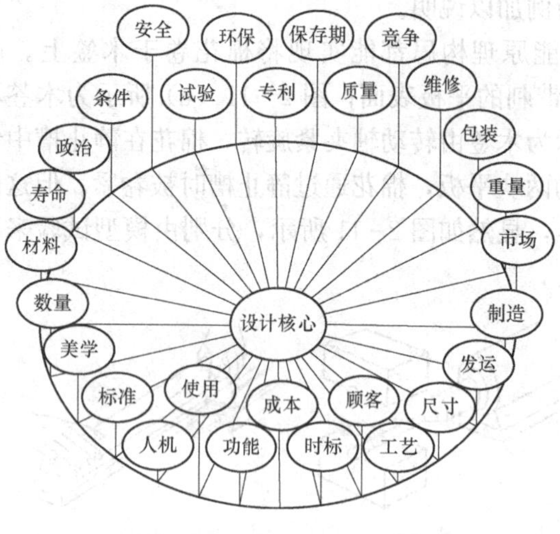

图2-12 设计的外围问题

设计要求可分为主要要求和其他要求，主要要求是指直接关系到产品功能、性能、技术经济指标所提出的要求，其他设计要求是指间接关系到产品质量所提出的要求。

主要设计要求包括功能要求、适应性要求、性能要求、生产能力要求、可靠性要求、使用寿命要求、效率要求、成本要求、人机工程要求、安全性要求、包装和运输要求。

3. 实用化设计的任务和主要内容

实用化设计是在功能原理设计成熟的基础上，把原理方案结构化、实体化，使原理构思转化为具有实用水平的实体机械，达到实用的要求。对于机械产品来说，工作原理确定后首先要进行工艺动作构思和分解，初步拟订各执行构件的动作和各动作的相互协调关系，即进行机械运动方案设计和机械简图设计。具体来说该阶段的任务是完成产品的总体设计、零部件设计，完成交付制造和施工的图样资料，同时编制全套技术文件。

实用化设计步骤一般如下：绘制总体布置和总装草图，由总装草图画出部件、零件草图；经审核再由零件工作图、部件装配图画出总装图和总图；最后编制技术文件如设计说明书、使用说明书、标准件、外购件明细表等。

4. 总体设计的基本任务和内容

总体设计是产品设计的中心环节，它对机械产品的技术性能、经济指标和外观造型具有决定意义。

设计任务来源于为满足个人生活或企业生产上的需要，大致可概括为以下几种类型：①开发新产品以满足一种明确或已形成的需要；②改善产品质量和可靠性以扩大销售市场；③开发较廉价产品以增加竞争能力。

总体设计包括功能设计和结构设计两大部分。总体设计对各部件、零件设计提出主要参数和设计要求，以保证各部件、零件在设计时满足总体设计的各种约束条件。

总体设计的任务：①完善和扩大方案设计和结构设计内容；②使各部件、零件得到合理的组合；③综合人-机器-环境三者的关系，使之协调和适应，以保证全面满足机械产品的技术性能、经济性能和美学性能的要求。

拟订总体方案，就是要提出和确定所设计机械设备的工艺方法、运动和布局、传动和结构、控制和性能等方面的方案。

总体设计的内容包括以下几点：

（1）工艺方案的确定。在进行机械总体设计时，应对不同类型的工艺方案进行分析比较，选择符合实际情况的具有先进性的工艺方案。

（2）确定机器的总体参数。总体参数是表明机器技术性能的主要指标，包括机器性能参数和结构参数两方面。性能参数是指生产率、载荷（力、力矩）、速度、功率和质量等；结构参数是指主要结构尺寸。

（3）机械运动系统方案设计和确定机械运动简图。根据工艺动作过程选用合适的执行机构，完成各个基本运动，再用一定的组合方式构成机械系统来实现产品的功能。通过计算机械运动方案中各个机构的运动尺寸进一步得到机械运动简图。

（4）机械总体布置。机械总体布置主要是确定主要机械设备和辅助设备的相互位置和连接方式；对单体整机则是确定各部件、零件的位置关系和连接方式，并考虑安全操作、整体造型等问题。

（5）机械驱动系统设计。根据所需的载荷，从直接承载零件开始，选择或设计机器的工作构件，然后按驱动链的顺序向上，对机构和零件逐个进行设计，直到选择原动机为止。

（6）计算整机的平衡和稳定。平衡是指整机处于不同工作状态时，所有机构作用力和重力的合力不超出规定范围。对于某些机器（如挖掘机），平衡问题实质是确定平衡重的问题。稳定性是指整机的平衡，是研究机器在工作和行走时是否有发生倾翻的可能性。

（7）动力源特性分析。应首先确定动力源种类是电动机还是内燃机或其他，然后再做动力源特性分析。

（8）人机学设计。人机学设计主要包括操纵系统设计、显示和控制装置的设计。

（9）附属装置设计。附属装置设计是为了增加机器功能，扩大机器使用范围，或减小环境对人机影响。

（10）机器造型设计。机器造型设计主要是指对机器外形、色彩进行艺术处理。

（11）产品故障分析和对策。

（12）绘制机器总装配图、零件施工图。

（13）编写全部设计技术文件。

（14）明确易损件、产品包装和运输要求。

2.2.2　工艺方案和总体参数的确定

1. 确定工艺方案

产品工艺是设计机械设备的依据，而所设计的设备则是实现产品工艺过程机械化、自动化的工具，两者是相互依存的。

工艺过程对设备生产率、结构、运动和使用性能等产生很大的影响。

为了实现同一工艺目的，可以采用不同的工艺方案，各方案决定了设备不同的结构、性能、产品质量、生产率和成本。选择工艺方案时应综合考虑下列问题：工艺方案的先进性；合理的运动规律；工艺方案实现的可能性和稳定性；与生产率要求相适应，经济上合理。

2. 整机总体参数确定

在总体设计过程中，必须首先初步确定总体参数，据此进行各部件的技术设计，最后准确计算出机器的总体参数，但有时总体参数和技术设计需要交叉反复进行。

总体参数的初步确定，可采用理论计算法、经验公式法、相似类比法和优化设计法。

(1) 理论计算法。根据拟订的产品原理方案，在理论分析与试验数据基础上进行分析计算，确定总体参数。

1) 机械设备的理论生产率。机械设备的理论生产率是指设计生产能力。在单位时间内完成的产品数量，就是机械设备的生产率。设加工一个工件或装配一个组件所需的循环时间 T 为

$$T = t_g + t_f \tag{2-1}$$

式中 T——设备加工一个工件的循环时间；

t_g——工作时间；

t_f——辅助工作时间。

设备生产率 Q 为

$$Q = \frac{1}{T} = \frac{1}{t_g + t_f} \tag{2-2}$$

设备生产率 Q 的单位由工件的计量和计时单位而定，常用的单位有件/h、m/min、m^2/min、m^3/h、kg/min 等。

2) 功率参数（包括运动参数、力能参数）。

a. 运动参数。机械的运动参数有移动速度、加速度和调速范围等，主要取决于工艺要求。

机械的速度常由生产率确定，如带式连续输送机，带的运动速度 v 为

$$v = \frac{Q}{3600SPC} \tag{2-3}$$

式中 v——带的运动速度，m/s；

Q——带式输送机的理论生产率，t/h；

S——被运物料在输送带上的堆积面积，m^2；

P——散粒物料的堆积密度，t/m^3；

C——倾角系数，当水平时 $C=1$，倾角为 20℃时 $C=0.82$。

b. 力能参数。包括承载力（如成形力、破碎力、运行阻力、挖掘力）和原动机功率。

机器的作用力（承载力）：大部分材料输送操作，机器载荷由加速工件的惯性力载荷、移动工件的摩擦力载荷或材料提升的重力载荷组合而成。而对成形机械、加工机械主要需求的力是用于材料成形或切削加工。

图 2-13 所示为三种常用于材料弯曲的形式：折边、弯 V 形和弯 U 形。要使金属成形必须施加压力到其塑性区，假设所有的应变硬化材料均能完全地弯曲，则弯曲力通常以材料的极限抗拉强度的经验公式来计算。

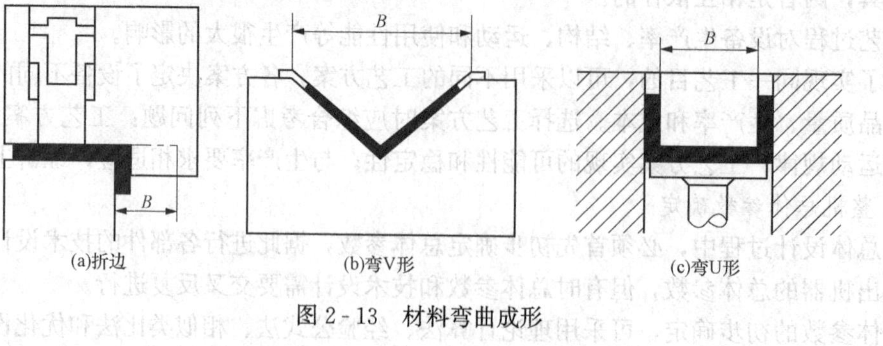

(a)折边　　(b)弯V形　　(c)弯U形

图 2-13　材料弯曲成形

对于折边所需的弯曲力为

$$F=\frac{0.6KB\,t^2\,\sigma_b}{2(r+t)} \tag{2-4}$$

V形件的弯曲力为

$$F=\frac{0.6KB\,t^2\,\sigma_b}{r+t} \tag{2-5}$$

U形件的弯曲力为

$$F=\frac{0.7KB\,t^2\,\sigma_b}{r+t} \tag{2-6}$$

式中 F——冲压行程结束时的弯曲力，N；

B——弯曲件宽度，mm；

t——弯曲件材料厚度，mm；

r——弯曲件的内圆角半径，mm；

σ_b——材料的抗拉强度，MPa；

K——安全系数，一般 $K=1.3$。

原动机功率：原动机功率反映了机械的动力级别，它与其他参数有函数关系，常是机械分级的标志，也是机械中各零部件的尺寸（如轴和丝杠的直径、齿轮的模数等）设计计算的依据。

如图2-14所示，机器输出功率为 P_{out}，由一固定力在 Δt 时间内作用一段线性距离 Δx，此种运动如同一个液压臂弯曲金属板。机器输出的功率可表示为

$$P_{out}=F\frac{\Delta x}{\Delta t}=Fv \tag{2-7}$$

式中 v——臂的速度，m/s；

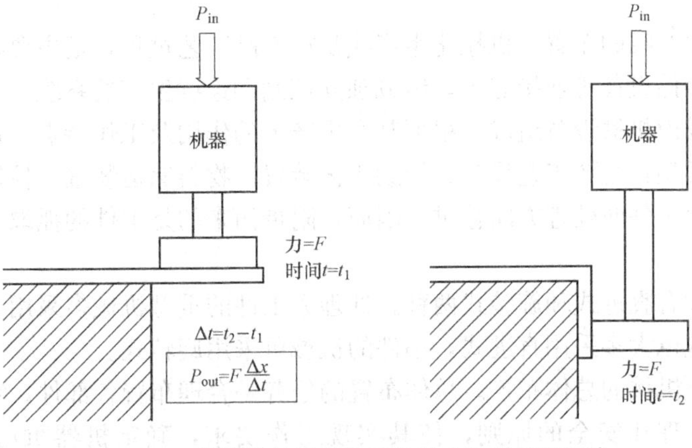

图2-14 机器线性移动输出的动力所做的有用功

3）重量参数：包括整机重量、各主要部件重量、重心位置等。它反映了整机的品质，如自重与载重之比，生产能力与机重之比等。

机器提供的最大牵引力必须克服工作阻力和总的行走阻力，其表达式为

$$F_{max}=K\left[F_n+G\left(\Omega\pm\beta+\frac{a}{g}\right)\right] \tag{2-8}$$

式中 K——动载系数；

F_n——工作阻力，N；

G——机重，N；

Ω——履带运行阻力系数；

β——爬坡度系数，上坡取“+”，下坡取“−”；

a——行走加速度，m /s^2；

g——重力加速度，m/s^2；

F_{max}——最大牵引力，N。

同时满足 $F_{max} \leqslant G\Psi$，其中，Ψ 为履带与工作面间的附着系数。

4）总体结构参数包括主要结构尺寸和作业位置尺寸。主要结构尺寸是由整机外形尺寸和主要组成部分的外形尺寸综合而成；作业位置尺寸是机器在作业过程中为了适应工作条件要求所需的尺寸。

（2）经验公式法。对同类产品参数按概率统计，归纳得出经验公式和图表，然后求解总体参数。在新产品设计中，利用经验系数来确定总体参数有以下的优点：便于比较现有产品的各种参数，从而提出最优数据；有利于老产品更新换代和发展新系列；为计算机辅助设计（参数化设计）创造条件。

（3）相似类比法。采用相似类比法确定总体参数时，是以相似理论为基础，选用国内外先进名牌产品为典型样机，或根据国内外有关该产品的设计标准，求出相似系数（级差系数），然后再确定其他主要参数。

2.2.3 机械总体设计

1. 机械总体布置设计

生产机械的总体布置，关系到机械的性能、质量和合理性，也关系到操作方便、工作安全和工作效率。

（1）机械化生产线的布置。机械化生产线是按产品工艺过程，把主要机械设备和辅助设备用运输和中间存储设备等连接起来，组成独立控制和连续生产的系统。

机械化生产线由机械设备组成，根据其在生产上的作用及工作特点，机械设备归纳起来可分为下列几种类型：主要工艺设备、辅助工艺装置、物料储运装置、控制装置。

移动作业是使工件向处理方向移进。因而，附带而来的是工件的抓取、定位、向下一道工序的送进等。

根据移动方式有直进式和旋转式两种。处理大工件的重型机械多采用直进式，对于加工种类少的作业机械也大多采用直进式，小件的机械可采用旋转式。

（2）生产作业机械的总体布置。总体布置的任务是合理布置各部件，零件在整机上的位置，按照简单、合理和安全的原则，使其实现工作要求，确定机器重心坐标，确定总体尺寸。

生产作业机械是指完成作业操作的单体机械。

生产作业机械布置的原则如下：①功能合理；②结构紧凑；③动力传递路线力求简短、直接，做到传动效率高，管路、线路的布置要整齐、醒目；④各部件或零件在装配和使用中，其位置调整、拆装和维修等力求简单、方便，保护要安全可靠。

根据形状、大小、数量、位置和顺序五个基本要素，可综合得出生产作业机械的总体布置类型如下：

1）按主要工作机构的空间几何位置可分为平面式、空间式等。

2）按主要工作机械的布置方向可分为水平式（卧式）、倾斜式、直立式和圆弧式等。

3）按原动机与机架相对位置可分为前置式、中置式、后置式等。

4）按工件或机械内部工作机构的运动方式可分为回转式、直线式、振动式等。

5）按机架或机壳的形式可分为整体式、剖分式、组合式、龙门式、悬臂式等。

6）按工件运动回路或机械系统功率传递路线的特点可分为开式、闭式等。

2. 机械驱动系统设计

（1）选择机构的类型和拟订机构简图。机构按完成的功能，可分为执行机构和传动机构两大类。执行机构是根据工作头的功能去实现轨迹、运动和力的变换和传递。传动机构联系起来，就组成了传动链，传动链可能是一条或若干条，汇总起来就构成了设备的传动系统。

机械传动系统包括定传动比机构、变速机构、运动转换机构和操纵控制机构等几部分组成。按其传递能量流动路线的不同，传动系统可分为以下几种：

1）单流传动。单流传动是指动力输出能量依次经过每一个传动件的传动形式。这样传动级数越多，传动效率就越低。因此，单流传动多用于小功率、传动链短的机器。单流传动框图如图 2－15 所示。

2）分流传动。分流传动是指动力输出的能量分成多个分支传到各执行机构的传动形式，分流传动框图如图 2－16 所示。分流传动有利于灵活安排传动线路、提高传动效率、缩小传动件的结构尺寸，一般适用于执行件较多的机器。

3）汇流传动。所谓汇流传动就是动力源经几条线路汇交于执行机构，图 2－17 所示为汇流传动框图。这种能量流动路线的特点是将低速、重载、大功率机器的动力源配备为多台中小型动力机，以减少传动机构，提高传动效率。使执行机构有效地完成所需的复合运动形式及速度变化节拍，然而为了保证各动力机均载和同步，要在结构系统中设有浮动或柔性的构件。

4）混流传动。所谓混流传动就是传动系统中既有分流传动又有汇流传动，是前述三种传动形式组合的传动系统。

图 2－15 单流传动框图

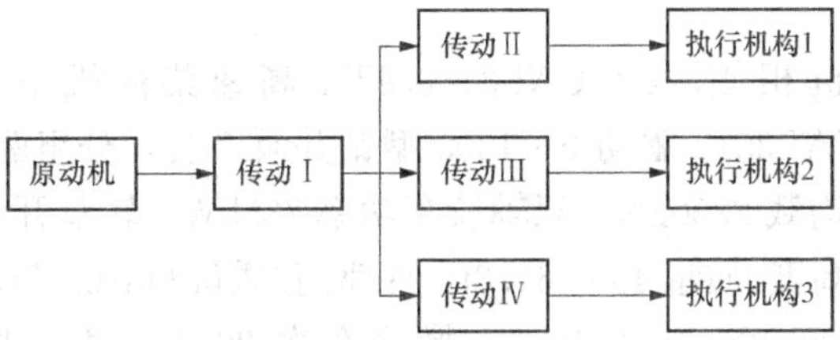

图 2－16 分流传动框图

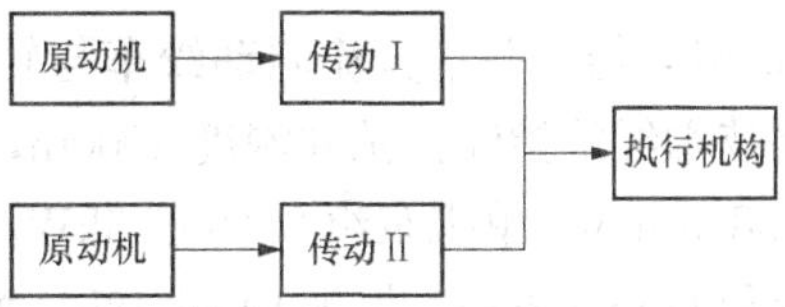

图 2－17 汇流传动框图

机械传动链分为外联传动链和内联传动链。联系动力源和执行件（如机械主轴或分配轴）的传动链，是运动与外部（动力源）的联系，称为外联传动链；而复合运动的内部联系，如分配轴至各执行件，称为内联传动链。只有复合运动才有内联传动链，无论是简单运动还是复合运动，都必须有一条外联传动链。

（2）机械驱动系统的设计步骤。机器的驱动系统又称传动系统，是指原动机、传动机构、工作机构和工作构件的整个机械系统。驱动系统的设计步骤如图 2-18 所示。

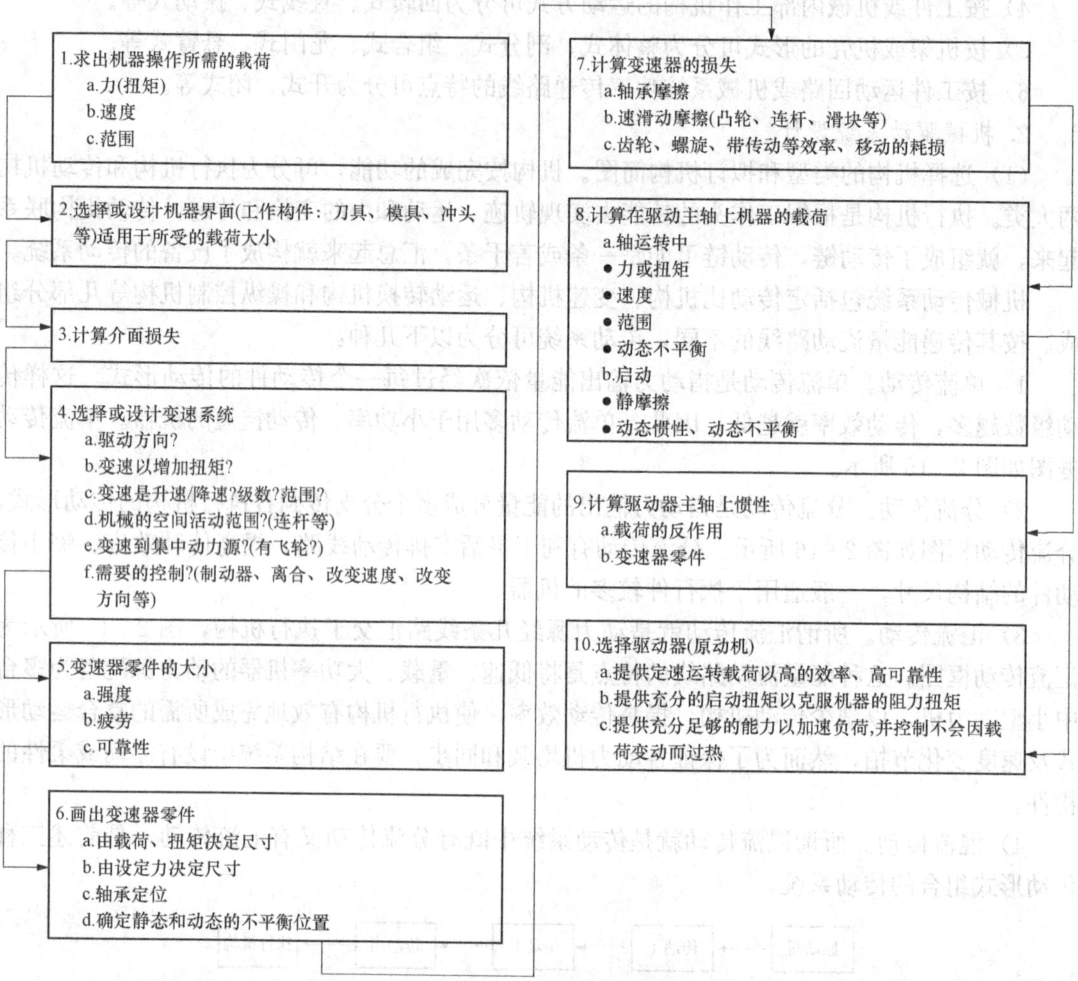

图 2-18 驱动系统的设计步骤

3. 典型示例

ZJ40K 型钻机总体方案与 IRI1200 钻机相似。2×CAT 3412DITA 高速柴油机＋Allison6061，链条并车分流驱动绞车与转盘，CAT 3512 驱动 F-1300 型钻井泵 2 套，分组驱动。主要技术经济指标：钻井深度 4000m，最大钩载 2250kN，双轴绞车功率 735kW，转盘开口直径 698.5 mm，单机泵组 2×955.5kW，井架高度/质量 43m/65.3t，底座高/质量 6m/65.3t，占地面积 60m×35m，拆装时间 48h，搬家时间 8h（＜50km），搬家车次 20 次，主机质量 204.1t；主机造价人民币 1000 万元，耗油量 61.2t/（台·月），全寿命周期费用为人民币 350 万元。

2.2.4　实用化设计阶段的样机试验

机械产品设计进入实用化设计阶段，也就是进入新产品正式投产前，一般必须先经历产品试制。这种试制又可分为样机试制和小批试制。对于单件或小批生产的机械产品，常常只进行样机试制。通过样机试验来验证产品样机以下技术状况：①产品是否有良好的功能原理；②产品的实际工作效果、效率及其技术性能指标；③样机的零件性能如强度、刚度、可靠性、寿命等。

样机试验的一般过程如图 2-19 所示。

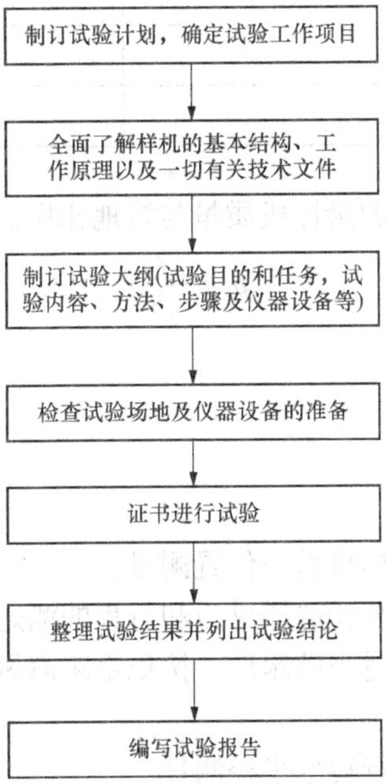

图 2-19　样机试验的一般过程

1. 整机性能试验

(1) 测量装载机在静止状态下的主要几何尺寸，见表 2-1。

表 2-1　装载机样机主要几何尺寸测量

样机型号_______　制造厂名称_______　出厂日期_______　出厂编号_______

试验日期_______　试验地点_______　场地状况_______　测量者_______

测量项目	单位	设计值	实测值
机器全长			
机器全宽			
机器全高			
最小离地间隙			
铲板倾角			
运输机尾部相对底盘最后伸出长度			

(2) 测量装载机在工作状态下的主要作业参数，见表 2-2。

表 2-2 装载机样机主要作业参数测量

样机型号_______ 制造厂名称_______ 出厂日期_______ 出厂编号_______

试验日期_______ 试验地点_______ 场地状况_______ 测量者_______

测量项目	单位	设计值	实测值
铲板前缘对底板抬起高度			
铲板前缘对底板抬起高度			
最大卸载高度			
运输机最小卸载高度			
运输机尾部左右摆角			

(3) 按装载机工作准备状态测量样机质量与接地比压。计算公式为

$$p=\frac{G}{2bL} \tag{2-9}$$

式中 p——接地比压，N/m^2；

G——重力，N；

b——履带宽度，m；

L——履带接地长度，m。

(4) 装载机工作准备状态下样机重心位置测量。

(5) 装载机工作状态下操纵装置的操纵力和行程的测定。

(6) 装载机在直线路面上经适当助跑后，按规定距离做前进、后退行走速度测定。

(7) 空载运行阻力的测定。

(8) 在行走牵引试验场地进行转弯半径测量。

(9) 装载机在工作状态下的牵引力试验。

(10) 技术生产率测定。

(11) 扒爪每分钟扒取次数的测量。

(12) 工作液压缸压力和沉降量的测量。

(13) 噪声测定。

2. 工业性能试验

工业性能试验的内容包括装载机的使用可靠性，使用生产率及能量消耗，主要部件的性能稳定性，司机操纵舒适性，技术保养方便性，工作机构的灵敏性及整机的拆卸、运输、装配是否适合作业环境要求等。

(1) 可靠性试验。可靠性试验是指在规定时间和规定环境条件下，确定产品的性能。试验目的是验证产品的可靠性指标，如平均寿命、可靠度、失效率是否合格，并发现产品在设计和生产上的不足之处，以改进产品。试验的主要手段是对产品做寿命试验（或称耐久性试验）。

(2) 环境试验。为了求得产品的可靠性指标，产品在出厂前必须进行试验，这种试验常在自然环境或人工模拟的条件下进行，称为环境试验。

1) 低温试验。检查产品在低温条件下工作的可靠性，不应有妨碍产品（样机）正常工

作的任何缺陷。

2）温度冲击试验。检查产品在温度冲击下的工作适应性和结构的承受能力，产品经试验后不应出现润滑油脂或工作油液溢出、漆膜起泡等。

3）耐潮及防腐试验。检查产品对潮湿空气影响的抵抗能力。试验后产品的正常工作特性不受影响，无任何缺陷或故障。

4）防尘试验。检查产品在风沙、灰尘环境中，防尘结构的密封性和工作可靠性。经试验后，产品打开密封后内部应无尘损，并无妨碍产品正常工作的一切故障。

5）密封试验。检查产品防泄漏的能力，如气密试验、容器漏液试验等。产品经试验后应无妨碍正常工作的一切故障。

6）振动试验。检查产品对反复振动的适应性，机械产品几乎都是由各种弹性构件连接而成的。当产品受到周期性的干扰后，各构件都会受激而振动，甚至有些构件会产生谐振，弹性构件产生振动后，构件承受了反复载荷，影响了构件的疲劳寿命，甚至会断裂。因此经过振动试验的产品，在试验后不应出现各构件的连接部位松动、过度磨损、疲劳损坏及其他任何可能妨碍正常工作的现象。

2.3 机械产品的商品化设计

2.3.1 产品的市场竞争力和商品化设计

产品是为了满足人们某种需要而设计制造的一定的物质实体，商品是进入市场销售的产品。一个技术上成功的产品不一定在市场上获得成功，只有在市场上获得成功的产品，才能真正给企业和社会带来效益。

以往人们对产品传统的理解是指具有实体性产品，这是一种狭义的理解。广义而言，产品应是为满足人们需求而设计生产的具有一定用途的物质和非物质形态服务的总和，它应包括三方面的内容：①产品实体，即提供给消费者的效用和利益；②产品形式，即产品质量、品种、花色、款式、规格及商品包装等；③产品延伸，即产品附加部分如维修、咨询服务、交货安排等。

要使所设计的产品适应市场经济的发展，并逐步进入国际市场，就必须设法提高产品的市场竞争力，使产品转化为商品。因此，需要对产品进行商品化设计。商品化设计是指在产品设计过程中，采用一定的设计方法和措施来提高产品市场竞争力的设计。

1. 企业的商品化总体战略

竞争是商品经济的客观规律，也是促进技术进步的动力。机械设计要提出创新构思并使之迅速转变为有竞争力的产品，要在市场竞争中具有强大的竞争能力和生命力，企业必须要有商品竞争的总体战略。它包括销售、经营和设计三个方面：

销售方面——市场调查、广告宣传和售后服务；

经营方面——提高产品的质量、增加技术储备和树立企业信誉；

设计方面——提高产品的设计水平并在设计中采取商品化措施。

要努力建立产品的“差异性”特质。即要使产品与同类产品相比有差异而具有优势，关键的问题还在于设计。检验设计的唯一标准是市场。因此，设计必须面向市场的商品竞争。

2. 影响产品竞争力的因素

产品竞争力受许多因素影响，从产品本身的品质来看，起着根本作用的主要有三个因素：

核心要素——功能原理的新颖性；

基础要素——技术性能的先进性；

心理要素——较高的市场吸引力。

影响产品竞争力的前两个因素，功能原理设计和技术性能设计已在前面阐述。下面就第三个要素即作为进入市场前的最后加工的商品化设计问题进行讨论。为使机械产品设计具有较高的市场吸引力，设计中必须重视采取商品化设计措施。这些措施主要包括要注重外观设计，降低产品成本，提高适用性和缩短设计周期等。就机械产品而言，其商品化设计的措施概括起来主要包括以下几个方面：

(1) 机械产品的艺术造型设计。设计的产品进入商品市场，首先给人以直觉印象的就是其外观造型和色调。先入为主是用户的普遍心理。在市场竞争中，商品的外观一旦被看得“入眼”，就可能通过“预选”而有资格参加“决赛”。因此，产品的形态、结构、尺寸等要独具特色，追求科学技术与形态塑造的完美统一，这就是产品的艺术造型设计。

(2) 价值优化设计。要使设计的产品胜于其他，获得较高的市场占有率，就要力求做到价廉、物美。价廉必须降低成本；物美必须保证质量和优越的性能，就要运用价值工程原理进行价值优化设计。

(3) 产品的标准化、系列化、模块化设计。产品的通用性是现代产品不可忽视的问题。为缩短设计周期，使设计的产品以高速度、高质量、多品种去参与竞争，产品的结构件和组合件要实现标准化、系列化、模块化。

(4) 产品性能适用性变化。产品适用性是争取用户的重要手段。它可拓宽产品的使用面，更新产品以满足不同的市场需求。产品性能的适用性变化要考虑多功能的组合来满足不同用户的不同需求。

2.3.2 商品化设计措施

1. 机械产品造型设计——商品化设计措施之一

(1) 造型设计的概念。机械产品造型设计是以机械产品为主要对象，着重对于造型有关的功能、结构、材料、工艺、美学基础、宜人性、市场关系等诸方面进行综合的创造性设计活动。

它不是单纯地对机械产品进行“美化”设计，而是包括充分表现产品功能的形态构成设计，实现形态的结构方法和工艺设计，以及达到人-机-环境协调统一的人机关系设计。最终使产品造型美观，形式新颖，具备现代工业美感，扩大产品销路，提高市场竞争能力，从而推动产品设计持续发展。

造型设计是产品设计的重要内容之一，对其价值有着直接的作用。通过造型设计，可将工程技术问题和形态的艺术表现融为一体，追求产品在外形设计、表面材料的选择和工艺、色彩格调等方面均达到适用、经济、美观的外观质量。

(2) 造型设计的要素。机械产品应具有明确的使用功能以及与其相适应的造型，而这两者都必须由某种结构形式、材质的选用和工艺方案来保证。从机械产品造型设计的角度来分析，其要素由功能基础、物质技术基础和美学基础三个方面组成。

1）功能基础。功能基础是指产品特定的技术功能，它是产品造型的主要目的。造型设计既要充分体现产品功能的科学性和使用的合理性，也要具有便于加工、装配、维修、保养的特点。不同的功能、不同的作业方式及不同的工作环境，应采用不同形式的造型来配合。

2）物质技术基础。物质技术基础是实现产品功能的保证。机械产品的物质技术基础主要指的是结构、材料、工艺、配件的选择。生产过程的管理、采用合理的经济性制约条件等，也可看作是物质技术条件。

3）美学基础。机械产品除了要具有供人们使用的功能条件外，还要具有审美性，使产品的形象具有优美的形态，给人以美的享受。因此，当机械产品在进行造型设计的时候，必须做到在实现功能的前提下，在选用材料、配件、工艺等物质技术条件的同时，充分地运用美学原则和艺术处理手法，塑造出具有时代特征的美观的产品形象。

（3）造型设计的基本原则。实用、经济和美观是机械产品造型设计的三项基本原则。实用是指造型设计必须具有良好的使用功能，表现为产品性能达到高效、方便、安全、易保养、人机协调等特点，以满足人民生活或生产实际的需要。经济即用价值工程理论指导产品造型，使材料和工艺恰如其分地运用，构成产品的“经济”品质。美观即造型美，是产品整体各种美感的综合体现，通过造型设计使产品具有美的形象和宜人性，富有表现力，反映出独特风格等审美的价值。

实用、经济和美观三项基本原则密切相关，缺一不可，又有主次之分。其中，实用原则占主导地位，美观原则处于从属地位，经济原则对二者起约束作用。只有将三者有机结合，使其在设计和生产中协调一致，才能使产品在各方面都表现出富有创造性的设计思想。

（4）造型设计的美学法则。机械产品造型欲求良好的艺术效果，必须按美学法则来进行设计。美学法则也称为形式法则，它反映了客观事物美的形成因素之间的必然联系和规律，是一种综合艺术工作的理论基础。主要有下述几点美学原则。

1）对称与均衡。凡是具有形式美感的形体，都具有对称与均衡的特性。对称是在轴线或支点的相对端面布置同形、同量的形象而取得较好的视觉平衡，形成美的秩序，展现静态、条理美。机械产品的造型设计多采用对称手法，以增加产品的稳定性。

2）对比与调和。对比与调和是反映和说明事物同类性质和特性之间差异或相似的程度。运用差异和相似异性的强调，如各因素比较大小、虚实、亮暗、重轻等以达到彼此作用、相互依托，从而使得形体活泼、生动、个性鲜明、增强造型感染力；而调和是寻求同一因素中不同程度的共性，使之彼此接近产生协调和谐的关系，包括表现方法的一致、形体的相通、线面的共调、色彩的和谐等。

3）统一与变化。统一是指造型设计中各局部之间具有呼应、连接、秩序和规律性，造成一致或具有同一趋势的感觉。变化是指造型设计中呈现出的种种矛盾对立。

机械产品的完美造型应做到在整体上协调统一，又有多样的或独特的变化。若缺乏变化，就会显得单调、平淡、艺术感染力不强；若缺乏统一，就会失去整体和谐，显得支离破碎、杂乱无章。机械产品的造型设计要在统一中赋予变化，在变化中求得统一。

4）比例与尺度。产品外形的比例与尺度直接关系到其外在形式的美。比例与尺度的权衡，是根据使用需要，以适用于产品功能和审美原则来决定的，是增加造型形态的均衡、稳定、统一、美感的重要手段。

5）稳定与轻巧。稳定与轻巧是构成产品外形美的因素之一，是人们在长期克服与利用重力的过程中形成的一套与重力相联系的审美观念。稳定是指在重心靠下或下部具有较大面积的原则下，使产品的形体保持一种稳定状态的感觉；轻巧是指在稳定的外观上赋予活泼的处理方法，使形体呈现出生动、轻盈的感觉。

（5）造型设计的程序。机械产品种类较多，其大小、用途和复杂程度差异很大，因此各种产品的造型设计程序不尽相同。造型设计一般分为准备、设计和完善三大阶段，见图2-20。

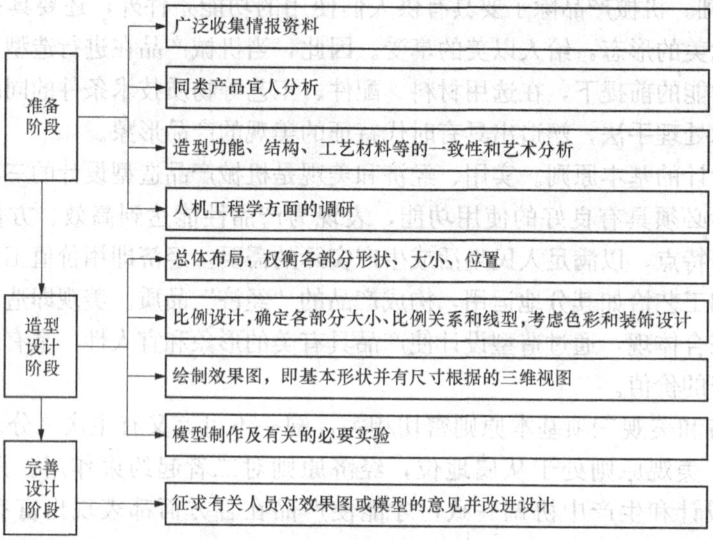

图2-20　造型设计程序框图

2. 价值优化设计——商品化设计措施之二

（1）价值和价值优化设计。设计是生产活动的重要组成部分。衡量设计是否成功的基本指标之一是社会效益和经济效益。它们主要体现在设计对象——产品上。

对产品的社会效益和经济效益的考核，通常使用“价值”的概念。

产品的价值（以V表示）通常定义为产品的功能（以F表示）与实现该功能所耗费的成本（以C表示）。用公式表示：

$$V = F/C \tag{2-10}$$

从式（2-10）可知，在产品设计中要提高产品的价值可从以下几方面入手：

$\uparrow V = F\uparrow / C\downarrow$，表示通过改进产品设计，提高产品功能同时降低成本，使产品的价值得到较大的提高。

$\uparrow V = F\uparrow / C\rightarrow$，表示在保持产品成本不变的情况下，由改进设计来提高功能，从而提高产品的价值。

$\uparrow V = F\rightarrow / C\downarrow$，表示保证产品功能不变的前提下，通过改进设计，采用新工艺、新材料，或改进实现功能的手段等，使成本有所降低，从而提高产品的价值。

$\uparrow V = F\uparrow\uparrow / C\uparrow$，表示在成本略有提高的情况下，改进设计使产品功能大幅度提高。

$\uparrow V = F\downarrow / C\downarrow\downarrow$，表示不影响产品主要功能的前提下，改进设计略降低某些次要功能或减少某些无关功能，以求得产品成本大幅降低，提高产品的价值。

（2）价值优化中的功能分析。功能分析的目的是研究功能本身的内容及其各功能之间的相互关系。简言之，功能分析就是把所要求的功能进行抽象的描述、分类、整理并加以系统化，以便从中找出提高功能值的途径。

为设计产品或对产品改进而研究分析其功能必须以用户需要为依据。产品功能的重要程度不同，作用也不同，需对功能进行分类以便区分对待。

在价值工程中，一般功能可按下述三方面来分类：

1）按功能重要程度分类，可分为基本功能和辅助功能。基本功能即机械产品及其零部件要达到使用目的不可缺少的重要功能，也是该产品及其零部件得以存在的基础。辅助功能是为实现基本功能而存在的其他功能，属次要的附带功能，对产品功能起着完善作用。

2）按满足用户要求性质分类，可分为使用功能和外观功能。使用功能指产品在实际使用中直接影响使用的功能，它通过产品的基本功能和辅助功能来实现。外观功能指反映产品美学的功能。

3）按功能相互关系分类，可分为目的功能（上位功能）和手段功能（下位功能）。目的功能是主功能、总功能。手段功能从属于目的功能，为实现目的功能起手段作用，是分功能、子功能。

（3）价值优化对象的选择。

1）选择依据。对于一个企业而言，价值优化对象选择的基本依据是产品价值的高低，产品价值低的即为对象。具体进行时要经过分析、研究和综合判断来决定。一般来说，凡在生产经营上有迫切的必要性，在提高产品功能和降低成本上有较大潜力的产品，都可作为选择对象。

2）选择方法。一个产品包含许多功能元件，必须抓住影响价值的一些主要功能元件作为分析对象，采取有效措施以提高价值。下面介绍两种选择价值分析对象的方法。

a. 功能系数分析法。功能系数表征该零件对产品功能的影响，反映该零件在产品中的重要程度。功能系数越大，该零件对产品功能影响越大，越重要。

表 2-3 为功能系数的求法。设有零件 A、B、…、H，共 8 种，首先根据在产品中的重要性对比，分别为各种零件评分。例如 A 较 B 重要，取 A/B 为 1，否则为 0。则零件 A 的总评分

$$P_A = \sum\left(\frac{A}{B},\frac{A}{C},\cdots,\frac{A}{H}\right) \tag{2-11}$$

同理，可求得 P_B、P_C、…。零件 A 的功能系数 F_A 定义为

$$F_A = P_A\Big/\sum_{i=A}^{H}P_i \tag{2-12}$$

同理，可求得 F_B、F_C、…。

成本系数表征该零件所占总成本的份额。若第 i 种零件成本为 C_i，产品总成本为 $C_{总}$，则成本系数 K_i 定义为

$$K_i = C_i/C_{总} \tag{2-13}$$

零件的功能系数定义为该零件功能系数 F_i 与成本系数 K_i 之比，若以 G_i 表示第 i 件零件的功能系数，则

$$G_i = F_i/K_i \tag{2-14}$$

表 2-3 功能系数的求法

零件名称	一对一比较								评分 P_i	功能系数 F_i
	A	B	C	D	E	F	G	H		
A	X	1	1	0	1	1	1	1	6	0.214
B	0	X	1	0	1	1	1	1	5	0.170
C	0	0	X	0	1	1	1	0	3	0.107
D	1	1	1	X	1	1	1	1	9	0.250
E	0	0	0	0	X	0	1	0	1	0.036
F	0	0	0	0	1	X	1	0	2	0.073
G	0	0	0	0	0	0	X	0	0	0
H	0	0	1	0	1	1	1	X	4	0.143
合计									$\sum P_i = 28$	$\sum F_i = 1.0$

b. ABC 分析法。ABC 分析法又称比重分析法，利用此种方法可以选出占成本比重大的零部件作为成本分析对象。

运用此法分析时，首先要按产品的零部件列出各自所占总成本的份额，然后按所占成本份额的大小进行排列，最后将产品的全部零部件分为 A、B、C 三类。取占零部件总数的10%，但其成本约占产品总成本 60%～70%的零件属 A 类；取占零部件总数的 20%，但其成本约占产品总成本 20%的零件属 B 类；取占零部件总数的 70%，其成本仅占产品总成本10% ～ 20%的零件属 C 类。

用此分类找出对产品影响最大的 A 类产品为分析重点，作为降低成本的主要对象。

(4) 产品功能的价值计算。通过功能定义和功能系统图可定性地分析功能的必要程度及功能实现的方法。为了指示产品改进的部位和方向，找出降低现状成本的具体对象，还必须对产品的总体功能及功能域进行定量的价值计算。

要对功能的价值进行定量计算，必须把功能（F）数量化（即用货币表示功能值多少钱)，称为功能值，然后除以该功能的现状成本（生产产品实际花费的工厂成本)。

产品的功能价值如下：

$$V_0 = F_0 / C_0 \tag{2-15}$$

式中 F_0——功能值；

C_0——现状成本值。

产品功能价值的大小反映产品物美价廉的程度。就整个产品而言，价值 V_0 的最大值是1，一般均小于 1。价值优化的奋斗目标就是使产品的现状成本达到其功能值的水平，若 V_0 越接近 1 则越应改善。

求功能值的实质是将功能货币化。它只是一个概念，而不是产品实体，不同于一般产品的成本估算。价值优化分析人员必须想象出采用什么方式和实物，来实现所要求的功能并估算一个最低费用。从这点上说，功能值的确定起着一个制订目标的重要作用。

具体求功能值可用理论成本标准法、实际成本标准法、功能重要度评价法或以市场上各产品的实际价格范围作为参考标准等。

确定功能域或末端功能值的大小是把产品的总功能值如何向功能域和末端功能进行分配的问题。一般是按照功能分配系数来分配的。

例如一阶功能域的功能值表示为

$$F_i = F_0 f_i^0 \tag{2-16}$$

式中 F_i——一阶第 i 个功能域的功能值（$i=1, 2, \cdots$）；

f_i^0——一阶第 i 个功能域的功能分配系数，$\sum f_i^0 = 1$。

（5）降低成本的途径和措施。从价值优化观点除对产品做功能分析求出功能值外，还必须对产品的成本进行分析，以确定产品和功能域的现状成本，寻求在设计上降低成本的方法，为改进产品设计提供条件。

产品成本结构如图 2-21（a）所示，产品的性质不同，其各成本所占的比例不同，产品的总成本是生产成本与使用成本之和。随着对产品性能要求的提高，生产成本会增加而使用成本将降低，如图 2-21（b）所示，其中有一个总成本的最低点。设计时应根据要求寻找性能适宜、总成本较低的价值优化方案。

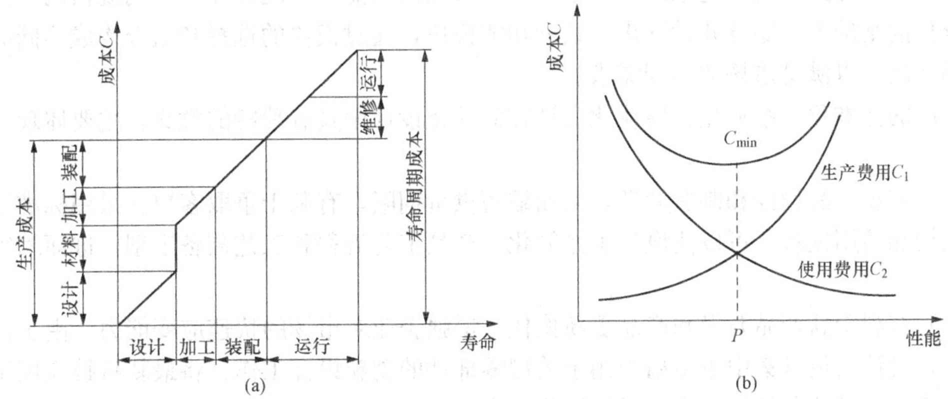

图 2-21 产品成本结构

对于单一产品，其现状成本只要把全年实际的总成本除以全年产量即可。多品种生产情况下，一般按各产品的实际消耗额直接计入产品现状成本。而间接消耗费用要考虑在各产品间合理分摊来处理。

从图 2-21 知，降低产品成本可从几方面努力。生产成本、运行成本和维修成本都与设计密切相关。尤其是生产成本，其 70%以上取决于设计阶段，如何在设计中降低产品成本则是首要环节。要通过不同设计方案的价值分析，相互比较后，力求使设计方案能以最低的成本获得最佳的产品。

3. 产品的标准化、系列化、模块化设计——商品化设计措施之三

进入 21 世纪以来，科学技术的飞速发展使产品日趋复杂和多样化，产品设计和更新的节奏大大加快。产品作为商品，要在竞争日益激烈的市场中具有强大的生命力，就必须在最短时间内不断设计制造出质高、价廉、新颖的创新产品。要使设计产品尽快投产上市与销售，在竞争中争取主动，处于有利地位，那么产品的标准化、系列化和模块化设计是提升机械设计速度的重要手段。

在不同类型、不同规格的各种产品中，有相当多的零部件是相同的，将这些零部件标准

化并按尺寸不同做出系列化，是十分重要的。

所谓零件的标准化就是通过对零件尺寸、结构要素、材料性能及检验、设计方法和制图要求等制订出各种各样的大家共同遵守的标准。

系列化设计就是按标准化原理，以基型产品为基础，依据社会需求，将其主要参数及形式变化排成系列，以设计出同一系列内各种形式、规格的产品。有时还可以在已有系列的基础上进行较大改变，形成派生系列产品。系列化设计的目的是使同类产品逐渐达到在结构尽量统一的基础上满足多种用户要求。

一般系列化设计是以基型产品为基础，统一规划，应用相似原理发展系列内其他产品。所以系列化设计首先要归纳同类产品的共同规律，确定其结构相似之处；然后从整个系列出发，以基型产品为主，兼顾变形产品进行基型产品设计。设计时要尽量采用标准化、通用化。特别着重做好典型结构设计，为发展系列产品奠定基础。系列化设计要根据使用要求，合理分档，一般经过基型设计，确定相似种类，确定级差，列出参数数据至最后确定结构尺寸等步骤。

模块化设计是在对一定范围内的不同功能或相同功能、不同性能、不同规格的产品进行功能分析的基础上，划分并设计出一系列功能模块，通过模块的选择和组合构成不同的顾客定制的产品，以满足市场的不同需求。

产品的标准化、系列化、模块化设计在商品化设计中具有独特的意义，主要体现在以下几点：

（1）缩短产品设计和制造周期，从而缩短供货期限，有利于争取客户。采用标准零件及标准结构和通用模块，可以使设计工作简化，产品工艺流程和工艺装备定型，进而缩短制造周期。

（2）有利于新产品开发和产品更新换代，增强企业对市场的快速应变能力。由于设计工作简化，设计人员可集中更多精力用于关键零部件的创新设计工作，将最新科技应用于标准化、系列化、模块化的设计中，尽快转化生产力。

（3）有利于提高产品质量，降低成本，增加产品的市场竞争力，便于安排专门工厂采用先进技术大规模集中生产标准零部件和模块，从而有利于合理使用材料，应用成组技术及CAD系统，保证产品质量和降低成本。

（4）可减少技术过失的重复出现，增大互换性，便于维修管理，因此产品的标准化、系列化、模块化设计程度的高低是评价产品优劣的指标之一。

4. 产品性能适用性变化——商品化设计措施之四

产品性能适用性变化是争取用户的重要手段。一个成功的产品若仅以单一的品种规格面市，无疑将会失去很多有特殊要求的顾客，因顾客的使用要求、爱好和购买力千差万别，为适应更广的顾客需求，在产品基本功能不做重大改变情况下，可对产品做三种适用性变化。

（1）开发新用途。为产品开辟新的用途，可扩大需求量。例如考虑一机多用，具备多功能，同一产品有时可在原先未曾打算使用处发现新用途。产品用途的不断开发、扩展，不仅可以提高产品适用性及市场占有率，而且可提高企业在市场上的信誉及地位。

（2）适用性改变。产品应用在不同国家、地区或民族，因消费使用受到文化、社会、个人和心理因素的影响，从而形成不同人口环境、经济环境、自然环境和技术环境等的宏观市场营销环境的变化，其使用条件上有很大差别，诸如电压、气温、道路、习惯等产品设计时应先考虑这些变量，以市场消费的不同需求为导向做出相应的改变，达到扩大市场需求量、挖掘新用户的目的。

（3）增添附加功能，拓宽使用面。在基本功能上增添附加功能，使产品的功能完善、周全，以此拓宽使用面。例如德国生产的一种自行车，其表面喷涂的颜色可以随光线的强弱而变化，黑色的自行车在阴天中变成白色，这样行驶中的汽车在很远的地方就能发现它，可以减少交通事故的发生。

此外，适用性变化还有以下几种表现：精简适用性，即同一产品可有简装耐用和精制珍品的不同品种，以适应不同消费的愿望；操作适用性，即简化产品的操作程序，减少操作按钮开关，便于不同文化程度的用户使用；尺度适用性，即改进产品结构尺寸以适应不同人体尺度的要求，满足用户舒适和珍爱的心理要求等。

2.3.3 机械产品的综合性能检测试验

产品经过样机试验和改进设计之后，就要转入小批量或成批生产，因而全面评价产品的效果，检测产品的综合性能，为开发下一代产品提供反馈信息，是至关重要的。

任何一种机械产品的性能指标都是多样的，但归纳起来可概括为产品的性能、寿命、可靠性、安全性和经济性等方面，因此对于一个转入成批生产的机械产品（样品）进行的综合性能检测试验也是围绕着这几方面进行的。

1. 综合检测项目

产品的性能是指产品所具有的特性和功能。不同的使用目的和使用条件，要求产品具有不同的性能。对产品的性能检测试验一般从下列几方面进行：

（1）物质方面。物质方面包括物理、化学性能检测。

（2）结构方面。结构方面包括拆装、维修、互换性检测。

（3）操作方面。操作方面包括从操作方便、灵巧方面进行舒适性试验。

（4）外观方面。外观方面包括造型、色泽、包装检测。

（5）产品的寿命。产品的寿命是指产品从出厂投入使用的时间算起到发生不可修复的故障为止的使用时间。在规定的条件下、规定的期限内，若产品不能履行一种或几种所需要的功能的事件称为故障，对于不可修复的故障则称为失效。

（6）产品的可靠性。产品的可靠性是指在规定的条件下和规定的时间内，完成规定任务的可能性。衡量产品可靠性的指标有平均寿命、可靠度、失效率。随着现代工业生产的发展，产品的可靠性越来越被人们所重视，可靠性试验已被列为产品综合性能检测试验中十分重要的内容，这种试验是验证可靠性指标是否合格，其主要手段是对产品做耐久性试验。

（7）产品的经济性。产品的经济性是一个复杂问题，不仅要考虑产品的生产成本，还要考虑产品整个寿命周期所需的运转费、维护修理费等。

（8）产品的安全性。产品的安全性是指产品使用过程中保证安全的程度。产品对使用人员是否会造成伤害事故，影响人体的健康，或者产生公害，污染周围环境的可能性，是用户十分关心的。

随着现代产品的复杂性、重要性及经济性的不断提高，国家和用户对产品的综合性能如性能、寿命、可靠性、安全性、经济性等检测试验的要求也更加严格，甚至成为某种产品是否可取的关键。

2. 现代检测系统

由于不同领域中有不同的测量目的和要求，各种高质量变换器和传感器不断涌现，尤其是各种新型半导体变换器件的问世，使信号检出、变换的精度和灵敏度大为提高，因此有可能有效地获取产品的部件或整机的结构研究与性能研究的各种信息。现代检测系统组成如图2-22所示。

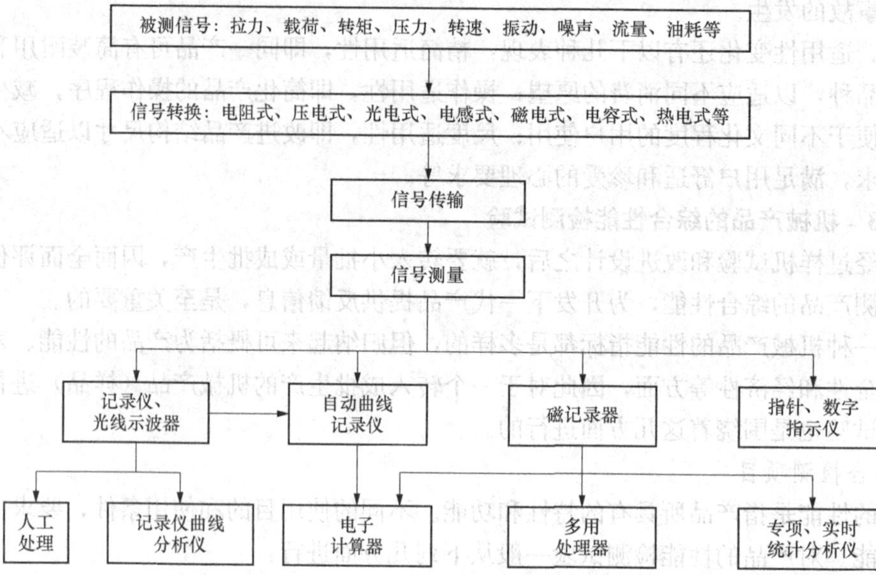

图2-22 现代检测系统的组成

3. 检测中的系统模拟技术

为了使实际系统装置在投入使用前取得近于实际应用时的效果，常采用模拟的系统装置结合实际或模拟的环境和条件，或用实际的系统装置结合模拟的环境和条件，来进行研究、分析或试验的方法。系统模拟技术主要应用于以下几方面：

(1) 对系统或产品的某一部分，例如仪器的传感器、机床加工精度与预先设计的有效精度来进行比较测定。

(2) 系统地估计产品的各部分或分系统之间的协调和干扰的影响程度及其对整体性能的影响等。

(3) 比较各种设计方案，以取得最优设计。

(4) 在被测系统或装置发生故障后使之重演工作过程，以分析研究故障来源和得出对策。

(5) 进行假设检验。

(6) 训练操作人员进行分析、评价人机联系的可控性和适用性。

4. 综合性能检测过程

在整个测试方案设计中，系统仿真和环境模拟是主要考虑对象。但如何获得为数众多的有关位置参数、运动和动力参数，以及掌握这些参数的变化及其内在联系，则更为重要。为实现这一目的，除研制各种微型传感器和能进行各参数综合测试的试验装置外，借助电子计算机所具有程序控制、存储转换、快速运算、逻辑判断、二维/三维、彩色图像显示等功能而发展起来的计算机辅助自动测试系统，已成为机械产品设计研究进一步发展和完善的最新趋向。

机械产品的综合性能检测过程如下：

（1）明确被检测项目的检测目的。

（2）测定产品的性能稳定性。

（3）明确检测项目的检测条件。

（4）在符合一般试验条件下还应考虑产品的工作能力要符合规定，系统不应有任何泄漏现象。

（5）合理选择检测仪器。

（6）制订正确的检测方法。

（7）将检测记录填写于检测表格中。

2.4 TRIZ原理与计算机辅助创新

2.4.1 TRIZ理论的由来

TRIZ是“发明问题的解决理论”俄文词头的缩写，其英文全称为 theory of inventive problem solving，是由苏联的 Genrich S. Altshuller 及其领导的研究团队，在分析研究世界各国250万件专利的基础上提出的，主要目的是研究人类进行发明创造、解决技术难题过程中所遵循的科学原理和法则。其研究发现：类似的问题和解决方法在不同行业和科学领域中会反复出现；不同行业和科学领域中存在相似的技术进化模式；技术创新是应用其所在领域以外的科学效应得到的。这三个发现奠定了TRIZ理论的基本原理，并创建了一个由解决技术问题，实现创新开发的各种方法、算法组成的综合理论体系，如图2-23所示。这些规则融合了物理、化学及各工程领域的原理，不仅能用于产生该规则的领域，也适用于其他领域的发明创造。

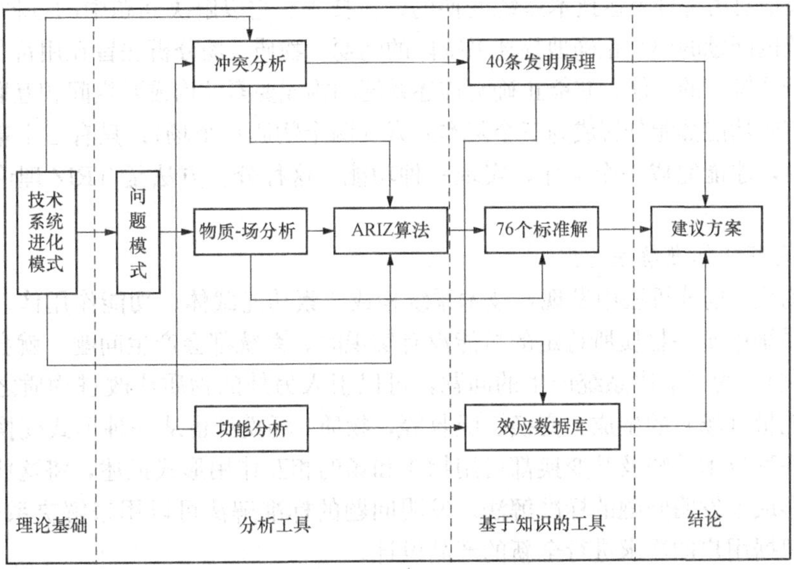

图2-23 经典TRIZ的体系结构

2.4.2 TRIZ 理论的主要内容

TRIZ 理论的体系构成如图 2-24 所示。

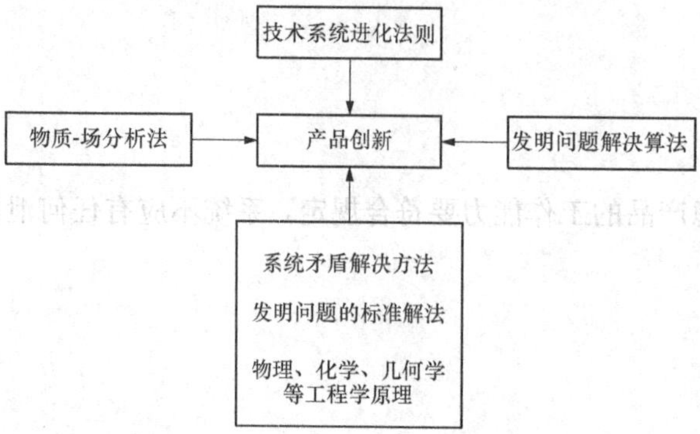

图 2-24 TRIZ 理论体系构成

物质-场分析法是对具体问题定义并将问题模型化的方法。发明问题解决算法根据物质-场分析定义的问题模型导出问题解决的具体方法。系统矛盾解决方法则是利用 39×39 条标准矛盾和 40 条发明创造原理解决矛盾。发明问题的标准解法是将创新问题按其物质-场模型进行分类，将各类相似问题的解决方法标准化、体系化。搜索具体问题的解决对策时，实现某些机能所需的物理、化学、几何学等具体原理，则由物理、化学、几何学等工程学原理知识库提供。

TRIZ 理论主要包括以下内容：

1. 技术系统进化法则

发明问题解决理论的核心是技术系统进化法则。该法则指出技术系统一直处于进化之中，解决矛盾是进化的推动力。进化速度随着技术系统一般矛盾的解决而降低，使其产生突变的唯一方法是解决阻碍其进化的深层次矛盾。针对技术系统进化演变规律，在大量专利分析的基础上，TRIZ 总结提炼出 8 个基本进化法则。利用这些进化法则，可以分析确认当前产品的技术状态，并预测未来的发展趋势，开发出富有竞争力的新产品。TRIZ 理论中的产品进化过程分为 4 个阶段，即婴儿期、成长期、成熟期和退出期。

2. 物质-场分析法

物质-场分析法是由 G. S. Altshuller 基于分析研究了近百万发明专利的基础上提出的。物质-场分析法是使用符号表达技术系统变换的建模技术。它以解决问题中的各种矛盾为中心，通过建立系统内问题的模型正确地描述系统内的问题。物质-场分析法旨在用符号语言清楚地描述系统（子系统）的功能，它能正确地描述系统的构成要素及构成要素间相互联系。该分析法认为：所有的功能都能分解成为三个基本元素（两个物质一个场）；只有三个基本元素以合适的方式组合，才能完成一个动作，实现一种功能。这种分析方法是 TRIZ 理论的常用工具之一。

3. 发明问题的标准解法

在研究物质-场分析法中发现：技术系统构成要素功能载体、功能作用体、场，三者缺一不可，当系统中某一物质所特定的机能没有实现时，系统都会产生问题，就会产生各种矛盾（技术难题）。为了解决系统产生的问题，可以引入另外的物质或改进物质之间的相互作用，并伴随能量（场）的生成、变换、吸收等，物质-场模型也从一种形式变换为另一种形式。因此，各种技术系统及其变换都可用物质和场的相互作用形式记述，将这些变化形式归纳总结，就形成了发明问题的标准解法。发明问题的标准解法可以用来解决系统内的矛盾，同时也可以根据用户的需求进行全新的产品设计。

发明问题的标准解法的应用形式有以下两种：

(1) 非物质-场体系（不完全物质-场体系）。组成物质-场系的三个构成要素必须同时存在，缺少一个系统就不能正常工作。标准解法是确定系统物质-场模型所缺的元素，找到合适的元素，构造完整的物质-场模型。

(2) 发展原有的物质-场体系。组成物质-场体系的三个构成要素虽然同时存在，但是相互之间并不发生联系，或它们之间的联系并没有实现预定的功能，或这种联系是不希望得到的，系统都会出现问题。标准解法是通过改变功能载体、功能作用体以及它们之间的相互作用，发展原有的物质-场体系，从而按照预定的形式实现系统的功能。

4. 发明问题解决算法

发明问题解决算法 ARIZ（algorithm for inventive problem solving）是 TRIZ 理论的一个主要分析问题、解决问题的方法。其实质是为了解决问题的物理矛盾，而对初期问题进行一系列变形再定义的逻辑过程。TRIZ 理论认为，一个问题解决的困难程度取决于对该问题的描述或程式化方法，描述得越清楚，问题的解就越容易找到。在 TRIZ 理论中，发明问题求解的过程是对问题的不断描述、不断程式化的过程。经过这一过程，初始问题最根本的矛盾被清楚地暴露出来，如果已有的知识能用于该问题则有解，如果已有的知识不能解决该问题则无解，需等待自然科学或技术的进一步发展。该过程是靠 ARIZ 算法实现的。

ARIZ 采用一套逻辑过程逐步将初始问题程式化，该算法特别强调矛盾与理想解的程式化，一方面技术系统向理想解的方向进化，另一方面如果一个技术问题存在矛盾需要克服，那么该问题就变成一个创新问题。

ARIZ 中矛盾的消除有强大的效应知识库的支持。效应知识库包括物理、化学、几何等方面的效应。作为一种规则，如果经过分析与效应的应用后问题仍无解，则认为初始问题定义有误，需对问题进行更一般化的定义。

应用 ARIZ 取得成功的关键在于在没有理解问题的本质之前，要不断地对问题进行细化，直至确定了物理矛盾。该过程及物理矛盾的求解目前已有软件支持。

5. 系统矛盾解决方法

矛盾是 TRIZ 理论中的重要概念，产品创新的中心课题是不断解决过时产品和市场需求之间的矛盾。确定产品创新研究对象以后，下一步的工作是矛盾的分析和解决。产品之所以不能满足市场需求，就是因为产品内部存在阻碍产品更新换代的矛盾。基本矛盾的分析和解决是产品创新方案设计所面临的难题。原理是获得矛盾解决所应遵循的一般规律。

TRIZ 理论主要研究技术矛盾与物理矛盾。技术矛盾是指用已知的原理和方法去改进系统某部分或参数时，不可避免地出现系统的其他部分或参数变坏的现象。物理矛盾是指系统的同一部分或参数提出完全相反的要求。TRIZ 理论引导设计者挑选能解决特定矛盾的原理，其前提是要按标准参数确定矛盾，然后利用 39×39 条标准矛盾和 40 条发明创造原理解决矛盾。应用 TRIZ 分析和解决产品内部矛盾的一般过程如图 2-25 所示。

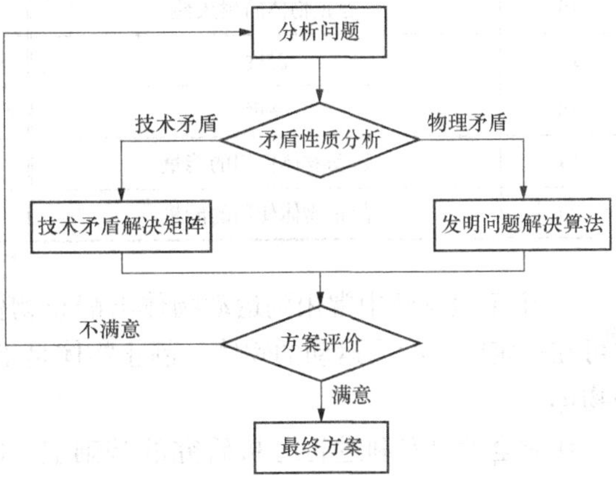

图 2-25 矛盾分析和解决的一般过程

TRIZ中的矛盾解决理论属于第二类经验，这些原理是在分析全世界大量专利的基础上提出的。研究人员发现，在以往不同领域的发明中所用到的规则并不多，每条规则并不局限于某一领域，其融合了物理、化学及各工程领域的原理，适用于不同领域的发明创造。

产品设计中的矛盾是普遍存在的，采用一种通用化、标准化的方法描述设计矛盾，可使设计人员方便地用这些标准化的方法进行共同研究与交流，以促进产品创新。通过对250万件专利的详细研究，TRIZ用39个通用工程参数描述矛盾，见表2-4。实际应用中，首先要把所描述的矛盾用相应的通用工程参数来表示。利用该方法把实际工程设计中的矛盾转化为TRIZ中标准的技术矛盾。

表2-4　39个通用工程参数

序号	名称	序号	名称
1	运动物体质量	21	动力
2	静止物体质量	22	能量的浪费
3	运动物体尺寸	23	物质的浪费
4	静止物体尺寸	24	信息的浪费
5	运动物体面积	25	时间的浪费
6	静止物体面积	26	物质的量
7	运动物体体积	27	可靠性
8	静止物体体积	28	测定精度
9	速度	29	制造精度
10	力	30	作用于物体的坏因素
11	拉伸力、压力	31	副作用
12	形状	32	制造性
13	物体的稳定性	33	操作性
14	强度	34	修正性
15	运动物体的耐久性	35	适应性
16	静止物体的耐久性	36	装置的复杂程度
17	温度	37	控制的复杂程度
18	亮度	38	自动化水平
19	运动物体使用的能量	39	生产性
20	静止物体使用的能量		

39个工程参数中常用到运动物体与静止物体两个术语，运动物体是指自身或借助于外力可在一定的空间内运动的物体，静止物体是指自身或借助于外力都不能使其在空间内运动的物体。

在对全世界专利进行分析研究的基础上，G. S. Altshuller等人提出了40条发明原理，见表2-5。实践证明，这些原理对于指导设计人员的发明创造具有重要的作用。

表 2-5 **40个发明原理**

序号	名称	序号	名称
1	分割	21	超高速作业
2	抽出	22	变害为益
3	部分改变	23	反馈
4	非对称性	24	中介
5	组合	25	自助机能
6	多面性	26	代用品
7	嵌套构成	27	用便宜、寿命短的物体代替高价、耐久的物体
8	配重、平衡重	28	机械系统的替代
9	事先反作用	29	气压机构、液压机构
10	动作预置	30	可挠性膜片或薄膜
11	事先对策预防	31	使用多孔性材料
12	等位性	32	改变颜色
13	逆问题	33	同质性
14	回转、椭圆性	34	零部件的废弃或再生
15	动态性	35	参数变化
16	过渡的动作	36	相变化
17	一维变多维	37	热膨胀
18	振动	38	使用强力氧化剂
19	周期性动作	39	不活性环境
20	有用动作持续	40	复合材料

将39个工程参数和40个发明原理有机地联系起来，建立对应关系，即整理得到39×39矛盾矩阵。矛盾矩阵的横轴和纵轴分别用x轴和y轴表示，x轴表示要改善的参数，y轴表示会恶化的参数。39×39矛盾矩阵从横、纵两个纬度构成的矩阵的方格共1521个，其中1263个方格中有数字，这些数字就是由TRIZ推出的解决对应工程矛盾的发明原理的编码。因为使用原理过多反而会使问题解决复杂化，所以规定每个交点处最多有4个原理。所提供的创新原理既可单独使用，也可以组合使用。

例如表2-6，欲改善运动物体质量时（表中x轴第一项），往往会使运动物体的尺寸（表中y轴第3项）特性恶化。为了解决这一矛盾，TRIZ提供了4个创新原理加以解决，分别为8、15、29、34。这4个创新原理是解决技术矛盾的关键。应用这些创新原理可以解决系统内的技术矛盾，并形成新的概念，获得原理性突破。

表 2-6 **技术矛盾解决矩阵**

y \ x	1	2	3	4	5	…	39
1			15，8，29，34		29，17，38，34		35，3，24，37
2				10，1，29，35			1，28，15，35
3	8，15，29，34				15，17，4		14，4，28，29
4		35，28，40，29					30，14，7，26

续表

y \ x	1	2	3	4	5	…	39
5	2，17，29，4		14，15，16，4				10，26，34，2
⋮							
39	35，26，24，37	28，27，15，3	18，4，28，38	30，7，14，26	10，26，34，31		

在利用 TRIZ 理论解决问题的过程中，设计者应该问题情境进行系统的分析，快速发现问题本质，准确定义创新性问题和矛盾。然后利用 TRIZ 中的工具，如 40 个发明原理、39 个通用工程参数、技术矛盾解决矩阵和物质 - 场分析法等，基于技术系统进化规律，准确确定探索方向，打破知识领域界限，实现技术突破。TRIZ 解决问题流程如图 2 - 26 所示。

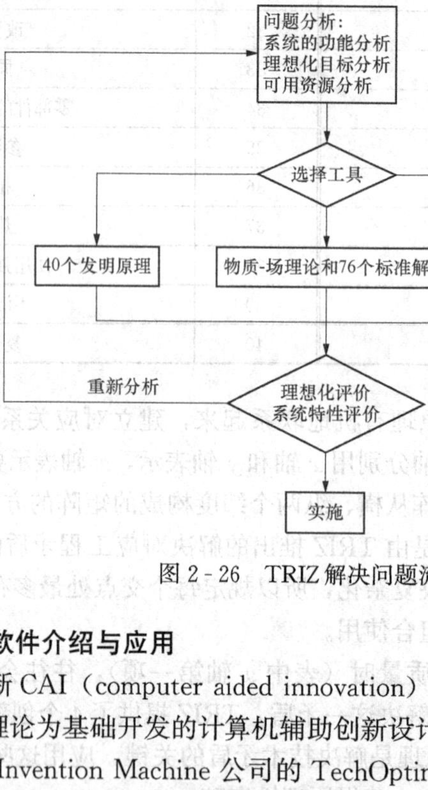

图 2 - 26 TRIZ 解决问题流程

2.4.3 TRIZ 软件介绍与应用

计算机辅助创新 CAI（computer aided innovation）是新产品开发中的一项关键基础技术，目前以 TRIZ 理论为基础开发的计算机辅助创新设计软件有数十种之多。其中应用比较广泛的主要有美国 Invention Machine 公司的 TechOptimizer 和 Goldfire Innovator，它们可以有效地解决产品开发中的技术难题，实现创新设计。在国外很多企业及研究机构得到了广泛的应用，并取得了良好的效果。还有中国的亿维讯公司（IWINT）根据 TRIZ 理论开发的 CAI 技术包括两大软件平台：计算机辅助创新设计平台 Pro/Innovator 和创新能力拓展平台 CBT/NOVA。

1. TechOptimizer

TechOptimizer 由 6 个功能模块组成，即问题分析定义模块、整理模块、特征转换模块、工程学原理模块、创新原理模块和系统改进与预测模块。

(1) 问题分析定义模块。问题分析定义模块的主要目的是功能分解和产品分析，准确分析产品组件间的功能关系，然后根据用户需求确定各组件功能对产品总功能的重要程度，说明什么途径可以提高产品性能。

(2) 整理模块。整理模块用来完善产品分析模块，主要方法是在保证产品的有用功能不受影响的前提下，整理分析出价值低的组件。

(3) 特征转换模块。特征转换模块将价值低的组件或特征的功能转移到需要改进的构件或特征上，通过去除产品的一些部件和特征，来改进或消除产品的有害功能。

(4) 工程学原理模块。工程学原理模块存储了大量的物理、化学等多学科的原理，每个原理都配有图文并茂的说明和成功利用该原理解决问题的专利，通过功能检索可以得到。

(5) 创新原理模块。创新原理模块即为前述的40个发明创造原理，用来解决各种技术矛盾问题。其中每个矛盾对应着两个技术特征，分别为希望改善的技术特征和由此恶化的技术特征。

(6) 系统改进与预测模块。系统改进与预测模块首先利用物质-场分析方法建立问题的模型，根据预测树可以改变模型中作用的方式、强度等，为问题的改进提供探索的方向，同时还可以对技术系统的发展方向加以预测，为产品创新提供正确导向。

由于TechOptimizer软件中拥有非常丰富的知识库支持，因此用它来解决产品的技术问题和进行创新比传统的方法更有效，可以帮助使用者快速高效地找到完成所需功能的方法。

2. Goldfire Innovator

Goldfire Innovator为企业和用户提供了发明问题解决的结构化流程，使用户可以分析和解决问题，最终产生最优方案，系统地解决工程中的技术难题、新产品的开发、产品和工艺流程的改进、产品战略和技术的研究及知识产权的保护。

Goldfire Innovator的应用模块如图2-27所示。

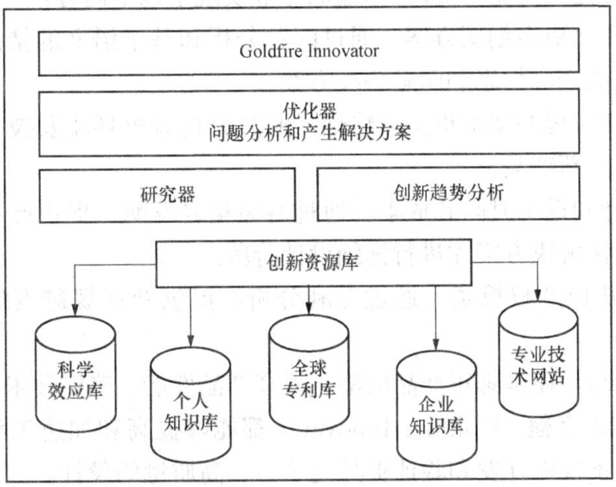

图2-27 Goldfire Innovator的应用模块

(1) 优化器。Goldfire Innovator的优化器模块形成结构化、一致性的可重复性创新流程，从问题分析、自动查询、解决方案的产生、方案评估一直到分析报告的生成，支持新产品开发和实现技术创新，以及对现有制造工艺流程的优化。

（2）研究器和创新趋势分析。Goldfire Innovator 的研究器和创新趋势分析模块应用于整个创新流程，帮助用户挖掘有用的知识，分析竞争对手专利动向，以及行业和技术的发展趋势。研究器的知识搜索可对软件中的创新资源库进行语义检索，挖掘已有的专利和解决方案，避免重复投资。Goldfire Innovator 研究器界面如图 2-28 所示。

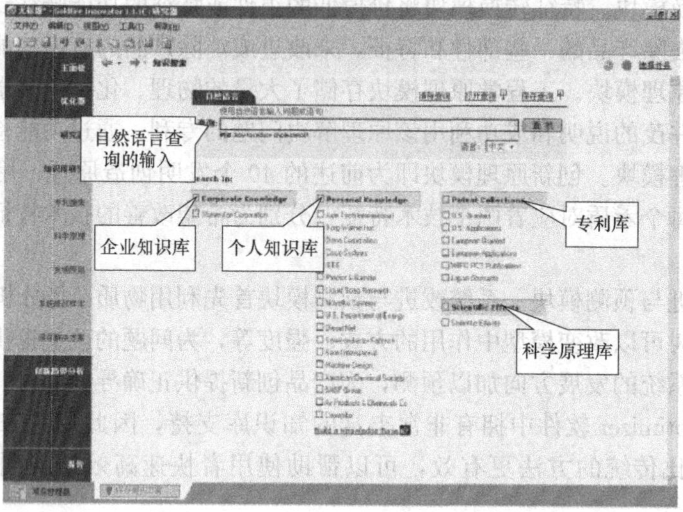

图 2-28　Goldfire Innovator 研究器界面

（3）创新资源库。Goldfire Innovator 拥有丰富的专利库和科技内容，包括超过 1500 万项的全球专利库、9000 个科学效应库、3000 个专业技术网站以及语义索引的企业和个人知识库，这些专利库和科技内容用来支持已有知识的重复利用、创新概念的产生和验证的全过程 Goldfire Innovator 已经为全球 5000 家著名企业实现了以下内容：

1）拓展思路，得出更多创新方案。通过问题分析和基于语义的精确知识检索技术，在最短的时间产生更多的产品构思和问题解决方案。

2）开发的产品或实现的技术更具战略性。通过分析竞争环境及技术发展趋势，创造出技术先进、引领市场的新产品。

3）降低重新设计和返工时间和成本。通过避免重复发明，促进已有解决方案的再次使用，只有验证过的最优解决方案才进行详细设计阶段。

4）应用和保护知识产权投资。通过专利分析，提供专利规避策略，保护自己的专利成果。

无论是构思新产品，还是修正产品缺陷、提高产品性能、确定技术发展趋势和产品发展历程或者改进生产制造流程，Goldfire Innovator 都能够提高和加速工程技术人员、研发人员的问题解决效率，系统地开发和验证更具竞争力、高质量的设计。

3. Pro/Innovator 和 CBT/NOVA

计算机辅助创新设计平台（Pro/Innovator）将 TRIZ 创新理论、本体论、多领域解决技术难题的技法、现代设计方法、自然语言处理系统和计算机软件技术融为一体，成为设计人员的创新工具。它包括问题分析、方案生成、方案评价、成果保护和成果共享五个内容，是快速、高效解决问题的良好软件平台。

创新能力拓展平台（CBT/NOVAC）是专门用于拓展创新能力的培训平台。该平台能够在较短的时间内让用户掌握创新技法，激发用户创新潜能，让用户通过灵活运用创新思维和创新方法来解决实际问题。CBT/NOVA 所提供的培训内容涵盖了当今世界先进、实用的创新理论和技法，以培养全新的思维方式，创造性地解决实际创新设计问题，还提供有丰富权威的创新能力测试题库，并能够自动生成创新能力测试试卷。其创新理论和技法主要来源于发明问题解决理论 TRIZ：40 个创新原理、物-场分析法、八大类技术进化法则、ARIZ 算法、76 种创新问题标准解法等。

例如，在温度较低或伴有雨、雾、雪等天气时，飞机的机身、机翼等部位容易结冰，从而影响飞机的升力或飞行安全。因此起飞之前必须对飞机表面除冰。

问题描述：在飞机表面喷洒稀释的乙二醇溶液，可除去飞机表面的霜、雪和冰。但喷洒乙二醇溶液成本高，而且该溶液有毒性，会污染环境，反复的喷洒加剧了环境的污染。采用更加合理的方法为飞机除冰就成为一个待解决的问题。

问题分析：很多领域都有除冰的问题，且都有各自的解决方案。因此首先要了解各领域中的除冰方案。应用 Pro/Innovator 软件，输入问题“remove ice covering”，得到一系列解决方案。从备选方案中选择几个进行对比。

精确方案：施加电荷去除表面的冰。在表面涂电解质涂层、安置传感器和直流电源。当传感器检测到冰层及其冰层电荷极性后，自动启动直流电源，使表面电解质涂层产生与冰层相同的电荷。同性电荷的排斥力使冰层松动脱落。图 2-29 所示为施加电荷除冰示意，该方案结构复杂。

类比方案：激光束去除金属表面的氟碳树脂基涂层。金属表面的涂层在特定波长的激光束加热作用下会从金属表面脱落。激光具有辐射加热作用，冰可被加热蒸发。该方案提示我们，可采用二氧化碳和一氧化碳激光束发生器作为激光辐射源。图 2-30（a）所示为金属表面涂层示意，图 2-30（b）所示为激光束去涂层示意。

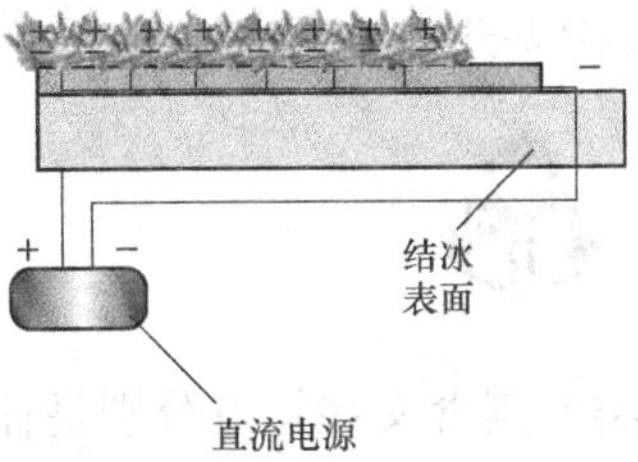

图 2-29 施加电荷除冰示意

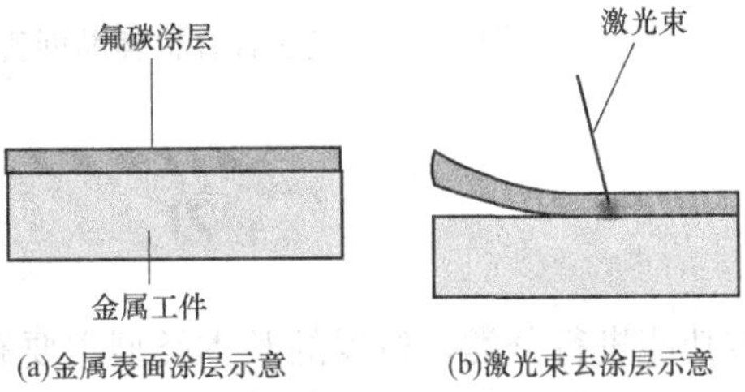

图 2-30 金属表面涂层和激光束去涂层示意

最终方案：将激光源设置在距飞机较远的位置，将其产生的激光束对准一面反射镜，发射后的激光束在飞机表面形成一个光影，移动反射镜，光影处热量可除去飞机表面的冰层，如图 2-31 所示。

现代 CAI 技术的出现具有重大的意义和深远的影响，它把高深的专业技术，把过去需要熟知创新理论才能学好的传统 CAI 软件，变成了易学好用的计算机辅助创新软件，让使用者可以缩短科研时间，提高效率，还可以使企业快速进行未来市场急需新产品的开发和研制。目前，提高企业创新能力的需求日益突显。以成熟的创新理论作为支撑的计算机辅助创新技术有了巨大发展，成功地把信息化技术应用到了产品生命周期的最前端，为制造业企业的信息化技术提供了新的应用，也为知识工程、产品策划、概念设计、方案设计、产品研发过程优化、先进工程环境（AEE）等具体的信息化项目提供了新的解决方案。

基于计算机辅助创新技术的新产品开发一般流程如图 2-32 所示。在进行大量市场预测、市场需求分析的基础上，首先借助于问题分析定义模块对产品中涉及具体问题进行分析描述和定义，找出阻碍产品创新的关键问题所在，然后利用工程学原理知识库、创新原理模块和系统改进与预测模块对产品创新中存在的问题提出创新解决方案。如果解决方案不满足要求，则需重新生成方案或对问题重新进行定义，直至得出满意的方案。

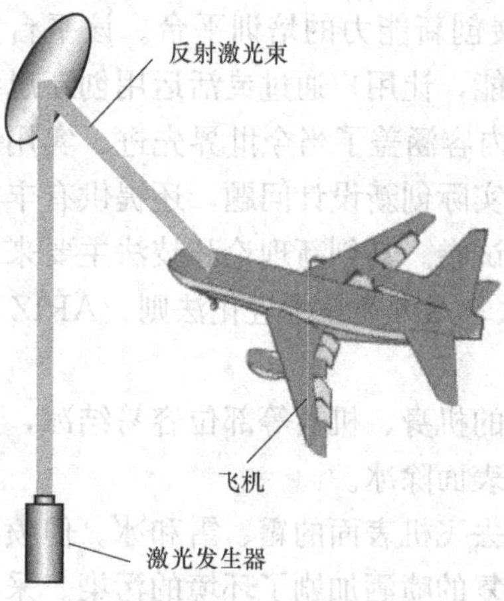

图 2-31　激光束去飞机表面冰层示意

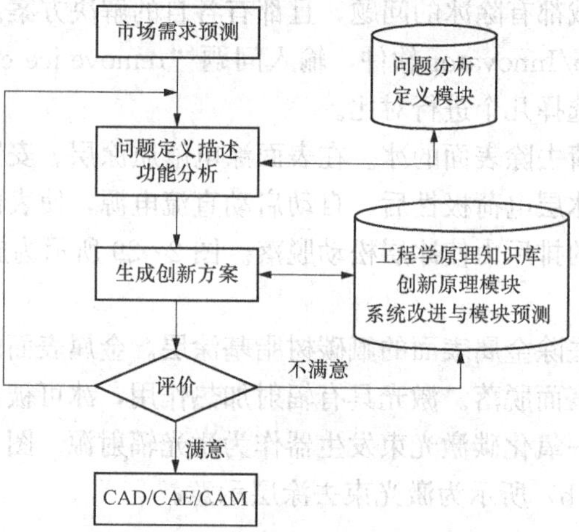

图 2-32　基于计算机辅助创新技术的新产品开发一般流程

习　题

1. 按功能进行分类，机器的基本类型主要有哪两类？其含义和特点分别是什么？

2. 叙述功能原理设计的工作特点，试用“黑箱法”描述家用鼓风式蒸汽电熨斗的功能并画出功能结构图。

3. 通过一系列机构和电气电子装置，机构一般能实现哪些动作功能？

4. 执行机构基本类型有哪些？执行机构的主要作用？

5. 什么是“黑箱法”？

6. 机械设计具有哪些主要特点？从设计构思的角度机械产品设计可归纳为哪三大步？

7. 现有一台曲柄连杆上切式剪切机，见图 2-33。曲柄轴偏心距 R=100mm，曲柄轴直径 d_A=290mm，连杆与刀台连接的销轴直径 d_B=100mm，曲柄轴颈直径 d_0=440mm，连杆长度 L=900mm。刀片最大行程 s=200mm，刀片重叠量 δ_0=10mm。今剪切 150mm×150mm 的方坯，剪切的最低温度为 750℃，方坯钢种为 20 钢，试求传动曲柄轴所需的静力矩 M_t。

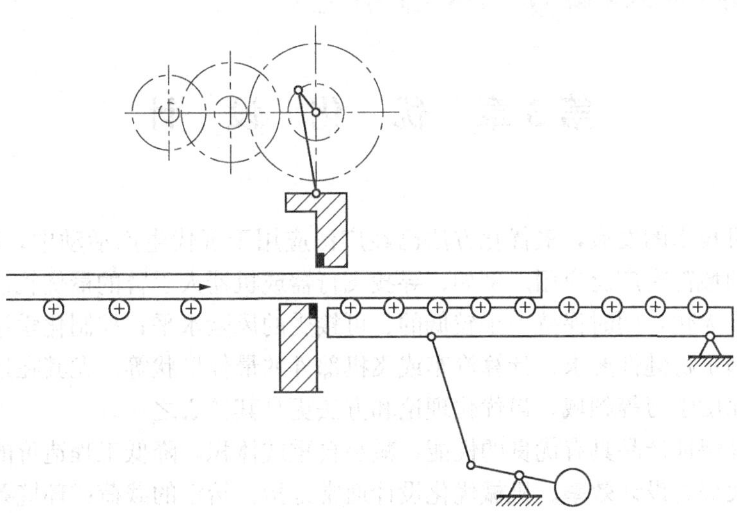

图 2-33　上切式平行刀片剪切机

8. 被夹持物件为铝活塞，外裹一层塑料薄膜，单件重 $G=10\text{N}$。机械手的手部传动机构采用斜楔杠杆式，当手指夹紧物件时杠杆与楔面的中心线平行（见图 2-34）。夹钳用铝合金制作，它与薄膜的摩擦因数 $\mu=0.5$。臂部的伸缩行程 $s=200\text{mm}$，回转半径 $R=500\text{mm}$，转角 $\alpha=64°$，与柱塞液压缸齿条啮合的齿轮分度圆半径 $r=50\text{mm}$。机械手的动作循环及时间分配参照图 2-35 确定。试设计计算铝活塞自动包装线上做回摆与伸缩复合运动的液压机械手的各主要参数。

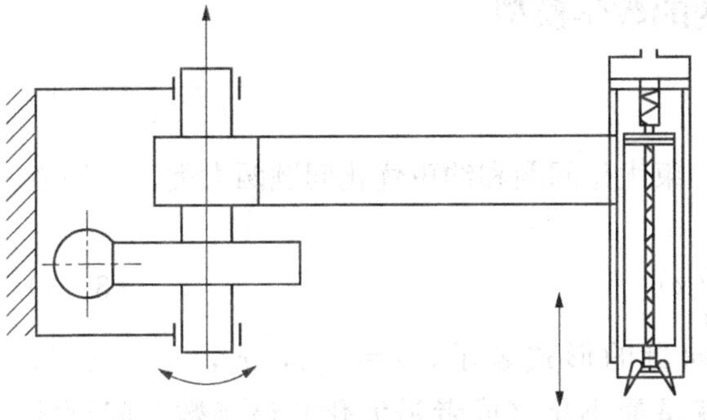

图 2-34　液压机械手转笔示意

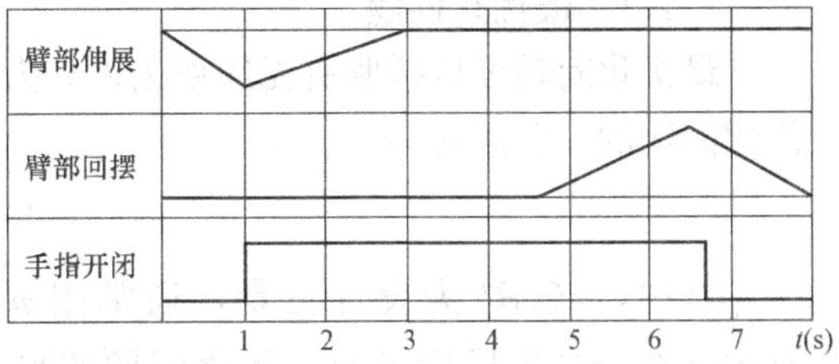

图 2-35　机械手的动作循环及时间分配

9. 影响产品竞争力的三要素是什么？

10. 艺术造型设计的基本原则？它们之间的关系是什么？

11. 机械产品的综合性能检测试验一般从哪几方面进行？举例说明检测的大致过程。

12. 试述 TRIZ 理论的基本原理和方法。

13. 什么是技术矛盾？什么是物理矛盾？二者之间有什么关系？

14. 目前限制电动汽车发展的因素主要是电池，增大电池容量可以提高续航，但是却会增加汽车的质量，而轻量化的车身有利于节能。试分析该问题。

第3章 优 化 设 计

随着计算机技术的发展，最优化方法已经广泛应用于现代生产活动中，在科学、工程、金融、管理等领域都有广泛应用。例如，寻找飞行器或机器人手臂的最优轨迹；设计投资组合使预期收益最大化，同时保持一个较低的、可接受的风险水平；控制化学过程或机械装置以优化性能或满足稳健性要求；计算汽车或飞机部件的最佳形状等。尤其在近些年非常火爆的机器学习、深度学习等领域，最优化理论和方法更是其核心之一。

优化设计是保证产品具有优良的性能，减小自重或体积，降低工程造价的一种有效设计方法，可以大大提高设计效率。机械优化设计通常是指在给定的载荷或环境条件下，在机械产品的形态、几何尺寸关系或其他因素的约束范围内，以机械系统的功能、强度和经济性等为优化对象，选取设计变量，建立目标函数和约束条件，并使目标函数获得最优值的一种现代设计方法。

对于工程中实际优化问题的解决，主要包括建模和求解两个步骤。建模是将要解决的实际问题抽象为数学模型的过程；求解是根据所建立优化模型的特点，选择合适的优化方法，编写程序进行上机运算。本章旨在让读者通过实际动手操作来理解优化设计，介绍传统优化设计最基本的理论和方法，侧重优化方法的使用而不是理论证明。

3.1 优化问题的数学模型

3.1.1 最优化问题

最优化问题可以按照有无约束条件分为无约束优化问题和约束优化问题两大类。无约束优化问题的一般形式为

$$\min_{\boldsymbol{x}\in\boldsymbol{R}^n} f(\boldsymbol{x}) \tag{3-1}$$

其中，$\boldsymbol{x}\in\boldsymbol{R}^n$ 为设计变量，通常用 n 维向量的形式表示，$\boldsymbol{x}=(x_1, x_2, \cdots, x_n)^{\mathrm{T}}$；$f(\boldsymbol{x}):\boldsymbol{R}^n\to\boldsymbol{R}$ 为目标函数，优化问题的目标就是最小化（或者最大化）该函数。问题式（3-1）的解称为最优解，记作 $\boldsymbol{x}^*$，在该点处的函数值 $f(\boldsymbol{x}^*)$称为最优值。

如果优化问题受到某些条件的限制，则该问题就变为约束优化问题，一般可以表示为

$$\begin{aligned}&\min_{\boldsymbol{x}\in\boldsymbol{R}^n} f_0(\boldsymbol{x})\\ &\text{s.t.}\begin{cases}f_i(\boldsymbol{x})\leqslant 0, i=1,2,\cdots,m_1\\ h_i(\boldsymbol{x})=0, i=1,2,\cdots,m_2\end{cases}\end{aligned} \tag{3-2}$$

其中，s. t. 是英文单词 subject to 的缩写，表示“受限制于……”。

与无约束优化问题类似，$\boldsymbol{x}\in\boldsymbol{R}^n$ 为设计变量，$f_0(\boldsymbol{x})\in\boldsymbol{R}$ 为目标函数。$f_i(\boldsymbol{x})$，$h_i(\boldsymbol{x})$：$\boldsymbol{R}^n\to\boldsymbol{R}$ 为约束函数，$f_i(\boldsymbol{x})\leqslant 0$ 和 $h_i(\boldsymbol{x})=0$ 分别为等式约束和不等式约束。满足所有约束

的 $\boldsymbol{x}$ 点称为可行点，所有可行点的集合称为可行集或约束集，定义为 $\boldsymbol{W}=\{\boldsymbol{x} \mid f_i(\boldsymbol{x})\leqslant 0, i=1, 2, \cdots, m_1; h_i(\boldsymbol{x})=0, i=1, 2, \cdots, m_2\}$，问题式（3-2）的最优解需要满足 $\boldsymbol{x}^* \in \boldsymbol{W}$。

如图 3-1 所示的约束优化问题示例，该问题描述为

$$\min f_0(\boldsymbol{x})=(x_1-5)^2+4(x_2-6)^2$$

$$\text{s.t.}\begin{cases}64-x_1^2-x_2^2\leqslant 0\\ x_2-x_1-10\leqslant 0\\ x_1-12\leqslant 0\end{cases}$$

图 3-1（a）所示为目标函数三维图，图 3-1（b）所示为目标函数的二维等值线图及可行集，图中阴影部分为由约束函数围成的可行集，即目标函数的最优解要在可行集内寻找。

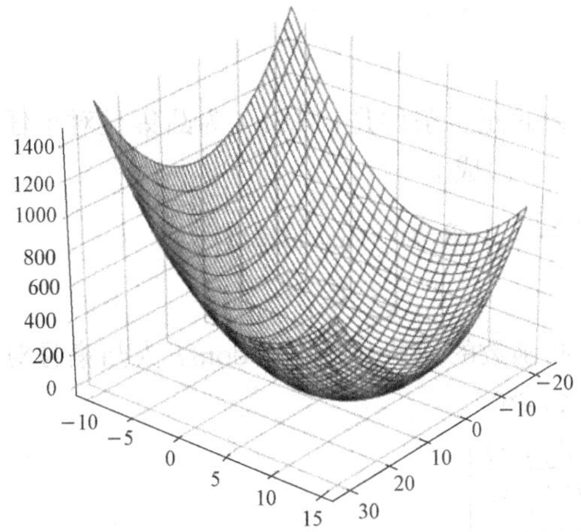

(a)目标函数三维图

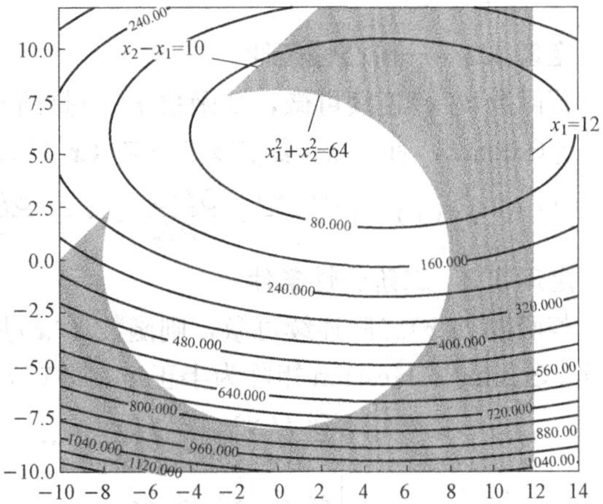

(b)目标函数的二维等值线图及可行集

图 3-1 约束优化问题示例

问题式（3-1）和式（3-2）是优化问题的一般形式，其他形式的优化问题均可以变换为此种形式。例如，求极大值的问题 $\max f(\boldsymbol{x})$ 等价于求 $\min[-f(\boldsymbol{x})]$，不等式约束 $f_i(\boldsymbol{x})\geqslant 0$ 则等价于 $-f_i(\boldsymbol{x})\leqslant 0$。

3.1.2 凸集、凸函数及凸优化问题

连接集合 $\boldsymbol{S}\in\boldsymbol{R}^n$ 内的任意两点得到一条线段，如果这条线段上的所有点依旧位于集合 $\boldsymbol{S}$ 内，那么这个集合就是凸集。即对于任意 $\boldsymbol{x}_1$，$\boldsymbol{x}_2\in\boldsymbol{S}$ 和满足 $0\leqslant\theta\leqslant 1$ 的 θ 都有 $[\theta\boldsymbol{x}_1+(1-\theta)\boldsymbol{x}_2]\in\boldsymbol{S}$。

对于函数 $f(\boldsymbol{x}):\boldsymbol{R}^n\to\boldsymbol{R}$，如果函数的定义域（记作 domf）是凸集，且对于任意 $\boldsymbol{x}_1$，$\boldsymbol{x}_2\in\boldsymbol{S}$ 和任意 $0\leqslant\theta\leqslant 1$ 都有 $f[\theta\boldsymbol{x}_1+(1-\theta)\boldsymbol{x}_2]\leqslant\theta f(\boldsymbol{x}_1)+(1-\theta)f(\boldsymbol{x}_2)$，那么这个函数即为凸函数。图 3-2 给出了二维情况下凸集和凸函数示例。

*注：优化理论中的凸函数定义和国内某些高等数学书中凸函数的定义相反，这里的凸函数在高等数学书中往往被称为凹函数。

下面不加证明地给出函数凸性判别的一阶和二阶充要条件。

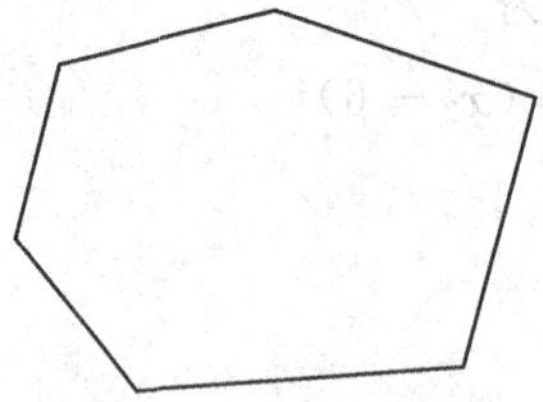

(a)凸集

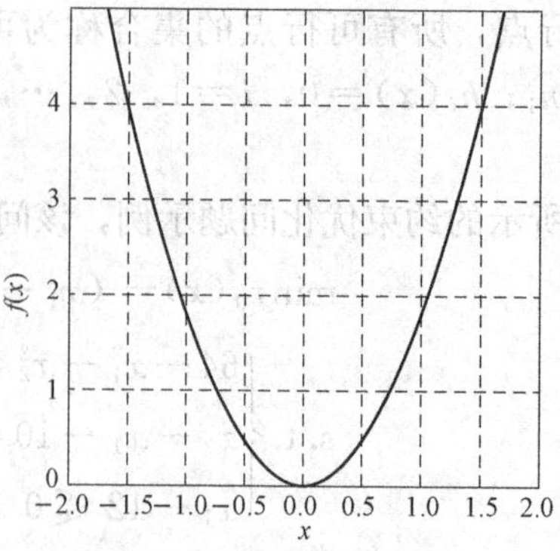

(b)凸函数

图 3-2　凸集和凸函数示例

注：优化理论中的凸函数定义和国内某些《高等数学》教材中的定义相反，这里的凸函数在高等数学中往往被称为凹函数。

定理 3.1　一阶凸性条件

若函数 $f(\boldsymbol{x})$连续可微，则函数 $f(\boldsymbol{x})$是凸函数的充要条件是：$\mathrm{dom}f$ 为凸集且对于任意 $\boldsymbol{x}_1$，$\boldsymbol{x}_2\in\mathrm{dom}f$，有 $f(\boldsymbol{x}_2)\geqslant f(\boldsymbol{x}_1)+\nabla f(\boldsymbol{x}_1)^{\mathrm{T}}(\boldsymbol{x}_2-\boldsymbol{x}_1)$成立。

其中，$\nabla f(\boldsymbol{x})=\left[\dfrac{\partial f(\boldsymbol{x})}{\partial x_1},\ \dfrac{\partial f(\boldsymbol{x})}{\partial x_2},\ \cdots,\ \dfrac{\partial f(\boldsymbol{x})}{\partial x_n}\right]^{\mathrm{T}}$，称为 $f(\boldsymbol{x})$的梯度。

定理 3.2　二阶凸性条件

若函数 $f(\boldsymbol{x})$二阶连续可微，则函数 $f(\boldsymbol{x})$是凸函数的充要条件是：$\mathrm{dom}f$ 为凸集且对于任意 $\boldsymbol{x}\in\mathrm{dom}f$，Hessian 矩阵为半正定，即$\nabla^2 f(\boldsymbol{x})\geqslant 0$。

其中，$\nabla^2 f(\boldsymbol{x})=\begin{bmatrix}\dfrac{\partial^2 f(\boldsymbol{x})}{\partial x_1^2} & \dfrac{\partial^2 f(\boldsymbol{x})}{\partial x_1\partial x_2} & \cdots & \dfrac{\partial^2 f(\boldsymbol{x})}{\partial x_1\partial x_n}\\ \dfrac{\partial^2 f(\boldsymbol{x})}{\partial x_2\partial x_1} & \dfrac{\partial^2 f(\boldsymbol{x})}{\partial x_2^2} & \cdots & \dfrac{\partial^2 f(\boldsymbol{x})}{\partial x_2\partial x_n}\\ \vdots & \vdots & \vdots & \vdots\\ \dfrac{\partial^2 f(\boldsymbol{x})}{\partial x_n\partial x_1} & \dfrac{\partial^2 f(\boldsymbol{x})}{\partial x_n\partial x_2} & \cdots & \dfrac{\partial^2 f(\boldsymbol{x})}{\partial x_n^2}\end{bmatrix}$，称为 Hessian 矩阵。

凸优化问题：对于形如式（3-1）、式（3-2）的一般无约束或约束优化问题，如果目标函数 $f(\boldsymbol{x})$或 $f_0(\boldsymbol{x})$是凸函数，可行集 $\boldsymbol{W}$ 为凸集，那么它就是一个凸优化问题。

3.1.3　最优化问题的分类

最优化问题的分类方法多种多样。根据变量的取值是否连续，可分为连续优化问题和离散优化问题。

对于连续优化问题，根据其中函数是否连续可微，可分为光滑优化问题和非光滑优化问题。光滑优化问题要求目标函数和所有的约束函数均连续可微；而只要有一个函数不是连续可微，该问题即为非光滑优化问题。

还可以根据目标函数、可行集的凸性分为凸优化问题和非凸优化问题。凸优化问题要求目标函数为凸函数，对于约束优化问题，还要求可行集为凸集；而不满足以上要求的优化问题为非凸优化问题。

本章只研究光滑的优化问题，所有目标函数和约束函数均为光滑的实值函数。

3.1.4 最优化问题实例

实例 1 最小二乘问题（least squares problems）

1801 年 1 月，意大利天文学家皮亚齐（Piazzi）观测到一颗从未见过的天体，这就是后来被称作谷神星（Ceres）的矮行星。在跟踪了几周之后，谷神星运行到太阳背面，从此失去了踪影。此后，许多天文学家加入搜索谷神星的队伍中。这个问题也引起了数学家高斯（Gauss）的兴趣，并决定用数学方法找到它。在几天之内，高斯根据已有的观测资料完成了谷神星轨道的计算，并预言了它出现的时间和位置。1801 年 12 月，德国天文学者奥伯斯（H. W. M. Olbers）果然在接近高斯预测的位置重新观测到了谷神星。高斯获得成功的关键在于他运用了最小二乘方法，利用已有的观测数据拟合得到谷神星的准确轨道。

最小二乘问题的定义形式为

$$\min f(\boldsymbol{x})=\frac{1}{2}\sum_{i=1}^{m}r_i^2(\boldsymbol{x})=\frac{1}{2}r(\boldsymbol{x})^{\mathrm{T}}r(\boldsymbol{x}),\boldsymbol{x}\in R^n,m\geqslant n$$

其中，$r(\boldsymbol{x})=[r_1(\boldsymbol{x}),\ r_2(\boldsymbol{x}),\ \cdots,\ r_m(\boldsymbol{x})]^{\mathrm{T}}$，$r_i(\boldsymbol{x})$，$i=1,\ 2,\ \cdots,\ m$，称为残差（residual error）。

最小二乘法广泛应用于数据拟合问题。例如，给定一组实验数据$(x_i,\ y_i)$，$i=1,\ 2,\ \cdots,\ m$，如图 3-3 所示，另外给定一个模型函数 $\widetilde{f}(t;\ x)=t_3\mathrm{e}^{t_1x}+t_4\mathrm{e}^{t_2x}$，目的是确定模型函数中参数 $\boldsymbol{t}=(t_1,\ t_2,\ t_3,\ t_4)^{\mathrm{T}}$ 的值，使其能够尽可能好地拟合给定数据。用最小二乘法解决这个问题，首先定义残差 $r_i(\boldsymbol{t})=y_i-\widetilde{f}(\boldsymbol{t};\ x_i)$，即模型在第 i 个数据点处的预测值与实际测量值 y_i 之间的差值；然后最小化在所有数据点处残差的平方和，即 $\min\limits_{t}\sum_{i=1}^{m}[y_i-\widetilde{f}(\boldsymbol{t};x_i)]^2$，解这个优化问题，就得到模型函数的参数 $\boldsymbol{t}$。

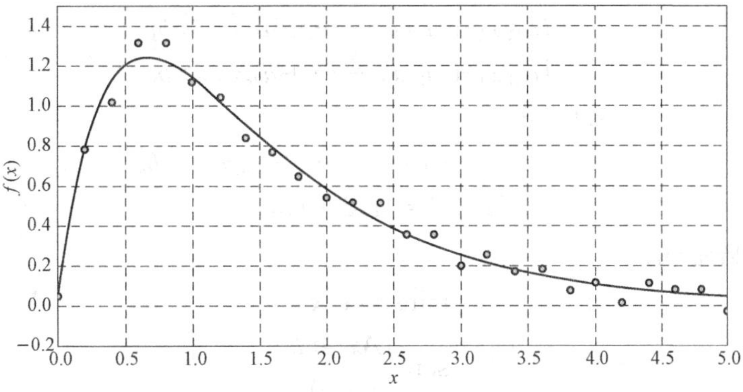

图 3-3 给定的数据点及拟合所得的曲线

实例 2 马科维茨（Markowitz）投资组合优化问题

人们对风险资产（例如证券、股票等）进行投资，最关心的两个问题是预期收益和风险性。那么如何测定组合投资的风险和收益，以及如何平衡这两项指标从而指导资产分配，是投资者迫切需要解决的问题。1952 年，美国经济学家马科维茨首次提出投资组合理论，系统地研究了投资组合的特性，从数学上解释了投资者的避险行为，并提出了投资组合的优化方法。马科维茨也因此获得了 1990 年度的诺贝尔经济学奖。

设投资者购买了 n 种风险资产，以 $x_i(i=1,2,\cdots,n)$ 表示投资于第 i 种资产的资金比例，以 p_i 表示第 i 种投资在投资周期内的预期回报率。设各种投资预期收益率的协方差矩阵 Σ 为已知，且不允许空头（即 $x_i \geqslant 0$），马科维茨给出的经典投资组合优化问题可以表示为

$$\min \boldsymbol{x}^{\mathrm{T}} \Sigma \boldsymbol{x}$$
$$\text{s. t.} \begin{cases} \boldsymbol{p}^{\mathrm{T}} \boldsymbol{x} \geqslant r_{\min} \\ \mathbf{1}^{\mathrm{T}} \boldsymbol{x} = 1, \boldsymbol{x} \geqslant 0, \boldsymbol{x} \in R^n \end{cases}$$

这是一个二次规划（quadratic programming）问题，其中投资的组合方式 $\boldsymbol{x}$ 是需要确定的变量，其目标函数为二次函数，约束函数为线性函数。该问题的含义是：在达到最小可接受回报率的约束条件下，极小化与投资风险相关的回报方差，同时要求满足投资预算和无空头约束。

实例 3　线性规划问题（linear programming）

如果优化问题的目标函数和约束函数都是仿射函数，那么这种问题称为线性规划问题。线性规划问题出现在诸如运输问题、生产的组织与计划问题、合理下料问题、配料问题、布局问题和分派问题等各种领域和应用中。

以食谱问题（本例来源于参考文献［13］）为例来进行说明：一份健康饮食需要包含 m 种不同的营养，每种营养的需求量分别为 b_1、b_2、…、b_m。从 n 种食物中去摄取这些营养，每种食物的摄取量分别为 x_1、x_2、…、x_n。有第 j $(j=1,2,\cdots,n)$ 种食物含有营养 i $(i=1,2,\cdots,m)$ 的量为 a_{ij}，而价格为 c_j。希望设计出一份成本最低且满足营养要求的食谱，这一问题可以描述为线性规划：

$$\min s = c_1 x_1 + c_2 x_2 + \cdots + c_n x_n$$
$$\text{s. t.} \begin{cases} a_{11} x_1 + a_{12} x_2 + \cdots + a_{1n} x_n \geqslant b_1 \\ a_{21} x_1 + a_{22} x_2 + \cdots + a_{2n} x_n \geqslant b_2 \\ \vdots \\ a_{m1} x_1 + a_{m2} x_2 + \cdots + a_{mn} x_n \geqslant b_m \\ x_j \geqslant 0, j = 1,2,\cdots,n \end{cases}$$

或者写为矩阵形式：

$$\min s = \boldsymbol{c}^{\mathrm{T}} \boldsymbol{x}$$
$$\text{s. t.} \begin{cases} A\boldsymbol{x} \geqslant b \\ \boldsymbol{x} \geqslant 0 \end{cases}$$

线性规划具有成熟的理论和算法，1947 年美国数学家丹齐格（G. B. Dantzig）提出了单纯形法（simplex method），奠定了线性规划这门学科的基础，该算法也位列二十世纪最伟大的十大算法之一。对于大多数线性规划问题而言，单纯形法是一种十分有效的求解方法，但是它并不是多项式时间算法。20 世纪 70 年代，有数学家构造出特殊的线性规划问题，在采用单纯形法求解时，需要遍历所有顶点才能求解。这促使人们继续寻找更加有效地在多项式时间内能求解问题的算法，其中最实用的是印度数学家卡马卡（N. Karmarkar）于 1984 年提出的一种内点法（interior point method），该方法也随着计算机技术的发展而越加有效。

3.2 优化问题基础

3.2.1 无约束优化问题

1. 最优解的类型

全局最优解：如果对于任意 $\boldsymbol{x} \in \boldsymbol{R}^n$，都有 $f(\boldsymbol{x}) \geqslant f(\boldsymbol{x}^*)$，那么 $\boldsymbol{x}^*$ 称为问题式（3-1）的全局最优解。

局部最优解：如果存在 $\boldsymbol{x}^*$ 的一个邻域 $\boldsymbol{N}$，对于任意 $\boldsymbol{x} \in \boldsymbol{N}$，都有 $f(\boldsymbol{x}) \geqslant f(\boldsymbol{x}^*)$，那么 $\boldsymbol{x}^*$ 称为问题式（3-1）的局部最优解。若对于任意 $\boldsymbol{x} \in \boldsymbol{N}$，当 $\boldsymbol{x} \neq \boldsymbol{x}^*$ 时，有 $f(\boldsymbol{x}) > f(\boldsymbol{x}^*)$，则 $\boldsymbol{x}^*$ 称为问题式（3-1）的严格局部最优解。

对于形如式（3-1）这种求极小值的问题，最优解 $\boldsymbol{x}^*$ 也称为 $f(\boldsymbol{x})$的极小点，函数在极小点处的取值 $f(\boldsymbol{x}^*)$称为极小值。$\boldsymbol{x}^*$ 可以表示为 $\boldsymbol{x}^* = \mathrm{argmin} f(\boldsymbol{x})$，其中，arg 是英文单词 argument 的缩写。如果不做说明，下文中的极值和最值都是指极小值和最小值。

相比局部最优解，全局最优解的寻找要困难得多，对于很多复杂的问题，全局最优解是找不到甚至不存在的。现在大多数求解非线性优化问题的算法也只能寻求局部最优解，本章介绍的理论和方法大都适用于局部最优解的特征和计算。图 3-4 所示为具有多个局部最优解的函数。

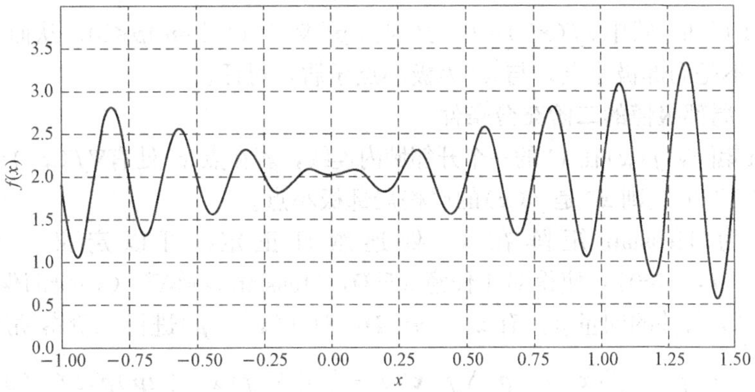

图 3-4 具有多个局部最优解的函数

2. 最优性条件

泰勒展开

研究光滑函数极值理论的数学工具之一是泰勒公式（Taylor formula），设函数 $f(\boldsymbol{x})$连续可微，$\boldsymbol{p} \in \boldsymbol{R}^n$，则有一阶展开式为

$$f(\boldsymbol{x}+\boldsymbol{p}) = f(\boldsymbol{x}) + \nabla f(\boldsymbol{x}+t\boldsymbol{p})^{\mathrm{T}}\boldsymbol{p}, t \in (0,1) \tag{3-3}$$

$$f(\boldsymbol{x}+\boldsymbol{p}) \approx f(\boldsymbol{x}) + \nabla f(\boldsymbol{x})^{\mathrm{T}}\boldsymbol{p} \tag{3-4}$$

进一步，若 $f(\boldsymbol{x})$二阶连续可微，则有二阶展开式为

$$f(\boldsymbol{x}+\boldsymbol{p}) = f(\boldsymbol{x}) + \nabla f(\boldsymbol{x})^{\mathrm{T}}\boldsymbol{p} + \frac{1}{2}\boldsymbol{p}^{\mathrm{T}} \nabla^2 f(\boldsymbol{x}+t\boldsymbol{p})\boldsymbol{p}, t \in (0,1) \tag{3-5}$$

$$f(\boldsymbol{x}+\boldsymbol{p}) \approx f(\boldsymbol{x}) + \nabla f(\boldsymbol{x})^{\mathrm{T}}\boldsymbol{p} + \frac{1}{2}\boldsymbol{p}^{\mathrm{T}} \nabla^2 f(\boldsymbol{x})\boldsymbol{p} \tag{3-6}$$

为了简便起见，通常还会使用以下记号：

$$g(\boldsymbol{x})=\nabla f(\boldsymbol{x}),H(\boldsymbol{x})=\nabla^2 f(\boldsymbol{x})$$

下面给出 $\boldsymbol{x}^*$ 是问题式（3-1）局部极小点的必要和充分条件。

定理 3.3　局部极值的一阶必要条件

如果 $\boldsymbol{x}^*$ 是局部极小点且 $f(\boldsymbol{x})$ 在 $\boldsymbol{x}^*$ 的一个开邻域内连续可微，那么有 $\nabla f(\boldsymbol{x}^*)=0$。

证明：用反证法证明。假设 $\nabla f(\boldsymbol{x}^*)\neq 0$，取 $\boldsymbol{p}=-\nabla f(\boldsymbol{x}^*)$，则有 $\boldsymbol{p}^{\mathrm{T}}\nabla f(\boldsymbol{x}^*)=-\|\nabla f(\boldsymbol{x}^*)\|^2<0$。由于 $\nabla f(\boldsymbol{x})$ 在 $\boldsymbol{x}^*$ 附近连续，则存在 $\varepsilon>0$，使 $\boldsymbol{p}^{\mathrm{T}}\nabla f(\boldsymbol{x}^*+\alpha\boldsymbol{p})<0$，$\alpha\in(0,\varepsilon]$。对任意给定的 $\alpha'\in(0,\varepsilon]$，有一阶泰勒展开：

$$f(\boldsymbol{x}^*+\alpha'\boldsymbol{p})=f(\boldsymbol{x}^*)+\alpha'\boldsymbol{p}^{\mathrm{T}}\nabla f(\boldsymbol{x}^*+\alpha\boldsymbol{p}),\alpha\in(0,\alpha')$$

由于 $\boldsymbol{p}^{\mathrm{T}}\nabla f(\boldsymbol{x}^*+\alpha\boldsymbol{p})<0$，因此 $f(\boldsymbol{x}^*+\alpha_1\boldsymbol{p})<f(\boldsymbol{x}^*)$，即 $\boldsymbol{x}^*$ 不是局部极小点，与 $\boldsymbol{x}^*$ 为极小点矛盾，得证。

定理 3.4　局部极值的二阶必要条件

如果 $\boldsymbol{x}^*$ 是局部极小点且 $f(\boldsymbol{x})$ 在 $\boldsymbol{x}^*$ 的一个开邻域内连续二阶可微，则 $\nabla^2 f(\boldsymbol{x}^*)$ 半正定。

证明：用反证法证明。假设在 $\boldsymbol{x}^*$ 处，有 $\boldsymbol{p}\in R^n$，使 $\boldsymbol{p}^{\mathrm{T}}\nabla^2 f(\boldsymbol{x}^*)\boldsymbol{p}\leqslant 0$。由 $\nabla^2 f(\boldsymbol{x})$ 的连续性可知，存在 $\varepsilon>0$，使 $\boldsymbol{p}^{\mathrm{T}}\nabla^2 f(\boldsymbol{x}^*+\alpha\boldsymbol{p})\boldsymbol{p}<0$，$\alpha\in(0,\varepsilon]$。对任意给定的 $\alpha'\in(0,\varepsilon]$，有二阶泰勒展开：

$$f(\boldsymbol{x}^*+\alpha'\boldsymbol{p})=f(\boldsymbol{x}^*)+\alpha'\boldsymbol{p}^{\mathrm{T}}\nabla f(\boldsymbol{x}^*)+\frac{1}{2}\alpha'^2\boldsymbol{p}^{\mathrm{T}}\nabla^2 f(\boldsymbol{x}^*+\alpha\boldsymbol{p})\boldsymbol{p},\alpha\in(0,\alpha')$$

由定理 3.1 可知，式中 $\nabla f(\boldsymbol{x}^*)=0$；又因为 $\boldsymbol{p}^{\mathrm{T}}\nabla^2 f(\boldsymbol{x}^*+\alpha\boldsymbol{p})\boldsymbol{p}<0$，从而 $f(\boldsymbol{x}^*+\alpha'\boldsymbol{p})<f(\boldsymbol{x}^*)$，即 $\boldsymbol{x}^*$ 不是局部极小点，与 $\boldsymbol{x}^*$ 为极小点矛盾，得证。

定理 3.5　局部极值的二阶充分条件

有 Hessian 矩阵 $\nabla^2 f(\boldsymbol{x})$ 在 $\boldsymbol{x}^*$ 的一个开邻域内连续，若在点 $\boldsymbol{x}^*$ 处有 $\nabla f(\boldsymbol{x}^*)=0$ 且 $\nabla^2 f(\boldsymbol{x}^*)$ 正定（$\nabla^2 f(\boldsymbol{x}^*)>0$），则 $\boldsymbol{x}^*$ 是 $f(\boldsymbol{x})$ 的严格局部极小点。

证明：因为 Hessian 矩阵在 $\boldsymbol{x}^*$ 处连续且正定，可以定义一个集合 $\boldsymbol{D}=\{\boldsymbol{x}\mid\|\boldsymbol{x}-\boldsymbol{x}^*\|<r,\ r>0\}$，使得对于任意 $\boldsymbol{x}\in\boldsymbol{D}$，Hessian 矩阵 $\nabla^2 f(\boldsymbol{x})$ 仍旧保持正定。任意选取满足 $\|\boldsymbol{p}\|<r$ 条件的向量 $\boldsymbol{p}$，有 $\boldsymbol{x}^*+\boldsymbol{p}\in\boldsymbol{D}$，对 $f(\boldsymbol{x}^*+\boldsymbol{p})$ 进行二阶泰勒展开：

$$f(\boldsymbol{x}^*+\boldsymbol{p})=f(\boldsymbol{x}^*)+\boldsymbol{p}^{\mathrm{T}}\nabla f(\boldsymbol{x}^*)+\frac{1}{2}\boldsymbol{p}^{\mathrm{T}}\nabla^2 f(\boldsymbol{x}^*+t\boldsymbol{p})\boldsymbol{p},t\in(0,1)$$

$$=f(\boldsymbol{x}^*)+\frac{1}{2}\boldsymbol{p}^{\mathrm{T}}\nabla^2 f(\boldsymbol{x}^*+t\boldsymbol{p})\boldsymbol{p}$$

因为 $\boldsymbol{x}^*+t\boldsymbol{p}\in\boldsymbol{D}$，则 $\boldsymbol{p}^{\mathrm{T}}\nabla^2 f(\boldsymbol{x}^*+t\boldsymbol{p})\boldsymbol{p}>0$，那么 $f(\boldsymbol{x}^*+\boldsymbol{p})>f(\boldsymbol{x}^*)$，从而证明 $\boldsymbol{x}^*$ 是 $f(\boldsymbol{x})$ 的严格局部极小点。

定理 3.6

对于问题式（3-1），若 $f(\boldsymbol{x})$ 是凸函数，那么任意局部极小点 $\boldsymbol{x}^*$ 都是 $f(\boldsymbol{x})$ 的全局极小点。更进一步，若 $f(\boldsymbol{x})$ 连续可微，则任意驻点都是 $f(\boldsymbol{x})$ 的全局极小点。证明略。

3. 算法概览

无约束优化问题的求解主要采用下降迭代算法，这是一种数值近似计算方法。该方法要求从一个给定的初始点 $\boldsymbol{x}_0$ 开始，产生一系列的迭代点列 $\{\boldsymbol{x}_k\}_0^\infty$。从当前迭代点 $\boldsymbol{x}_k$ 移动到下一个迭代点 $\boldsymbol{x}_{k+1}$ 的方法由具体算法给出，一般要保证目标函数值有一定的下降，即 $f(\boldsymbol{x}_{k+1})<f(\boldsymbol{x}_k)$。也有一些非单调算法并不要求 f 在每一步都下降，但是即使这些算法也要

求 $f(\boldsymbol{x})$在一定迭代次数后下降，即 $f(\boldsymbol{x}_{k+m})<f(\boldsymbol{x}_k)$。

通常有两大类策略使迭代点从 $\boldsymbol{x}_k$ 移动到 $\boldsymbol{x}_{k+1}$：线搜索方法（line search methods）和信赖域方法（trust - region methods）。这里简单介绍这两种策略的基本思想，具体实现在后续章节中阐述。

在线搜索方法中，在第 k 步迭代时，通过算法给出一个方向 $\boldsymbol{p}_k$，从当前迭代点 $\boldsymbol{x}_k$ 处沿着这个方向到达一个使目标函数值更小的点 $\boldsymbol{x}_{k+1}$。沿着 $\boldsymbol{p}_k$ 方向的移动距离称为步长，通常用 α_k 表示。步长 α_k 可通过求解优化问题$\min\limits_{\alpha>0} f(\boldsymbol{x}_k+\alpha\boldsymbol{p}_k)$确定，线搜索方法的迭代形式为 $\boldsymbol{x}_{k+1}=\boldsymbol{x}_k+\alpha_k\boldsymbol{p}_k$。

信赖域方法是利用在当前迭代点处的信息构造一个模型函数 m_k，m_k 在 $\boldsymbol{x}_k$ 附近的一个邻域内对原目标函数 $f(\boldsymbol{x})$有较好的近似。将原问题转化为模型函数 m_k 的优化问题，换句话说就是通过求解原问题的近似子问题$\min\limits_{\boldsymbol{p}} m_k(\boldsymbol{x}_k+\boldsymbol{p})$得到候选移动方向 $\boldsymbol{p}_k$，这里要求 $\boldsymbol{x}_k+\boldsymbol{p}$要落在信赖域之内。信赖域方法求迭代方向和步长的过程与线搜索方法不同，它相当于先限定了步长的范围，再同时决定迭代方向和步长，因此它的迭代形式为 $\boldsymbol{x}_{k+1}=\boldsymbol{x}_k+\boldsymbol{p}_k$。

4. 下降迭代方向

对于线搜索方法，有 $\boldsymbol{x}_{k+1}=\boldsymbol{x}_k+\alpha_k\boldsymbol{p}_k$，需要满足 $f(\boldsymbol{x}_{k+1})=f(\boldsymbol{x}_k+\alpha_k\boldsymbol{p}_k)<f(\boldsymbol{x}_k)$。将 $f(\boldsymbol{x}_k+\alpha_k\boldsymbol{p}_k)$ 在 $\boldsymbol{x}_k$ 点处二阶泰勒展开可得

$$f(\boldsymbol{x}_k+\alpha_k\boldsymbol{p}_k)=f(\boldsymbol{x}_k)+\alpha_k\nabla f(\boldsymbol{x})^{\mathrm{T}}\boldsymbol{p}_k+\frac{1}{2}\alpha_k^2\boldsymbol{p}_k^{\mathrm{T}}\nabla^2 f(\boldsymbol{x}_k+t\boldsymbol{p}_k)\boldsymbol{p}_k, t\in(0,1) \tag{3-7}$$

若忽略二阶项，得到

$$f(\boldsymbol{x}_k+\alpha_k\boldsymbol{p}_k)\approx f(\boldsymbol{x}_k)+\alpha_k\nabla f(\boldsymbol{x})^{\mathrm{T}}\boldsymbol{p}_k \tag{3-8}$$

要使 $f(\boldsymbol{x}_k+\alpha_k\boldsymbol{p}_k)<f(\boldsymbol{x}_k)$，又因为步长 $\alpha_k>0$，可以看出迭代方向 $\boldsymbol{p}_k$ 需要满足$\nabla f(\boldsymbol{x}_k)^{\mathrm{T}}\boldsymbol{p}_k<0$，这个方向称为下降迭代方向。

5. 终止准则

算法的另外一个重要元素是迭代终止准则，通常有三种形式。

点距准则：设计变量在相邻两点间的距离已经充分小，以相邻点差值的模作为终止准则：

$$\|\boldsymbol{x}_k-\boldsymbol{x}_{k+1}\|\leqslant\varepsilon \text{ 或 } \frac{\|\boldsymbol{x}_k-\boldsymbol{x}_{k+1}\|}{\|\boldsymbol{x}_k\|}\leqslant\varepsilon \tag{3-9}$$

值差准则：相邻两点目标函数值之差已经充分小，以两次迭代目标函数的差值作为终止准则：

$$|f(\boldsymbol{x}_k)-f(\boldsymbol{x}_{k+1})|\leqslant\varepsilon \text{ 或 } \frac{|f(\boldsymbol{x}_k)-f(\boldsymbol{x}_{k+1})|}{|f(\boldsymbol{x}_k)|}\leqslant\varepsilon \tag{3-10}$$

梯度准则：当迭代点接近极值点时，目标函数在该点处梯度的模将变得充分小，因此可以目标函数梯度的模作为终止准则：

$$\|\nabla f(\boldsymbol{x}_k)\|\leqslant\varepsilon \tag{3-11}$$

3.2.2 约束优化问题

考虑如式（3-2）所示的一般约束优化问题，其最优性条件的核心为一阶必要条件。下面先来给出几个重要概念。

1. 可行集

这个概念在3.1.1小节已经介绍过，满足所有约束的$\boldsymbol{x}$点称为可行点，所有可行点的集合称为可行集或约束集，定义为$\boldsymbol{W}=\{x \mid f_i(\boldsymbol{x})\leqslant 0,\ i=1,\ 2,\ \cdots,\ m_1;\ h_i(\boldsymbol{x})=0,\ i=1,\ 2,\ \cdots,\ m_2\}$，约束优化问题就是在可行集上求目标函数极值的问题。

2. 全局最优解和局部最优解

对于问题式（3-2），若$\boldsymbol{x}^*\in\boldsymbol{W}$，都有$f(\boldsymbol{x})\geqslant f(\boldsymbol{x}^*)\mid \forall \boldsymbol{x}\in\boldsymbol{W}$成立，那么$\boldsymbol{x}^*$称为全局最优解；若$\boldsymbol{x}^*\in\boldsymbol{W}$，都有$f(\boldsymbol{x})>f(\boldsymbol{x}^*)\mid \forall \boldsymbol{x}\in\boldsymbol{W}\&\boldsymbol{x}\neq\boldsymbol{x}^*$成立，那么$\boldsymbol{x}^*$称为严格全局最优解。

对于问题式（3-2），若$\boldsymbol{x}^*\in\boldsymbol{W}$，$\exists\varepsilon>0$，当$\boldsymbol{x}\in\boldsymbol{W}\&\|\boldsymbol{x}-\boldsymbol{x}^*\|>\varepsilon$时，都有$f(\boldsymbol{x})\geqslant f(\boldsymbol{x}^*)$成立，那么$\boldsymbol{x}^*$称为局部最优解；若$\boldsymbol{x}^*\in\boldsymbol{W}$，$\exists\varepsilon>0$，当$\boldsymbol{x}\in\boldsymbol{W}\&\|\boldsymbol{x}-\boldsymbol{x}^*\|>\varepsilon$时，都有$f(\boldsymbol{x})>f(\boldsymbol{x}^*)$成立，那么$\boldsymbol{x}^*$称为严格局部最优解。

3. 起作用约束和不起作用约束

假设式（3-2）有最优解$\boldsymbol{x}^*\in\boldsymbol{W}$，若某个不等式约束$f_i(\boldsymbol{x})\leqslant 0$，$i=1,\ 2,\ \cdots,\ m_1$在该点处有$f_i(\boldsymbol{x}^*)=0$，那么该约束就称为起作用约束（也称为活动约束或有效约束）；若某不等式约束在$\boldsymbol{x}^*$点处有$f_i(\boldsymbol{x}^*)<0$，那么该约束就称为不起作用约束（也称为不活动约束或无效约束）。

例如，对于问题

$$
\begin{aligned}
&\min x_1^2+x_2^2\\
&\text{s.t.}\begin{cases}(x_1-1)^2+x_2^2-1\leqslant 0\\ -x_1+x_2^2+1\leqslant 0\end{cases}
\end{aligned}
$$

它的最优解为$\boldsymbol{x}^*=\begin{pmatrix}1\\0\end{pmatrix}$。将$\boldsymbol{x}^*$分别代入两个不等式约束中，可知第一个不等式约束等号不成立，第二个不等式约束等号成立。因此，第一个不等式约束是不起作用约束，第二个不等式约束是起作用约束，去掉第一个约束，原问题的结果不变。下面不加证明地给出约束优化问题最优解的一阶必要条件。

对于约束优化问题式（3-2），如果有一个点$\boldsymbol{x}^*$是该优化问题满足所有约束条件的极值点，则有

$$
\begin{aligned}
&-\nabla f_0(\boldsymbol{x}^*)=\sum_{i=1}^{m}\lambda_i\nabla f_i(\boldsymbol{x}^*)+\sum_{i=1}^{p}v_i\nabla h_i(\boldsymbol{x}^*)\\
&f_i(\boldsymbol{x}^*)\leqslant 0\\
&h_i(\boldsymbol{x}^*)=0\\
&\lambda_i f_i(\boldsymbol{x}^*)=0\\
&\lambda_i\geqslant 0
\end{aligned}
\tag{3-12}
$$

简单地说，就是在极值点$\boldsymbol{x}^*$处，目标函数$f_0(\boldsymbol{x})$的负梯度是一系列等式约束$h_i(\boldsymbol{x})$梯度和不等式约束$f_i(\boldsymbol{x})$梯度的线性组合。且只有有效约束梯度才会出现在加权式中，另外对加权式中等式约束梯度权值v_i的正负号没有要求，但是要求不等式约束梯度的权值$\lambda_i\geqslant 0$。式（3-12）也称为Karush-Kuhn-Tucker条件，简称为KKT条件。KKT条件是一个必要条件，但如果原问题是凸优化问题，那么它也是充分条件。

下面举列说明 KKT 条件在判断极值点时的应用。

【例 3-1】 对于约束优化问题

$$\min f_0(\boldsymbol{x}) = \left(x_1 - \frac{3}{2}\right)^2 + \left(x_2 - \frac{1}{2}\right)^4$$

$$\text{s. t.} \begin{cases} f_1(\boldsymbol{x}) = x_1 + x_2 - 1 \leqslant 0 \\ f_2(\boldsymbol{x}) = x_1 - x_2 - 1 \leqslant 0 \\ f_3(\boldsymbol{x}) = -x_1 + x_2 - 1 \leqslant 0 \\ f_4(\boldsymbol{x}) = -x_1 - x_2 - 1 \leqslant 0 \end{cases}$$

用 KKT 条件判断 $\boldsymbol{x}^* = \begin{pmatrix}1\\0\end{pmatrix}$是否为其约束极值点。

解 将 $\boldsymbol{x}^* = \begin{pmatrix}1\\0\end{pmatrix}$分别代入 4 个约束函数，可知 $f_1(\boldsymbol{x}^*)=0$，$f_2(\boldsymbol{x}^*)=0$，$f_3(\boldsymbol{x}^*)\neq 0$，$f_4(\boldsymbol{x}^*)\neq 0$，因此 $f_1(\boldsymbol{x})$、$f_2(\boldsymbol{x})$为起作用约束，$f_3(\boldsymbol{x})$、$f_4(\boldsymbol{x})$为不起作用约束。

分别求出 $f_0(\boldsymbol{x})$、$f_1(\boldsymbol{x})$、$f_2(\boldsymbol{x})$在 $\boldsymbol{x}^*$ 点处的梯度：

$$\nabla f_0(\boldsymbol{x}^*) = \begin{pmatrix}-1\\-0.5\end{pmatrix}$$

$$\nabla f_1(\boldsymbol{x}^*) = \begin{pmatrix}1\\1\end{pmatrix}$$

$$\nabla f_2(\boldsymbol{x}^*) = \begin{pmatrix}1\\-1\end{pmatrix}$$

根据 KKT 条件检验以上三个等式，得

$$-\nabla f_0(\boldsymbol{x}^*) = \lambda_1 \nabla f_1(\boldsymbol{x}^*) + \lambda_2 \nabla f_2(\boldsymbol{x}^*)$$

$$\begin{pmatrix}1\\0.5\end{pmatrix} = \lambda_1\begin{pmatrix}1\\1\end{pmatrix} + \lambda_2\begin{pmatrix}1\\-1\end{pmatrix}$$

可以得出当 $\lambda_1=0.75$、$\lambda_2=0.25$ 时上式成立，因此满足 KKT 条件，即 $\boldsymbol{x}^* = \begin{pmatrix}1\\0\end{pmatrix}$是原问题的极小值点。

3.3 线搜索求步长

如前所述，有迭代式 $\boldsymbol{x}_{k+1}=\boldsymbol{x}_k+\alpha_k\boldsymbol{p}_k$，假设其中的下降方向 $\boldsymbol{p}_k$ 已经确定，剩下的就是寻找步长因子 α_k。对于 $f(\boldsymbol{x}_k+\alpha_k\boldsymbol{p}_k)$，其中的 $\boldsymbol{x}_k$、$\boldsymbol{p}_k$ 为已知量，则 $f(\boldsymbol{x}_k+\alpha_k\boldsymbol{p}_k)$为关于 α_k 的一元函数，设：

$$\varphi(\alpha) = f(\boldsymbol{x}_k + \alpha_k \boldsymbol{p}_k) \tag{3-13}$$

需要确定一个 α 使 $f(\boldsymbol{x}_k+\alpha_k\boldsymbol{p}_k)<f(\boldsymbol{x}_k)$，即 $\varphi(\alpha_k)<\varphi(0)$，这个问题称为一维优化问题。如果所求 α 能使 $f(\boldsymbol{x}_k+\alpha_k\boldsymbol{p}_k)$达到极小，即使得

$$f(\boldsymbol{x}_k + \alpha^* \boldsymbol{p}_k) = \min_{\alpha>0} f(\boldsymbol{x}_k + \alpha_k \boldsymbol{p}_k) \text{或} \varphi(\alpha^*) = \min_{\alpha>0} \varphi(\alpha) \tag{3-14}$$

则称这样的一维搜索为最优一维搜索，或称为精确一维搜索。

求最优步长因子 α^* 可以采用解析方法，也就是利用一元函数的极值条件，令 $\frac{d\varphi(\alpha)}{d\alpha}=0$，解这个方程即可得到 α^*。这种方法的缺点是需要进行求导计算，对于函数式复杂、求导困难甚至无法求导的情况，解析法就不适用了。另外，方程 $\frac{d\varphi(\alpha)}{d\alpha}=0$ 的求解也可能非常困难，甚至其难度比直接解决问题式（3-2）还要大，因此往往采用数值迭代的方法来求解最优步长因子。

3.3.1 精确一维搜索方法

1. 单谷区间的确定

精确一维搜索的主要步骤如下：首先确定包含问题最优解的搜索区间，再采用某种分割技术或者插值方法缩小这个区间，不断进行搜索求解。这里要求函数搜索区间内有且只有一个极值点，即函数的图像是单谷的。若函数有多个极值点，则要确定每个极值点所在的单谷区间。进退法是确定单谷搜索区间的一种简单方法，其基本思想是从给定的初始点出发，按照一定步长，确定出函数值呈现高-低-高的三点。如果沿着一个方向不成功，就退回来从相反方向去搜索。

下面给出进退法的迭代步骤：

算法 1：进退法确定函数的单谷区间

目标函数：$f(x)$

输入：初始区间 $[a, b]$，初始点 x_0 初始步长 h_0，最大迭代步数 $t\_\max$

初始化：迭代次数置零 $t=0$

计算 $x_1=x_0+h_0$

if $f(x_1)>f(x_0)$ # 如果搜索方向不正确，就换为相反方向

$h_0=-h_0$

while $t<t\_\max$ **do**

{

$x_{t+1}=x_t+h_t$

$h_{t+1}=\rho h_t$

计算 $f(x_{t-1})$，$f(x_t)$，$f(x_{t+1})$

if $f(x_{i-1})<f(x_i)<f(x_{i+1})$

  break

$t=t+1$

}

则单峰区间为 $[x_{t-1}, x_{t+1}]$

2. 区间消去原理

确定了搜索区间，也就明确了该区间内有且仅有一个极值点。然后采用区间消去法逐步缩短搜索区间，从而找到极小点的数值解。假设初始区间为 $[a, b]$，在区间内任取两个点 a_1 和 b_1，有 $a_1<b_1$，并计算函数值 $f(a_1)$ 和 $f(b_1)$。这样可能有三种情况（见图 3-5）：

$f(a_1)<f(b_1)$，因为函数是单谷的，那么极小点必在 $[a, b_1]$ 内；

$f(a_1) > f(b_1)$，那么极小点必在$[a_1, b]$内；

$f(a_1) = f(b_1)$，这个时候极小点应在$[a_1, b_1]$内。

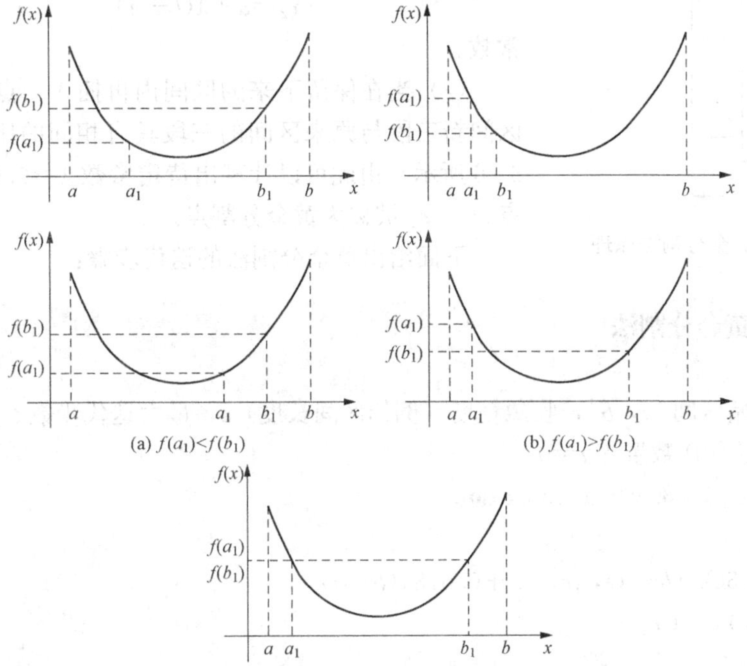

(a) $f(a_1)<f(b_1)$

(b) $f(a_1)>f(b_1)$

(c) $f(a_1)=f(b_1)$

图 3-5 区间消去原理

可以看出，只要在区间$[a, b]$内任取两点并计算出它们的函数值进行比较，就可以把原始的区间进行缩小。对于第一种情况，第一步结束后区间缩小为$[a, b_1]$，那么在第二步缩小的时候，由于区间内已经有一个点a_1，因此只需要再在其内选择另外一个点进行比较就可以了，依次类推。对于第二种情况也是一样的。但是对于第三种情况，因为第一步结束后区间缩短为$[a_1, b_1]$，区间内没有已知点，这就需要再在里面选取两个点。为了避免这个问题，可以把这种情况归为第一、二两种情况中的任意一种处理。例如，可以把三种情况改为两种情况：①$f(a_1) < f(b_1)$，取缩短后的区间为$[a, b_1]$；②$f(a_1) \geqslant f(b_1)$，取缩短后的区间为$[a_1, b]$。

从第二步开始，为了缩短区间，只需要每次在区间内再插入一点并进行比较。而对于插入点的位置，可以通过不同的方法来确定，这就形成了不同的一维搜索方法。概括起来可将一维搜索方法分为两大类：一类是试探法，这类方法按照某种给定的规律来确定区间内插入点的位置，以黄金分割法、斐波那契法等为代表；另一类方法是插值法或称函数逼近法，根据某些点处的函数某些信息，如函数值、一阶导数、二阶导数等，构造一个插值函数来逼近原函数，用插值函数的极小点作为区间的插入点。这类方法主要包括二次插值法、三次插值法等。下面分别给出两种常用的精确一维搜索算法：黄金分割法和二次插值法。

3. 黄金分割法

黄金分割法是试探法的一种，它要求插入的两个点满足以下条件：

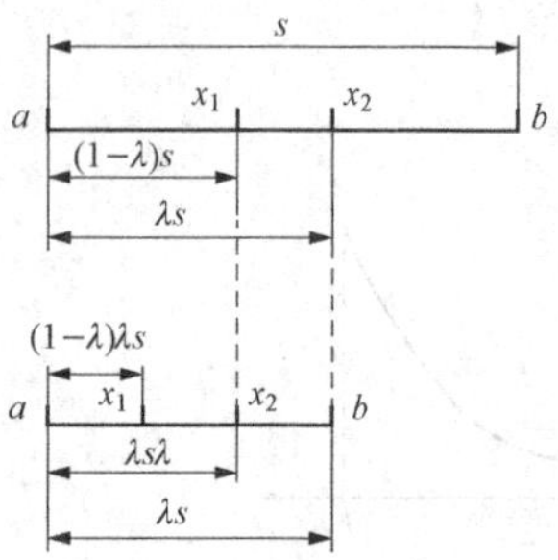

图 3-6 黄金分割法原理

(1) 插入点 x_1、x_2 的位置相对于区间 $[a, b]$ 的中点具有对称性，即 $\begin{cases} x_1=a+(1-\lambda)(b-a) \\ x_2=a+\lambda(b-a) \end{cases}$，其中，$\lambda$ 为待定常数。

(2) 当在保留下来的区间内再插入一点时，所形成的区间新三段与原来区间的三段具有相同的比例分布，如图 3-6 所示。由此可以计算出待定常数 $\lambda \approx 0.618$，因此插入点 x_1、x_2 被称为黄金分割点。

下面给出黄金分割法的迭代步骤：

算法 2：黄金分割法

目标函数：$f(x)$

输入：初始区间 $[a, b]$，收敛精度（例如区间长度）ε，最大迭代步数 $t\_\max$

初始化：迭代次数置零 $t=0$

while $|b-a|>\varepsilon$ && $t<t\_\max$ **do**

{

$x_1=a+0.382\ (b-a)$，$x_2=a+0.618\ (b-a)$

计算 $f(x_1)$，$f(x_2)$

　　if $f(x_1)\leqslant f(x_2)$　#淘汰区间 $[x_2, b]$，剩余区间为 $[a, x_2]$

$b=x_2$

$x_2=x_1$

$x_1=a+0.382\ (b-a)$

else　#则淘汰区间 $[a, x_1]$，剩余区间为 $[x_1, b]$

$a=x_1$

$x_1=x_2$

$x_2=a+0.618\ (b-a)$

$t=t+1$

}

比较区间端点和中心点的函数值，从中选择较好者作为最优点并返回。

【例 3-2】 用黄金分割法求 $f(x)=e^{x+1}-5(x+1)$ 的极小点，取初始搜索区间为 $[-0.5, 1.5]$，迭代终止条件为区间长度 <0.001。

解

第一轮迭代

计算黄金分割点 x_1、x_2：

$$x_1 = x_{\min} + 0.382(x_{\max} - x_{\min}) = 0.264$$

$$x_2 = x_{\min} + 0.618(x_{\max} - x_{\min}) = 0.736$$

比较在黄金分割点 x_1、x_2 处目标函数 $f(x)=e^{x+1}-5(x+1)$ 的值，有

$$f(x_1) = e^{x_1+1} - 5(x_1+1) = -2.7804$$

$$f(x_2)=e^{x_2+1}-5(x_2+1)=-3.0054$$

缩短区间

因为 $f(x_1)>f(x_2)$，需要淘汰区间 $[x_{min}, x_1]$，保留区间为 $[x_1, x_{max}]=[0.264, 1.5]$。将变量重新赋值，即 x_1 的值赋给 x_{min}，x_2 的值赋给 x_1，则新区间为 $[x_{min}, x_{max}]=[0.264, 1.5]$。新区间的长度>0.005，因此迭代继续。在下一轮迭代时，由于区间中已经存在一点 $x_1=0.736$，只需要补充新点 $x_2=x_{min}+0.618(x_{max}-x_{min})=1.0278$。以下略。

4. 二次插值法

二次插值法是多项式逼近法的一种，是利用目标函数在单谷区间 $[a, b]$ 的两个端点和其间一点，构成一个与目标函数相接近的二次插值多项式，以该多项式的极小点作为区间缩小中比较函数值的另一点，从而将单谷区间逐步缩小，直至满足精度要求。

对于单谷函数 $f(x)$，给定初始区间 $[a, b]$，在其中取 $x_1=\frac{a+b}{2}$（此为对分取法，也可以采用其他方式，例如取 $\frac{x_1-a}{b-x_1}=\frac{1}{2}$，有 $x_1=\frac{2a+b}{3}$）。需要构造一个二次多项式 $p(x)=A+Bx+Cx^2$，使其通过三个点 $(a, f(a))$、$(b, f(b))$ 和 $(x_1, f(x_1))$，也就是满足 $\begin{cases}A+Ba+Ca^2=f(a)\\A+Bb+Cb^2=f(b)\\A+Bx_1+Cx_1^2=f(d)\end{cases}$。这是关于系数 A、B、C 的线性方程组，解这个方程组即可得插值多项式 $p(x)$ 的表达式。对于 $p(x)$，易求得其极小点为 $x_2=\frac{B}{2C}$，以 x_2 作为插入到区间 $[a, b]$ 内的第二个点，这样 $[a, b]$ 内就有了两个插入点 x_1 和 x_2，则可以根据前述的区间消去法原理进行迭代。

下面给出二次插值法的迭代步骤：

算法3：二次插值法

目标函数：$f(x)$

输入：初始区间 $[a, b]$，收敛精度（例如区间长度）ε，最大迭代步数 t_max

初始化：迭代次数置零 $t=0$，并在区间内再取一点，例如取 $x_1=\frac{a+b}{2}$

while $|b-a|>\varepsilon$ **&&** $t<t\_max$ **do**

{

解方程组 $\begin{cases}A+Ba+Ca^2=f(a)\\A+Bb+Cb^2=f(b)\\A+Bx_1+Cx_1^2=f(d)\end{cases}$，得 A、B、C

得插值多项式 $p(x)=A+Bx+Cx^2$

计算 $p(x)$ 的极值点 $x_2=\frac{B}{2C}$，这样区间内就有两点 x_1 和 x_2

if $x_1<x_2$

  if $f(x_1)\leqslant f(x_2)$ ＃淘汰区间 $[x_2, b]$，剩余区间为 $[a, x_2]$

```
b=x2
else  #淘汰区间[a, x1]，剩余区间为[x1, b]
a=x1
x1=x̄
else
    if f(x2)≤f(x1) #淘汰区间[x1, b]，剩余区间为[a, x1]
b=x1
x1=x2
else  #淘汰区间[a, x2]，剩余区间为[x2, b]
a=x2
t=t+1
}
比较区间端点和中心点的函数值，从中选择较好者作为最优点并返回
```

3.3.2 非精确一维搜索方法*

1. 非精确搜索准则

在实际计算中，理论上精确的最优步长因子一般不能求解，并且求解几乎精确的最优步长需要花费相当大的工作量。实际上，当迭代点离最优点尚且较远时，没有必要做高精度的搜索。而在每次迭代时，只需要使目标函数值有一个充分的下降即可，因而计算量较少的非精确一维搜索日益受到青睐。

非精确搜索首先要满足的一个基本条件是 $f(\boldsymbol{x}_k+\alpha_k\boldsymbol{p}_k)<f(\boldsymbol{x}_k)$，然而只满足这个条件并不总能保证迭代收敛。例如，参考文献［9］中对于问题 $\min f(\boldsymbol{x})=x^2$，显然 $\boldsymbol{x}^*=0$，$f(\boldsymbol{x}^*)=0$。如果采用迭代方法，设初始点为 $x^0=2$，下面给出两种选取方向和步长的方法。

方法 1：方向为 $p^k=(-1)^k$，步长为 $\alpha_k=2+\dfrac{2k+1}{k(k+1)}$。

方法 2：方向为 $p^k=-1$，步长为 $\alpha_k=\dfrac{1}{k(k+1)}$。

迭代的结果如图 3-7 所示。由图可以看出，这两种方法均不能收敛到 $\boldsymbol{x}^*$。究其原因，对于方法 1，在迭代步数 k 较大时，目标函数的下降量 $f(\boldsymbol{x}_k)-f(\boldsymbol{x}_{k+1})$ 相对于步长 α_k 太小，从而导致迭代点有较大的变化，但是函数值下降缓慢，产生了振荡现象。对于方法 2，目标函数在第 k 步迭代时的下降量和步长 α_k 均非常小，容易聚集到非极值点。

下面对 α 的取值情况进行讨论，对于一元函数 $f(\boldsymbol{x}_k+\alpha\boldsymbol{p}_k)$，其图像为一条曲线，如图 3-8 所示，可以看出 $(0, \alpha_1)\cup(\alpha_2, \alpha_3)$ 为满足 $f(\boldsymbol{x}_k+\alpha\boldsymbol{p}_k)<f(\boldsymbol{x}_k)$ 的点构成的区间。若选取的步长 α 太接近区间 (α_2, α_3) 的右端点，则就容易出现图 3-7（a）中所示的问题；若选取的步长 α 太接近 0，则容易出现图 3-7（b）中所示的问题。因此，这些不合理的 α 值应当被排除，这就促使我们对 α 需要满足的条件进行进一步探讨。下面给出一些常用的 α 应当满足的准则，注意这些准则都建立在 $\boldsymbol{p}_k$ 为下降方向的前提下，即函数 $f(\boldsymbol{x}_k+\alpha\boldsymbol{p}_k)$ 在 $\alpha=0$ 点处的斜率 $\nabla f_k^T\boldsymbol{p}_k<0$。若 $\nabla f_k^T\boldsymbol{p}_k$ 不为负，则说明 $\boldsymbol{p}_k$ 不是下降方向，本就不应被采用。

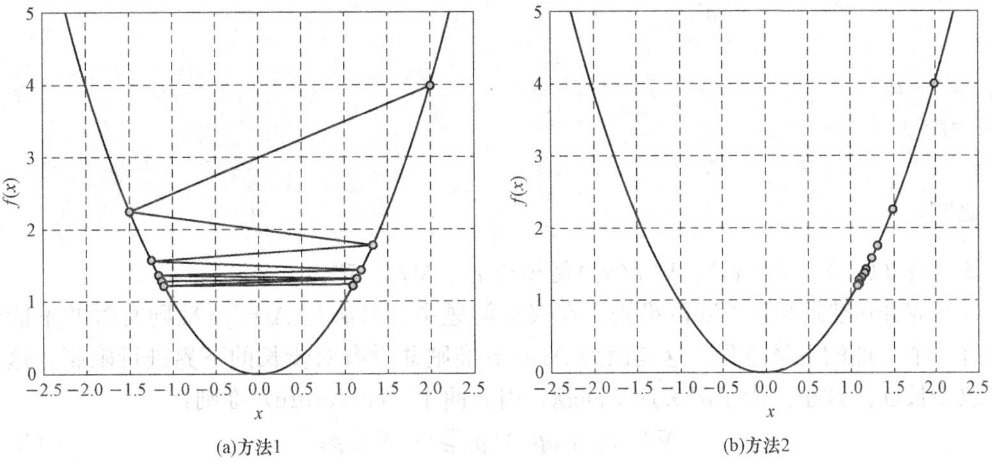

图 3-7 两种方法产生的迭代点

(1) Armijo 准则。Armijo 准则也称为充分下降准则（sufficient decrease condition），要求 α 应当使式（3-15）成立：

$$f(\boldsymbol{x}_k+\alpha\boldsymbol{p}_k)\leqslant f_k+c_1\alpha\nabla f_k^{\mathrm{T}}\boldsymbol{p}_k, c_1\in(0,1) \tag{3-15}$$

实际中 c_1 经常取很小值，例如 $c_1=10^{-3}$，10^{-4}，这个式子的含义可结合图 3-9 来说明。

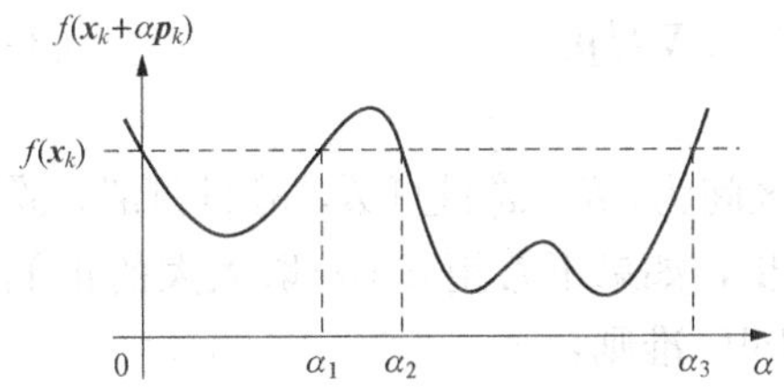

图 3-8 满足下降方向的点构成的区间

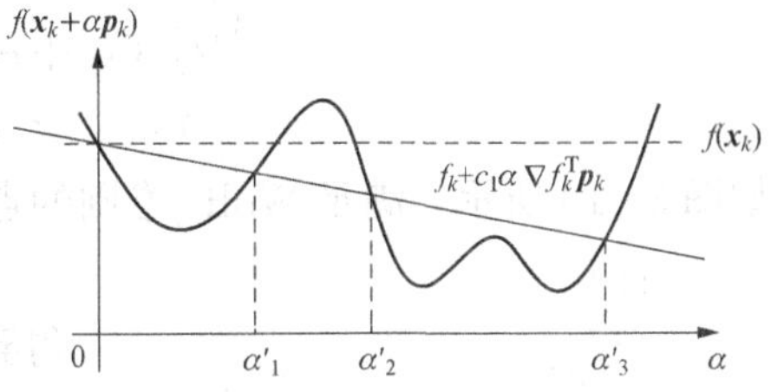

图 3-9 满足 Armijo 准则的点构成的区间

如图 3-9 所示，式（3-15）左端为关于 α 的一元函数，右端则是一个关于 α 的线性函数，表示在图上就是一条直线，这条直线过点 $(0, f(\boldsymbol{x}_k))$，斜率为 $c_1\nabla f_k^{\mathrm{T}}\boldsymbol{p}_k$。由于要保证 $\boldsymbol{p}_k$ 是下降方向，所以 $c_1\nabla f_k^{\mathrm{T}}\boldsymbol{p}_k<0$。从图 3-9 可以看出，$(0, \alpha_1']\cup[\alpha_2', \alpha_3']$ 为满足式（3-15）的 α 构成的区间，与图 3-8 中 α 的选择区间相比，避免了因为 α 取值太大而接近图 3-8 中的 α_3 点。

基于 Armijo 准则寻找步长 α，可以采用回溯线性搜索（backing line search）方法。其基本思想是沿着搜索方向移动一个较大的步长估计值，然后以迭代形式不断缩减步长，直到该步长使函数值满足 Armijo 准则。

下面给出回溯线性搜索方法的迭代步骤：

算法 4：回溯线性搜索方法

目标函数：$f(\boldsymbol{x})$

输入：$c_1\in(0, 1)$，$\tau\in(0, 1)$，迭代到第 k 步时的搜索方向 $\boldsymbol{p}_k$，最大迭代步数 $t\_\max$

初始化：迭代次数置零 $t=0$，给搜索步长 α_t 赋初值

while $f(\boldsymbol{x}_k+\alpha_t\boldsymbol{p}_k)>f_k+c_1\alpha_t\nabla f_k^{\mathrm{T}}\boldsymbol{p}_k$ **&&** $t<t\_\max$ **do**

{

$\alpha_{t+1}=\tau\alpha_t$

$t=t+1$

}

返回 α_t

注：将 $f(\boldsymbol{x}_k)$、$\nabla f(\boldsymbol{x}_k)$、$\nabla^2 f(\boldsymbol{x}_k)$简记为 f_k、∇f_k、$\nabla^2 f_k$。

(2) Wolfe 准则和强 Wolfe 准则。在很多问题中，只满足 Armijo 准则有时并不能保证算法有一个合理的下降过程，这是因为 Armijo 准则并没有对步长的下界进行限制，这往往会导致步长选择过小。为了解决这个问题，引入曲率（curvature）准则：

$$\nabla f(\boldsymbol{x}_k+\alpha\boldsymbol{p}_k)^{\mathrm{T}}\boldsymbol{p}_k \geqslant c_2 \nabla f_k^{\mathrm{T}}\boldsymbol{p}_k \tag{3-16}$$

其中，$c_2\in(c_1, 1)$。式（3-16）左端是 $\varphi(\alpha)$在任意点处的切线斜率 $\varphi'(\alpha)$，右端的 $\nabla f_k^{\mathrm{T}}\boldsymbol{p}_k$是 $\varphi(\alpha)$在 $\alpha=0$ 处的切线的斜率 $\varphi'(0)$。因此，式（3-16）的含义是满足要求的步长需要保证在该点处切线的斜率大于等于 $\varphi'(0)$的 c_2 倍，即若在某点处 $\varphi'(\alpha)$能够取得较大的负值，那么可以通过增大步长使目标函数值进一步下降。曲率准则一般不单独使用，通常和 Armijo 准则合在一起，这样就得到了 Wolfe 准则：

$$\begin{cases} f(\boldsymbol{x}_k+\alpha\boldsymbol{p}_k)\leqslant f_k+c_1\alpha \nabla f_k^{\mathrm{T}}\boldsymbol{p}_k \\ \nabla f(\boldsymbol{x}_k+\alpha\boldsymbol{p}_k)^{\mathrm{T}}\boldsymbol{p}_k \geqslant c_2 \nabla f_k^{\mathrm{T}}\boldsymbol{p}_k \end{cases} \tag{3-17}$$

$$0<c_1<c_2<1$$

如图 3-10 所示，满足 Wolfe 准则的点构成的区间为$[\alpha''_1, \alpha''_2]\cup[\alpha''_3, \alpha''_4]\cup[\alpha''_5, \alpha''_6]$。

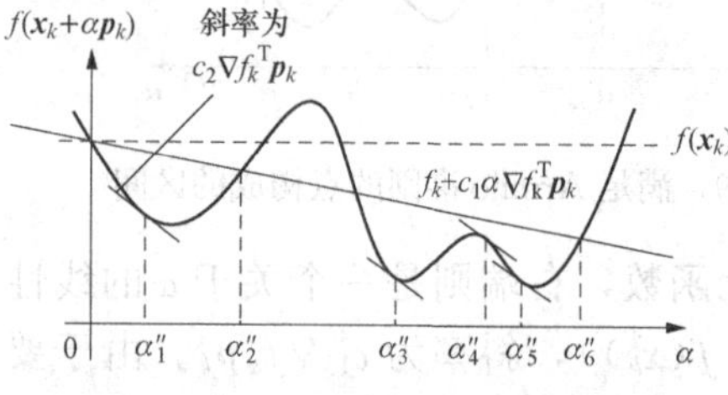

图 3-10 满足 Wolfe 准则的点构成的区间

更进一步，如果不希望 $\varphi'(\alpha)$取太大的正值，则得到了强 Wolfe 准则：

$$\begin{cases} f(\boldsymbol{x}_k+\alpha\boldsymbol{p}_k)\leqslant f_k+c_1\alpha \nabla f_k^{\mathrm{T}}\boldsymbol{p}_k \\ |\nabla f(\boldsymbol{x}_k+\alpha\boldsymbol{p}_k)^{\mathrm{T}}\boldsymbol{p}_k| \leqslant c_2 |\nabla f_k^{\mathrm{T}}\boldsymbol{p}_k| \end{cases} \tag{3-18}$$

$$0<c_1<c_2<1$$

Wolfe/强 Wolfe 准则具有广泛的适用性，在大多数线搜索方法中都可以使用。

下面给出基于强 Wolfe 准则的一维搜索算法：

算法 5：基于强 Wolfe 准则的一维搜索（该算法源自参考文献 [8]）

目标函数：$f(\boldsymbol{x})$

输入：$c_1\in(0, 1)$，$c_2\in(c_1, 1)$，最大迭代次数 $t\_\max$，进行到第 k 步时的搜索方向 $\boldsymbol{p}_k$

初始化：迭代次数置零 $t=0$，给搜索步长 α_t 赋初值

while $t<t\_\max$ **do**

{

计算 $f(\boldsymbol{x}_k+\alpha_t\boldsymbol{p}_k)$，$f(\boldsymbol{x}_k+\alpha_{t-1}\boldsymbol{p}_k)$，$f_k$，$\nabla f_k$

if $f(\boldsymbol{x}_k+\alpha_t\boldsymbol{p}_k)>f_k+c_1\alpha_t \nabla f_k \parallel (f(\boldsymbol{x}_k+\alpha_t\boldsymbol{p}_k)\geqslant f(\boldsymbol{x}_k+\alpha_{t-1}\boldsymbol{p}_k) \&\& t>1)$

$\alpha_*=\mathrm{zoom}(\alpha_{t-1}, \alpha_t)$

```
        break
计算∇f (x_k+α_t p_k)^T p_k
     if |∇f (x_k+α_t p_k)^T p_k| ≤ −c_2 ∇f_k^T p_k
α_* =α_t
        break
     if ∇f (x_k+α_t p_k)^T p_k ≥ 0
α_* =zoom(α_{t−1}, α_t)
break
选择 α_{t+1} ∈ (α_t, α_max), t=t+1
}
子算法：zoom (α_lo, α_hi) 函数
while true do
{
通过插值法求解 α_n ∈ (α_lo, α_hi)
计算 f(x_k+α_n p_k), f(x_k+α_lo p_k), f_k, ∇f_k
if f(x_k+α_n p_k) > f_k+c_1 α_n ∇f_k || f(x_k+α_n p_k) ≥ f(x_k+α_lo p_k)
α_hi =α_n
   else
   {
计算∇f (x_k+α_n p_k)^T p_k
        if |∇f (x_k+α_n p_k)^T p_k| ≤ −c_2 ∇f_k^T p_k
α_* =α_n
            break
        if ∇f (x_k+α_t p_k)^T p_k (α_hi −α_lo) ≥ 0
α_hi =α_lo
α_lo =α_n
   }
}
```

2. 非精确一维搜索的可行性

对于前述的非精确一维搜索，需要解决两个问题：①满足非精确一维搜索的 α 是否存在；②采用了非精确一维搜索能否保证收敛性。下面不加证明地给出两个定理。

定理 3.7　非精确一维搜索步长 $\boldsymbol{\alpha}$ 的存在性

设 $f(\boldsymbol{x})$连续可微，$\boldsymbol{p}_k$ 为在 x_k 点处的下降方向，即$\nabla f_k^{\mathrm{T}}\boldsymbol{p}_k<0$。设 $f(\boldsymbol{x}_k+\alpha\boldsymbol{p}_k)$在 $\alpha>0$ 时有下界，那么如果有 $0<c_1<c_2<1$，则必存在 α 使点 $\boldsymbol{x}_k+\alpha\boldsymbol{p}_k$ 满足 Wolfe 准则和强 Wolfe 准则。

定理 3.8　非精确一维搜索方法的收敛性

对于迭代式 $\boldsymbol{x}_{k+1}=\boldsymbol{x}_k+\alpha_k\boldsymbol{p}_k$，$\boldsymbol{p}_k$ 为在 $\boldsymbol{x}_k$ 点处的下降方向，α_k 满足 Wolfe 条件。设在包含水平集$\{\boldsymbol{x} \mid f(\boldsymbol{x})\leqslant f(\boldsymbol{x}_0)\}$的开集 $\boldsymbol{N}$ 内，$f(\boldsymbol{x})$有界且连续可微。另外，设$\nabla f(\boldsymbol{x})$在集合

$\boldsymbol{N}$ 上满足 Lipschitz 条件，那么存在一个常数 $L>0$ 使得对于所有的 $\boldsymbol{x}$，$\widetilde{\boldsymbol{x}}\in\boldsymbol{N}$，有

$$\|\nabla f(\boldsymbol{x})-\nabla f(\widetilde{\boldsymbol{x}})\|\leqslant L\|\boldsymbol{x}-\widetilde{\boldsymbol{x}}\|$$

从而

$$\sum_{k\geqslant 0}\cos^2\theta_k\ \|\nabla f_2\|^2<\infty$$

3.4 负梯度方法与牛顿型方法

3.4.1 负梯度方法

1. 方向导数

目标函数 $f(\boldsymbol{x})$在 $\boldsymbol{x}_k$ 点处沿给定方向 $\boldsymbol{v}$ ［设 $\boldsymbol{v}$ 为单位向量，$\boldsymbol{v}=(v_1, v_2, \cdots, v_n)^{\mathrm{T}}$］的方向导数为

$$\begin{aligned}\frac{\partial f(\boldsymbol{x}_k)}{\partial \boldsymbol{v}}&=\frac{\partial f(\boldsymbol{x}_k)}{\partial x_{k1}}v_1+\frac{\partial f(\boldsymbol{x}_k)}{\partial x_{k2}}v_2+\cdots+\frac{\partial f(\boldsymbol{x}_k)}{\partial x_{kn}}v_n\\&=\nabla f(\boldsymbol{x}_k)^{\mathrm{T}}\boldsymbol{v}=\|\nabla f(\boldsymbol{x}_k)\|\cdot\|\boldsymbol{v}\|\cos(\nabla f(\boldsymbol{x}_k),\boldsymbol{v})\end{aligned} \tag{3-19}$$

方向导数表征了函数 $f(\boldsymbol{x})$沿一定方向的变化率，越大则意味着函数的变化率越大，分析式（3-19）可知：当$[\nabla f(\boldsymbol{x}_k), \boldsymbol{v}]=0°$时，$\cos[\nabla f(\boldsymbol{x}_k), \boldsymbol{v}]=1$ 有最大值，此时$\frac{\partial f(\boldsymbol{x}_k)}{\partial \boldsymbol{v}}$也取最大值$\|\nabla f(\boldsymbol{x}_k)\|\cdot\|\boldsymbol{v}\|$；当$[\nabla f(\boldsymbol{x}_k), \boldsymbol{v}]=180°$时，$\cos[\nabla f(\boldsymbol{x}_k), \boldsymbol{v}]=-1$ 有最小值，此时$\frac{\partial f(\boldsymbol{x}_k)}{\partial \boldsymbol{v}}$也取最小值$-\|\nabla f(\boldsymbol{x}_k)\|\cdot\|\boldsymbol{v}\|$。

也就是说，当 $\boldsymbol{v}$ 的方向与$\nabla f(\boldsymbol{x}_k)$的方向相同或相反时，方向导数$\frac{\partial f(\boldsymbol{x}_k)}{\partial \boldsymbol{v}}$取最大或最小值。因此，函数 $f(\boldsymbol{x})$沿着正梯度或负梯度方向的变化率最大（上升最大或者下降最大）。

2. 最速下降法

从上面的分析可知，函数在某点的梯度方向是函数变化率最大的方向。因此，一个直观的方法是选取目标函数在当前迭代点处的梯度方向作为搜索方向，可以提高计算效率。对于求目标函数极小值的问题，将在 $\boldsymbol{x}_k$ 点处的搜索方向设定为负梯度方向：

$$\boldsymbol{p}_k=-\frac{\nabla f(\boldsymbol{x}_k)}{\|\nabla f(\boldsymbol{x}_k)\|} \tag{3-20}$$

负梯度方向也称为最速下降方向，一般将以负梯度方向为迭代方向的方法称为负梯度方法。特别地，将采用了精确一维搜索确定步长的负梯度方法称为最速下降方法。

最速下降/负梯度方法的迭代步骤：

算法 6：最速下降法/负梯度方法

目标函数：$f(\boldsymbol{x})$

输入：初始点 $x_0\in R^n$，$\varepsilon>0$，最大迭代次数 $k\_\max$，设定迭代终止条件（例如$\|\nabla f_k\|<\varepsilon$）

初始化：迭代次数置零 $k=0$，计算$\|\nabla f_0\|$

while $\|\nabla f_k\|\geqslant\varepsilon$ && $k<k\_\max$ **do**

{

$\boldsymbol{p}_k = -\frac{\nabla f_k}{\| \nabla f_k \|}$

通过精确一维搜索求 α_k（最速下降法），或通过非精确一维搜索求 α_k（负梯度方法）

$\boldsymbol{x}_{k+1} = \boldsymbol{x}_k + \alpha_k \boldsymbol{p}_k$

更新∇f_k 的值

$k = k+1$；

}

3. 负梯度方向法的缺点及改进 *

负梯度方向法是一种古老而基本的方法，最早由法国数学家柯西（Cauchy）于 1847 年提出。它的优点是简单易用，每次迭代的计算量小，并且即使从一个不太好的初始点出发，经过迭代也可能逼近最优解。它的缺点是在处理某些形状特殊的函数时会出现效率低下甚至不能收敛的问题，例如对于函数 $f(\boldsymbol{x}) = \frac{x_1^2}{20} + x_2^2$ 求极小值的问题，易知其最优解为 $\boldsymbol{x}^* = (0, 0)^{\mathrm{T}}$，此时 $f(\boldsymbol{x}^*) = 0$。该函数的三维图像和等值线如图 3 - 11 所示。

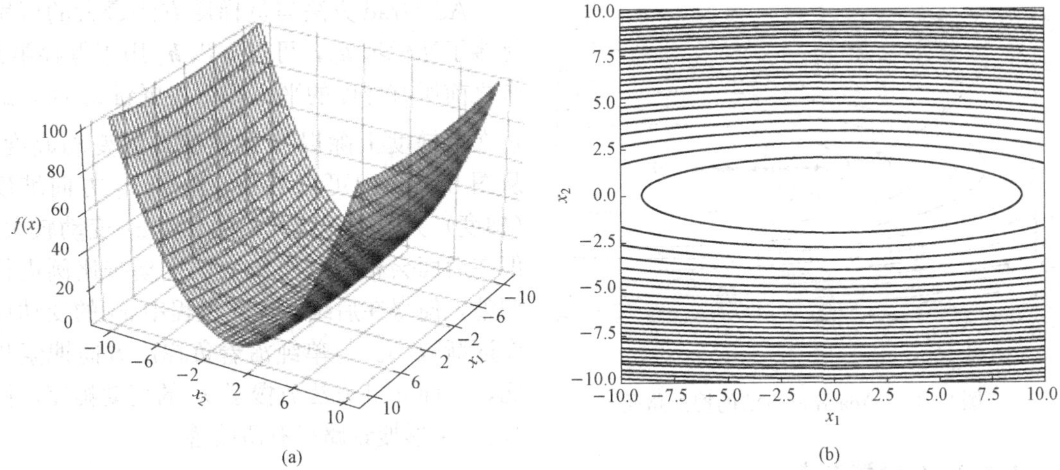

图 3 - 11 函数的三维图像和等值线

从图 3 - 11 可以看出，该函数呈现“山谷”的形状，极值点就在山谷之中，它的等值线是一簇很扁的椭圆。在接近“谷底”的地方，函数沿着 x_1 方向坡度小，沿着 x_2 方向坡度大，此时负梯度的搜索方向并不指向极值点。这样就导致迭代点出现“振荡”，呈现出“之”字形的移动路径，使迭代过程变得非常缓慢，如图 3 - 12 所示。

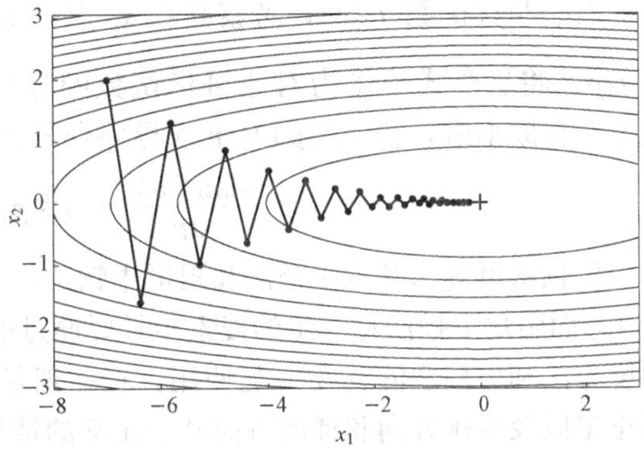

图 3 - 12 沿负梯度方向搜索的“之”字形路径

注：为了更明显地表现负梯度方法的“振荡”问题，此处构造迭代点列的时候并没有严格按照前述的 Armijo、Wolfe 等准

则选取步长。

为了改正上述缺点，近年来出现了一些以负梯度为基础的新方法，如动量（momentum）梯度法、AdaGrad 梯度法、Adam 梯度法、RMSrop 梯度法等。下面仅以 AdaGrad 方法为例进行说明。

AdaGrad 梯度法的迭代式为

$$\begin{aligned} &\boldsymbol{h}_0 = \boldsymbol{0} \\ &\boldsymbol{h}_k = \boldsymbol{h}_{k-1} + \nabla f(\boldsymbol{x}_k).^2 \\ &\boldsymbol{x}_{k+1} = \boldsymbol{x}_k - \frac{\alpha \nabla f(\boldsymbol{x}_k)}{\sqrt{\boldsymbol{h}}} \end{aligned} \tag{3-21}$$

其中，α 为迭代步长；$\nabla f(\boldsymbol{x}_k).^2$ 是指$\nabla f(\boldsymbol{x}_k)$中每个元素分别平方；$\frac{\nabla f(\boldsymbol{x}_k)}{\sqrt{\boldsymbol{h}}}$中包含的开平方根、向量相除运算都是指对向量逐（对应）元素进行运算。

将式（3-21）用于解决之前的问题 $\min f(\boldsymbol{x})=\frac{x_1^2}{20}+x_2^2$，画出的迭代路径如图 3-13 所示。

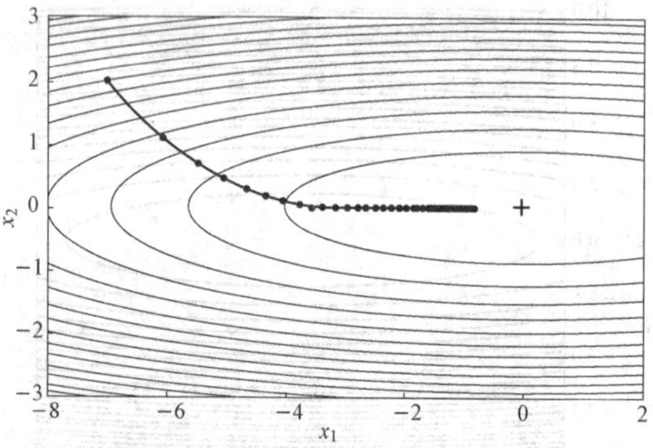

图 3-13 AdaGrad 方法的搜索路径

AdaGrad 方法与负梯度方法最大的区别是多了迭代项 $\boldsymbol{h}_k$，可以看出 $\boldsymbol{h}_k$ 用于保存第 k 步之前所有梯度的平方和，在更新 $\boldsymbol{x}_k$ 时，通过在负梯度上除以$\sqrt{\boldsymbol{h}}$调整变量的变动幅度。从图 3-13 中可以看出，由于 x_2 方向坡度（梯度）大，在迭代开始的几步 x_2 变动较大；但在后面会根据这个较大的变动按比例进行调整，使得在后续的迭代过程中 x_2 的变动幅度逐渐减小。与单纯沿着负梯度方向搜索相比，AdaGrad 方法放慢了 x_2 的变动幅度，使"之"字形搜索路径有所改善。

3.4.2 牛顿型方法

1. 牛顿法

对于目标函数 $f(\boldsymbol{x})$，考察其在 $\boldsymbol{x}_k$ 点处的二阶泰勒展开 $f(\boldsymbol{x}_k+\boldsymbol{p})\approx f_k+\nabla f_k^{\mathrm{T}}\boldsymbol{p}+\frac{1}{2}\boldsymbol{p}^{\mathrm{T}}\nabla^2 f_k\boldsymbol{p}$，将这个式子作为对原目标函数的近似，并用 $m_k(\boldsymbol{p})$来表示。假设$\nabla^2 f_k$ 正定，则 $m_k(\boldsymbol{p})$有极小值，将 $m_k(\boldsymbol{p})$对 $\boldsymbol{p}$ 求导并令导数为零，即可得到牛顿方向：

$$\frac{\mathrm{d}m_k(\boldsymbol{p})}{\mathrm{d}\boldsymbol{p}} = 0 \Rightarrow \boldsymbol{p}_k^N = -\nabla^2 f_k^{-1}\nabla f_k \tag{3-22}$$

牛顿法可分为基本牛顿法和阻尼牛顿法，二者的区别在于基本牛顿法的搜索步长 α 恒定为 1，而阻尼牛顿法每一步的搜索步长要通过前述的一维搜索方法确定。另外，还经常将负梯度方法和牛顿法混合在一起使用，在一般情况下采用牛顿方向，但是在出现$\nabla^2 f_k$ 奇异、不正定以及牛顿方向和梯度方向几乎正交的情形时，转而采用负梯度方向。

下面给出基本牛顿/阻尼牛顿法及混合方法的迭代步骤：

算法 7：基本牛顿/阻尼牛顿法

目标函数：$f(\boldsymbol{x})$

输入：初始点 $x_0 \in R^n$，$\varepsilon > 0$，最大迭代次数 $k\_\max$，设定迭代终止条件（例如 $\|\nabla f_k\| < \varepsilon$）

初始化：迭代次数置零 $k=0$，计算 $\|\nabla f_0\|$

while $\|\nabla f_k\| \geqslant \varepsilon$ && $k < k\_\max$ **do**

{

$p_k = -\nabla^2 f_k^{-1} \nabla f_k$

α_k 固定为 1（基本牛顿法）或通过一维搜索确定（阻尼牛顿法）

$\boldsymbol{x}_{k+1} = \boldsymbol{x}_k + \alpha_k \boldsymbol{p}_k$

更新∇f_k，$-\nabla^2 f_k^{-1}$ 的值

$k = k+1$

}

算法 8：牛顿法的负梯度法的混合

目标函数：$f(\boldsymbol{x})$

输入：初始点 $x_0 \in R^n$，$\varepsilon > 0$，最大迭代次数 $k\_\max$，设定迭代终止条件（例如 $\|\nabla f_k\| < \varepsilon$）

初始化：迭代次数置零 $k=0$，计算 $\|\nabla f_0\|$

while $\|\nabla f_k\| \geqslant \varepsilon$ && $k < k\_\max$ **do**

{

计算$\nabla^2 f_k$

if $|\nabla^2 f_k| \neq 0$ # $\nabla^2 f_k$ 非奇异

{

　　if $\nabla^2 f_k^{-1} < 0$ # $\nabla^2 f_k^{-1}$ 负定

　　　　$\boldsymbol{p}_k = \nabla^2 f_k^{-1} \nabla f_k$

else # $\nabla^2 f_k^{-1}$ 半正定

　　　　　　if $|\nabla^2 f_k^{-1} \nabla f_k (\nabla f_k)^{\mathrm{T}}| \leqslant \eta$ # 牛顿方向与梯度方向接近垂直

$\boldsymbol{p}_k = -\nabla f_k$

　　　　　　else

　　　　　　$\boldsymbol{p}_k = -\nabla^2 f_k^{-1} \nabla f_k$

}

else # $\nabla^2 f_k$ 奇异

{

　　$\boldsymbol{p}_k = -\nabla f_k$

}

通过一维搜索确定 α_k

$\boldsymbol{x}_{k+1} = \boldsymbol{x}_k + \alpha_k \boldsymbol{p}_k$

更新∇f_k的值
$k=k+1$
}

2. 拟牛顿法（quasi - Newton methods）*

牛顿方法的缺点是在每步迭代时都需要计算 Hessian 矩阵的逆矩阵，会出现 Hessian 矩阵奇异、不正定的情况。此外，牛顿方法还要求目标函数二阶可微，每一步都需要计算$\frac{n(n+1)}{2}$个二阶偏导数。在变量个数较多的大规模优化问题中，牛顿法所耗费的计算资源就会很大。

牛顿方法的优点在于它具有二阶收敛性，这促使人们构造一种方法，既不需要计算二阶偏导数（甚至逆矩阵），又具有较快的收敛速度。设想用人为构造的矩阵$\boldsymbol{B}_k$来替代 Hessian 矩阵（或其逆矩阵），这样的$\boldsymbol{B}_k$应当具有以下优点：①只需要目标函数的一阶导数信息；②$\boldsymbol{B}_k$正定，以保证方向的下降性；③方法具有较快的收敛速度。

（1）拟牛顿条件。要构造矩阵$\boldsymbol{B}_k$来代替牛顿法中的 Hessian 矩阵$\nabla^2 f_k$，需要满足一定的条件，这个条件称为拟牛顿条件。

在第k步迭代的时候，对目标函数的近似可写为

$$f(\boldsymbol{x}_k+\boldsymbol{p})\approx m_k(\boldsymbol{p})=f_k+\nabla f_k^{\mathrm{T}}\boldsymbol{p}+\frac{1}{2}\boldsymbol{p}^{\mathrm{T}}B_k\boldsymbol{p} \tag{3-23}$$

该函数满足$m_k(0)=f_k$，$\nabla m_k(0)=\nabla f_k^{\mathrm{T}}$。此时如果$\boldsymbol{B}_k$为正定矩阵，那么最优解为$\boldsymbol{p}_k=-\boldsymbol{B}_k^{-1}\nabla f_k$，则下一个迭代点为$\boldsymbol{x}_{k+1}=\boldsymbol{x}_k+\alpha_k\boldsymbol{p}_k$。同理，在第$k+1$步迭代的时候有

$$m_{k+1}(\boldsymbol{p})=f_{k+1}+\nabla f_{k+1}^{\mathrm{T}}\boldsymbol{p}+\frac{1}{2}\boldsymbol{p}^{\mathrm{T}}\boldsymbol{B}_{k+1}\boldsymbol{p} \tag{3-24}$$

令函数$m_{k+1}(\boldsymbol{p})$和目标函数f在$\boldsymbol{x}_k$、$\boldsymbol{x}_{k+1}$点处保持梯度一致，易知$\nabla m_{k+1}(\boldsymbol{p})=\nabla f_{k+1}+\boldsymbol{B}_{k+1}\boldsymbol{p}$，从而在$\boldsymbol{x}_{k+1}$点处有

$$\nabla m_{k+1}(0)=\nabla f_{k+1} \tag{3-25}$$

而在$\boldsymbol{x}_k$点处有

$$\nabla m_{k+1}(-\alpha_k\boldsymbol{p}_k)=\nabla f_k\Rightarrow\nabla f_{k+1}-\alpha_k\boldsymbol{B}_{k+1}\boldsymbol{p}_k=\nabla f_k$$

根据$\boldsymbol{x}_{k+1}-\boldsymbol{x}_k=\alpha_k\boldsymbol{p}_k$，上式变为$\nabla f_{k+1}-\nabla f_k=\boldsymbol{B}_{k+1}(\boldsymbol{x}_{k+1}-\boldsymbol{x}_k)$。记$\boldsymbol{y}_k=\nabla f_{k+1}-\nabla f_k$，$\boldsymbol{s}_k=\boldsymbol{x}_{k+1}-\boldsymbol{x}_k$，那么有

$$\boldsymbol{B}_{k+1}\boldsymbol{s}_k=\boldsymbol{y}_k\Rightarrow\boldsymbol{s}_k=\boldsymbol{H}_{k+1}\boldsymbol{y}_k \tag{3-26}$$

其中，$\boldsymbol{H}_{k+1}=\boldsymbol{B}_{k+1}^{-1}$，将式（3 - 26）称为拟牛顿公式。用$\boldsymbol{B}_k$或$\boldsymbol{H}_k$替代牛顿方向中的 Hessian 矩阵或其逆矩阵，就得到了拟牛顿方向。

（2）BFGS 算法。最流行的拟牛顿算法是 BFGS 算法，以其发现者 Broyden、Fletcher、Goldfarb 及 Shanno 名字的首字母命名。下面我们推导 BFGS 算法以及和它相近的 DFP 算法的迭代公式。

BFGS 算法用来构建迭代式$\boldsymbol{B}_{k+1}=\boldsymbol{B}_k+\Delta\boldsymbol{B}_k(k=0，1，2，\cdots)$，再来求其逆矩阵$\boldsymbol{H}_{k+1}=\boldsymbol{B}_{k+1}^{-1}$。设$\Delta\boldsymbol{B}_k$的形式满足$\Delta\boldsymbol{B}_k=\beta_1\boldsymbol{\mu\mu}^{\mathrm{T}}+\beta_2\boldsymbol{vv}^{\mathrm{T}}$，那么有

$$\boldsymbol{B}_{k+1}=\boldsymbol{B}_k+\Delta\boldsymbol{B}_k=\boldsymbol{B}_k+\beta_1\boldsymbol{\mu\mu}^{\mathrm{T}}+\beta_2\boldsymbol{vv}^{\mathrm{T}} \tag{3-27}$$

式（3 - 27）两边同乘以$\boldsymbol{s}_k$，得

$$\boldsymbol{B}_{k+1}\boldsymbol{s}_k=\boldsymbol{B}_k\boldsymbol{s}_k+\beta_1\boldsymbol{\mu\mu}^{\mathrm{T}}\boldsymbol{s}_k+\beta_2\boldsymbol{vv}^{\mathrm{T}}\boldsymbol{s}_k$$

$$\boldsymbol{y}_k = \boldsymbol{B}_k\boldsymbol{s}_k + \boldsymbol{\mu}(\beta_1\boldsymbol{\mu}^{\mathrm{T}}\boldsymbol{s}_k) + \boldsymbol{v}(\beta_2\boldsymbol{v}^{\mathrm{T}}\boldsymbol{s}_k) \tag{3-28}$$

可知 $\beta_1\boldsymbol{\mu}^{\mathrm{T}}\boldsymbol{s}_k$，$\beta_2\boldsymbol{v}^{\mathrm{T}}\boldsymbol{s}_k$ 为两个标量，令 $\beta_1\boldsymbol{\mu}^{\mathrm{T}}\boldsymbol{s}_k=1$，$\beta_2\boldsymbol{v}^{\mathrm{T}}\boldsymbol{s}_k=-1$，得 $\beta_1=\frac{1}{\boldsymbol{\mu}^{\mathrm{T}}\boldsymbol{s}_k}$，$\beta_2=-\frac{1}{\boldsymbol{v}^{\mathrm{T}}\boldsymbol{s}_k}$。将 $\beta_1\boldsymbol{\mu}^{\mathrm{T}}\boldsymbol{s}_k=1$，$\beta_2\boldsymbol{v}^{\mathrm{T}}\boldsymbol{s}_k=-1$ 代入式（3-24），得 $\boldsymbol{y}_k-\boldsymbol{B}_k\boldsymbol{s}_k=\boldsymbol{\mu}-\boldsymbol{v}$。此时 $\boldsymbol{\mu}$、$\boldsymbol{v}$ 未知，不妨令 $\boldsymbol{\mu}=\boldsymbol{y}_k$，$\boldsymbol{v}=\boldsymbol{B}_k\boldsymbol{s}_k$，则可得 $\beta_1=\frac{1}{\boldsymbol{y}_k^{\mathrm{T}}\boldsymbol{s}_k}$，$\beta_2=-\frac{1}{\boldsymbol{s}_k^{\mathrm{T}}\boldsymbol{B}_k\boldsymbol{s}_k}$。

将 $\boldsymbol{\mu}$、$\boldsymbol{v}$、β_1、β_2 代入式（3-23），得

$$\begin{cases}\Delta\boldsymbol{B}_k = \dfrac{\boldsymbol{y}_k\boldsymbol{y}_k^{\mathrm{T}}}{\boldsymbol{y}_k^{\mathrm{T}}\boldsymbol{s}_k} - \dfrac{\boldsymbol{B}_k\boldsymbol{s}_k\boldsymbol{s}_k^{\mathrm{T}}\boldsymbol{B}_k}{\boldsymbol{s}_k^{\mathrm{T}}\boldsymbol{B}_k\boldsymbol{s}_k} \\ \boldsymbol{B}_{k+1} = \boldsymbol{B}_k + \dfrac{\boldsymbol{y}_k\boldsymbol{y}_k^{\mathrm{T}}}{\boldsymbol{y}_k^{\mathrm{T}}\boldsymbol{s}_k} - \dfrac{\boldsymbol{B}_k\boldsymbol{s}_k\boldsymbol{s}_k^{\mathrm{T}}\boldsymbol{B}_k}{\boldsymbol{s}_k^{\mathrm{T}}\boldsymbol{B}_k\boldsymbol{s}_k}\end{cases} \tag{3-29}$$

得到的 $\boldsymbol{B}_{k+1}$ 即为 Hessian 矩阵的替代矩阵，DFPS 拟牛顿方向为 $\boldsymbol{p}_{k+1}=-\boldsymbol{B}_{k+1}^{-1}\nabla f_{k+1}$。进一步，为了避免求逆矩阵，将 $\boldsymbol{B}_{k+1}^{-1}$ 记作 $\boldsymbol{H}_{k+1}$，根据 Sherman - Morrison 公式可得 $\boldsymbol{H}_{k+1}$ 的迭代公式：

$$\boldsymbol{H}_{k+1} = \left(\boldsymbol{I} - \frac{\boldsymbol{y}_k\boldsymbol{s}_k^{\mathrm{T}}}{\boldsymbol{y}_k^{\mathrm{T}}\boldsymbol{s}_k}\right)^{\mathrm{T}}\boldsymbol{H}_k\left(\boldsymbol{I} - \frac{\boldsymbol{y}_k\boldsymbol{s}_k^{\mathrm{T}}}{\boldsymbol{y}_k^{\mathrm{T}}\boldsymbol{s}_k}\right) + \frac{\boldsymbol{s}_k\boldsymbol{s}_k^{\mathrm{T}}}{\boldsymbol{y}_k^{\mathrm{T}}\boldsymbol{s}_k} \quad (k=0,1,2\cdots) \tag{3-30}$$

（3）DFP 算法。与 BFGS 算法不同，DFP 算法用来构建 $\boldsymbol{H}_{k+1}$ 的迭代式，即直接构建 $\boldsymbol{B}_{k+1}^{-1}$ 的迭代式。设矩阵 $\boldsymbol{H}_{k+1}$ 满足迭代式：

$$\boldsymbol{H}_{k+1} = \boldsymbol{H}_k + \Delta\boldsymbol{H}_k \quad (k=0,1,2,\cdots) \tag{3-31}$$

设 $\Delta\boldsymbol{H}_k$ 的形式满足 $\Delta\boldsymbol{H}_k=\beta_1\boldsymbol{\mu}\boldsymbol{\mu}^{\mathrm{T}}+\beta_2\boldsymbol{v}\boldsymbol{v}^{\mathrm{T}}$，那么：

$$\boldsymbol{H}_{k+1} = \boldsymbol{H}_k + \Delta\boldsymbol{H}_k = \boldsymbol{H}_k + \beta_1\boldsymbol{\mu}\boldsymbol{\mu}^{\mathrm{T}} + \beta_2\boldsymbol{v}\boldsymbol{v}^{\mathrm{T}} \tag{3-32}$$

式（3-32）两边同乘以 $\boldsymbol{y}_k$，得

$$\begin{aligned}\boldsymbol{H}_{k+1}\boldsymbol{y}_k &= \boldsymbol{H}_k\boldsymbol{y}_k + \beta_1\boldsymbol{\mu}\boldsymbol{\mu}^{\mathrm{T}}\boldsymbol{y}_k + \beta_2\boldsymbol{v}\boldsymbol{v}^{\mathrm{T}}\boldsymbol{y}_k \\ \boldsymbol{s}_k &= \boldsymbol{H}_k\boldsymbol{y}_k + \boldsymbol{\mu}(\beta_1\boldsymbol{\mu}^{\mathrm{T}}\boldsymbol{y}_k) + \boldsymbol{v}(\beta_2\boldsymbol{v}^{\mathrm{T}}\boldsymbol{y}_k)\end{aligned} \tag{3-33}$$

易知 $\beta_1\boldsymbol{\mu}^{\mathrm{T}}\boldsymbol{y}_k$、$\beta_2\boldsymbol{v}^{\mathrm{T}}\boldsymbol{y}_k$ 为两个标量，令 $\beta_1\boldsymbol{\mu}^{\mathrm{T}}\boldsymbol{y}_k=1$，$\beta_2\boldsymbol{v}^{\mathrm{T}}\boldsymbol{y}_k=-1$，得 $\beta_1=\frac{1}{\boldsymbol{\mu}^{\mathrm{T}}\boldsymbol{y}_k}$，$\beta_2=-\frac{1}{\boldsymbol{v}^{\mathrm{T}}\boldsymbol{y}_k}$。将 $\beta_1\boldsymbol{\mu}^{\mathrm{T}}\boldsymbol{y}_k=1$，$\beta_2\boldsymbol{v}^{\mathrm{T}}\boldsymbol{y}_k=-1$ 代入式（3-33），得

$$\boldsymbol{s}_k - \boldsymbol{H}_k\boldsymbol{y}_k = \boldsymbol{\mu} - \boldsymbol{v} \tag{3-34}$$

其中，$\boldsymbol{\mu}$、$\boldsymbol{v}$ 为未知量，比较式（3-34）左右两端，令 $\boldsymbol{\mu}=\boldsymbol{s}_k$，$\boldsymbol{v}=\boldsymbol{H}_k\boldsymbol{y}_k$，则可得 $\beta_1=\frac{1}{\boldsymbol{s}_k^{\mathrm{T}}\boldsymbol{y}_k}$，$\beta_2=-\frac{1}{\boldsymbol{y}_k^{\mathrm{T}}\boldsymbol{H}_k\boldsymbol{y}_k}$。将 $\boldsymbol{\mu}$、$\boldsymbol{v}$、β_1、β_2 代入式（3-32），得

$$\Delta\boldsymbol{H}_k = \frac{\boldsymbol{s}_k\boldsymbol{s}_k^{\mathrm{T}}}{\boldsymbol{s}_k^{\mathrm{T}}\boldsymbol{y}_k} - \frac{\boldsymbol{H}_k\boldsymbol{y}_k\boldsymbol{y}_k^{\mathrm{T}}\boldsymbol{H}_k}{\boldsymbol{y}_k^{\mathrm{T}}\boldsymbol{H}_k\boldsymbol{y}_k} \tag{3-35}$$

现在要考虑的问题是，如果目标函数 $f(x)$ 一阶连续可微，那么根据 BFGS 及 DFP 公式计算出的 $\boldsymbol{H}_{k+1}$ 或 $\boldsymbol{B}_{k+1}$ 能否使 $\boldsymbol{p}_k$ 为下降方向。下面通过定理 3.9 和 3.10 进行说明。

定理 3.9

对于 BFGS 或者 DFP 方法，如果使用精确一维搜索或者满足 Wolfe 条件的非精确一维搜索求步长，那么有 $\boldsymbol{s}_k^{\mathrm{T}}\boldsymbol{y}_k>0$。

证明：

（1）先考虑精确一维搜索。设 α_k 是对 $f(\boldsymbol{x}_k+\alpha\boldsymbol{p}_k)$ 进行精确一维搜索得到的结果，即 α_k

$=\arg\min_{\alpha} f(\boldsymbol{x}_k+\alpha\boldsymbol{p}_k)$，有 $f(\boldsymbol{x}_k+\alpha\boldsymbol{p}_k)$ 在 α_k 处对 α 的导数为零 $\nabla f(\boldsymbol{x}_k+\alpha_k\boldsymbol{p}_k)^{\mathrm{T}}\boldsymbol{p}_k=0$，即 $\nabla f_{k+1}^{\mathrm{T}}\boldsymbol{p}_k=0$。现在来考察 $\boldsymbol{s}_k^{\mathrm{T}}\boldsymbol{y}_k$，有

$$\boldsymbol{s}_k^{\mathrm{T}}\boldsymbol{y}_k=\boldsymbol{s}_k^{\mathrm{T}}\nabla f_{k+1}-\boldsymbol{s}_k^{\mathrm{T}}\nabla f_k$$

对于 $\boldsymbol{s}_k$，易知 $\boldsymbol{s}_k=\boldsymbol{x}_{k+1}-\boldsymbol{x}_k=\alpha_k\boldsymbol{p}_k=-\alpha_k\boldsymbol{H}_k\nabla f_k$。将 $\boldsymbol{s}_k=\alpha_k\boldsymbol{p}_k$ 和 $\boldsymbol{s}_k=-\alpha_k\boldsymbol{H}_k\nabla f_k$ 分别代入上式右端的第一项和第二项，得

$$\boldsymbol{s}_k^{\mathrm{T}}\boldsymbol{y}_k=\alpha_k\boldsymbol{p}_k^{\mathrm{T}}\nabla f_{k+1}+\alpha_k\nabla f_k^{\mathrm{T}}\boldsymbol{H}_k\nabla f_k$$

考虑到 $\nabla f_{k+1}^{\mathrm{T}}\boldsymbol{p}_k=0$ 且 $\boldsymbol{H}_k$ 正定，那么上式右边的项 >0，得证。

（2）再来考虑满足 wolfe 条件的非精确一维搜索，有 $\boldsymbol{s}_k^{\mathrm{T}}\boldsymbol{y}_k=\alpha_k\boldsymbol{p}_k^{\mathrm{T}}(\nabla f_{k+1}-\nabla f_k)=\alpha_k(\boldsymbol{p}_k^{\mathrm{T}}\nabla f_{k+1}-\boldsymbol{p}_k^{\mathrm{T}}\nabla f_k)$。由 Wolfe 条件的第二项 $\nabla f(\boldsymbol{x}_k+\alpha_k\boldsymbol{p}_k)^{\mathrm{T}}\boldsymbol{p}_k\geqslant c_2\nabla f_k^{\mathrm{T}}\boldsymbol{p}_k$，得

$$\boldsymbol{s}_k^{\mathrm{T}}\boldsymbol{y}_k\geqslant\alpha_k(c_2\nabla f_k^{\mathrm{T}}\boldsymbol{p}_k-\boldsymbol{p}_k^{\mathrm{T}}\nabla f_k)=\alpha_k\nabla f_k^{\mathrm{T}}\boldsymbol{p}_k(c_2-1)$$

考虑到 $\boldsymbol{p}_k$ 为下降方向，且 $c_2<1$，所以上式右边的项 >0，得证。

有了定理 3.9，就可以给出下面的存在性定理。

定理 3.10　矩阵 $\boldsymbol{H}_k$ 的存在性和正定性

设 $\boldsymbol{H}_k$ 对称正定，且 $\boldsymbol{s}_k^{\mathrm{T}}\boldsymbol{y}_k>0$，则根据 DFP 或 BFGS 公式可以构造出 $\boldsymbol{H}_{k+1}$ 或 $\boldsymbol{B}_{k+1}$，且它们对称正定。证明略。

最后还有一个问题是初始矩阵 $\boldsymbol{H}_0$ 的选择，遗憾的是并没有一个在所有情况下都具有很好适应性的选择方法，唯一的要求是 $\boldsymbol{H}_0$ 为对称正定矩阵。其中一种方法是对于具体优化问题，使用其特定信息，例如将 $\boldsymbol{H}_0$ 设置为在初始点 $\boldsymbol{x}_0$ 处用有限差分方法计算的近似 Hessian 矩阵，或者可以简单地将 $\boldsymbol{H}_0$ 设置为单位矩阵（或单位矩阵的一个倍数）。

下面给出 BFGS 拟牛顿算法的迭代步骤：

算法 8：BFGS 拟牛顿法

目标函数：$f(\boldsymbol{x})$

输入：初始点 $x_0\in R^n$，$\varepsilon>0$，最大迭代次数 $k\_\max$，设定迭代终止条件（例如 $\|\nabla f_k\|<\varepsilon$）

初始化：迭代次数置零 $k=0$，$\boldsymbol{H}_0$ 为单位矩阵，计算 $\|\nabla f_0\|$

while $\|\nabla f_k\|\geqslant\varepsilon$ && $k<k\_\max$ **do**

{

$\boldsymbol{p}_k=-\boldsymbol{H}_k\nabla f_k$

通过一维搜索求 α_k

$\boldsymbol{x}_{k+1}=\boldsymbol{x}_k+\alpha_k\boldsymbol{p}_k$

计算 $\boldsymbol{y}_k=\nabla f_{k+1}-\nabla f_k$，$\boldsymbol{s}_k=\boldsymbol{x}_{k+1}-\boldsymbol{x}_k$

根据公式 $\boldsymbol{H}_{k+1}=\left(I-\dfrac{\boldsymbol{y}_k\boldsymbol{s}_k^{\mathrm{T}}}{\boldsymbol{y}_k^{\mathrm{T}}\boldsymbol{s}_k}\right)^{\mathrm{T}}\boldsymbol{H}_k\left(\boldsymbol{I}-\dfrac{\boldsymbol{y}_k\boldsymbol{s}_k^{\mathrm{T}}}{\boldsymbol{y}_k^{\mathrm{T}}\boldsymbol{s}_k}\right)+\dfrac{\boldsymbol{s}_k\boldsymbol{s}_k^{\mathrm{T}}}{\boldsymbol{y}_k^{\mathrm{T}}\boldsymbol{s}_k}$ 更新 $\boldsymbol{H}_k$

更新 ∇f_k 的值

$k=k+1$

}

各种搜索方向比较见表 3-1。

表 3-1 各种搜索方向比较

方法		迭代式	α_k	方向
最速下降法/负梯度方法		$x_{k+1}=x_k+\alpha_k p_k$	固定为 1 或通过一维精确、非精确搜索确定	$p_k=-\frac{\nabla f_k}{\Vert \nabla f_k \Vert}$
基本牛顿法/阻尼牛顿法				$p_k=-\nabla^2 f_k^{-1} \cdot \nabla f_k$
拟牛顿法	DFP			$p_k=-H_k \cdot \nabla f_k$ $\begin{cases} H_0=I \\ H_{k+1}=H_k+\frac{s_k s_k^{\mathrm{T}}}{s_k^{\mathrm{T}} y_k}-\frac{H_k y_k y_k^{\mathrm{T}} H_k}{y_k^{\mathrm{T}} H_k y_k} \end{cases}$ $y_k=\nabla f_{k+1}-\nabla f_k,\ s_k=x_{k+1}-x_k$
	BFGS			$p_k=-H_k \cdot \nabla f_k$ $\begin{cases} H_0=I \\ H_{k+1}=\left(I-\frac{y_k s_k^{\mathrm{T}}}{y_k^{\mathrm{T}} s_k}\right)^{\mathrm{T}} H_k \left(I-\frac{y_k s_k^{\mathrm{T}}}{y_k^{\mathrm{T}} s_k}\right)+\frac{s_k s_k^{\mathrm{T}}}{y_k^{\mathrm{T}} s_k} \end{cases}$ $y_k=\nabla f_{k+1}-\nabla f_k,\ s_k=x_{k+1}-x_k$
	SR1*			$p_k=-H_k \cdot \nabla f_k$ $\begin{cases} H_0=I \\ H_{k+1}=H_k+\frac{(s_k-H_k y_k)(s_k-H_k y_k)^{\mathrm{T}}}{(s_k-H_k y_k)^{\mathrm{T}} y_k} \end{cases}$ $y_k=\nabla f_{k+1}-\nabla f_k,\ s_k=x_{k+1}-x_k$

* SR1 也是拟牛顿法的一种，H_k 的构造方法如表中所示。

3.5 信赖域方法*

3.5.1 信赖域方法的含义

信赖域方法和线搜索类似，都是迭代方法，其基本思想是每次迭代给出一个信赖域，这个信赖域一般是当前迭代点 x_k 的一个小邻域。然后在这个领域内求解一个目标函数 m_k 的近似子问题，得到一个备选的迭代方向 p_k，接着用某一评价指标来决定是否接受该方向，以及确定下一次迭代信赖域的大小。在这里目标函数的近似模型选择为二次近似模型，采用函数二阶泰勒展开，即 $f(x_k+p)\approx f_k+\nabla f_k^{\mathrm{T}} p+\frac{1}{2} p^{\mathrm{T}} B_k p=m_k(p)$，其中 B_k 为正定对称矩阵。这样就得到了信赖域的子问题：

$$\begin{aligned} &\min_{p\in R^n} m_k(p)=f_k+\nabla f_k^{\mathrm{T}} p+\frac{1}{2} p^{\mathrm{T}} B_k p \\ &\text{s.t.} \ \Vert p \Vert \leqslant \Delta_k \end{aligned} \tag{3-36}$$

该问题为关于 p 的带约束的最优化问题，参数 p 被限制在一个球形区域内。如果 B_k 选择为 Hessian 矩阵，则为 TR 的牛顿方法。可以通过求解式（3-22）所示的问题来得到一个搜索方向 p，用这个方向作为原问题 $\min f(x)$ 的搜索方向。因为原目标函数 $f(x)$ 与模型函数 $m_k(p)$ 只在 x_k 附近的一个小邻域内有较好的近似，因此在迭代过程中需要随时对邻域的

半径 Δ_k 进行调整。

3.5.2 Δ_k的选择

Δ_k 被称为信赖域半径，它的选择一般会根据上一步的结果进行调整，定义

$$\rho_k = \frac{f(\boldsymbol{x}_k) - f(\boldsymbol{x}_k + \boldsymbol{p}_k)}{m_k(0) - m_k(\boldsymbol{p}_k)} \tag{3-37}$$

其中，分子表示函数实际减小的值，分母表示近似模型减小的值。

(1) 如果 ρ_k 小于 0，一般情况下分母不可能小于 0，那么此种情况就说明分子小于 0，即下一个目标点比上一步大，需要舍弃。

(2) 如果 ρ_k 大于 0，并且接近 1，说明模型和实际的预期比较相符合，此时可以考虑扩大 Δ_k。

(3) 如果 ρ_k 大于 0，但是明显小于 1，此时可以不用调整。

(4) 如果 ρ_k 大于 0，但是接近 0，说明模型变化范围比较大，但是实际改变比较小，此时应该收缩或者减小 Δ_k。

3.5.3 子问题求解

对于问题式 (3-1) 的精确求解可通过 KKT 条件得到，但这需要比较大的计算量，另外只需要保证求解问题式 (3-1) 得到的方向 $\boldsymbol{p}_k$ 是原问题的一个下降方向即可，没必要求出精确值，因此考虑其他求解策略。

如果不考虑子问题中的约束条件，则可直接求出 $\boldsymbol{p}_k$ 的解析值 $\boldsymbol{p}_k^B = -\boldsymbol{B}_k^{-1}\nabla f_k$。若 $\|\boldsymbol{p}_k^B\| \leqslant \Delta_k$，意味着约束不起作用，在这种情况下可以直接将 $\boldsymbol{p}_k^B$ 作为原问题的搜索方向，$\boldsymbol{p}_k^B$ 也称为完全步。当 $\|\boldsymbol{p}_k^B\| > \Delta_k$ 时，需要考虑其他方向。从前面的章节中可知，最直观、最基本的下降方向就是负梯度方向 $-\frac{\nabla f_k}{\|\nabla f\|}$，下面给出的方法就是以负梯度方向为核心展开的。

1. 柯西点 (Cauchy-Point) 的计算

现在考察问题式 (3-1) 沿着负梯度方向的数值下降情况。将 $\boldsymbol{p} = -\alpha\frac{\nabla f_k}{\|\nabla f\|}$ 代入 $m_k(\boldsymbol{p})$，则 $m_k(\boldsymbol{p})$ 变为关于 α 的函数。将此函数对 α 求导并令导数为零，可得 $\alpha = \frac{\|\nabla f_k\|^3}{\nabla f_k^{\mathrm{T}}\boldsymbol{B}_k\nabla f_k}$，此即为解析求解的最优步长因子 α^*。下面分两种情况进行讨论：

(1) 若 $\boldsymbol{p}$ 的长度 $\|\boldsymbol{p}\| \leqslant \Delta_k$，约束条件满足，那么原问题按照这个方向搜索即可。

(2) 若 $\|\boldsymbol{p}\| > \Delta_k$，约束条件不满足，则将 $\boldsymbol{p}$ 的长度修正为信赖域半径 Δ_k 的大小，即 $\boldsymbol{p} = -\Delta_k\frac{\nabla f_k}{\|\nabla f\|}$。

综上所述，有

$$\boldsymbol{p}_k^C = \begin{cases} -\dfrac{\|\nabla f_k\|^3}{\nabla f_k^{\mathrm{T}}\boldsymbol{B}_k\nabla f_k}\dfrac{\nabla f_k}{\|\nabla f\|}, & \Delta_k > \dfrac{\|\nabla f_k\|^3}{\nabla f_k^{\mathrm{T}}\boldsymbol{B}_k\nabla f_k} \\ -\Delta_k\dfrac{\nabla f_k}{\|\nabla f\|}, & \Delta_k \leqslant \dfrac{\|\nabla f_k\|^3}{\nabla f_k^{\mathrm{T}}\boldsymbol{B}_k\nabla f_k} \end{cases} \tag{3-38}$$

式 (3-38) 中的 $\boldsymbol{p}_k^C$ 点称为柯西点。柯西点很容易计算，但是如果只利用柯西点，相当于只利用了梯度方向，为线搜索的扩展，即收敛速度为线性收敛，因此有必要寻找更好的近似解。

2. 狗腿（dogleg）算法

由前面的分析已经得到求解子问题的两个搜索方向 $\boldsymbol{p}_k^B$ 和 $\boldsymbol{p}_k^C$，下面结合图形来给出这两个方向的选择顺序，并讨论改进的方法。

（1）先求 $\boldsymbol{p}_k^B=-\boldsymbol{B}_k^{-1}\nabla f_k$，如果 $\|\boldsymbol{p}_k^B\|\leqslant\Delta_k$，则直接以 $\boldsymbol{p}_k^B$ 作为搜索方向，$\boldsymbol{p}_k^B$ 为完全步，如图 3-14（a）所示。

（2）如果 $\|\boldsymbol{p}_k^B\|>\Delta_k$，则要计算 $\boldsymbol{p}=-\dfrac{\|\nabla f_k\|^3}{\nabla f_k{}^{\mathrm{T}}\boldsymbol{B}_k\nabla f_k}\dfrac{\nabla f_k}{\|\nabla f\|}$。若 $\Delta_k\leqslant\dfrac{\|\nabla f_k\|^3}{\nabla f_k^{\mathrm{T}}\boldsymbol{B}_k\nabla f_k}$，将 $\boldsymbol{p}$ 的长度修正为信赖域半径 Δ_k 的大小，取柯西点 $\boldsymbol{p}_k^C=-\Delta_k\dfrac{\nabla f_k}{\|\nabla f\|}$作为搜索方向，如图 3-14（b）所示。

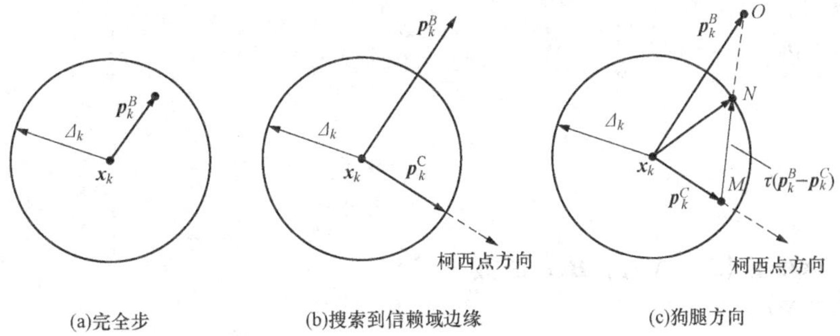

图 3-14 柯西点方向与狗腿方法

（3）如果在（2）中 $\Delta_k>\dfrac{\|\nabla f_k\|^3}{\nabla f_k^{\mathrm{T}}\boldsymbol{B}_k\nabla f_k}$，柯西点为 $\boldsymbol{p}_k^C=-\dfrac{\|\nabla f_k\|^3}{\nabla f_k^{\mathrm{T}}\boldsymbol{B}_k\nabla f_k}\dfrac{\nabla f_k}{\|\nabla f\|}$，沿着该方向进行搜索将到达 M 点。为了获得更好的下降效果，将搜索方向向 O 点（O 点为 $\boldsymbol{x}_k$ 沿着 $\boldsymbol{p}_k^B$ 达到的点）靠拢。具体做法是连接 M、O 两点，该直线与信赖域边界的交点为 N 点，取 $\boldsymbol{x}_k\to N$ 方向为搜索方向，如图 3-14（c）所示。从图中可以看出该方向的计算公式为 $\boldsymbol{p}_k^C+\tau(\boldsymbol{p}_k^B-\boldsymbol{p}_k^C)$，其中 $0\leqslant\tau\leqslant1$，且满足 $\|\boldsymbol{p}_k^C+\tau(\boldsymbol{p}_k^B-\boldsymbol{p}_k^C)\|=\Delta_k$，将这种方法称为 dogleg（狗腿）方法。

下面给出信赖域狗腿算法的迭代步骤：

算法 9：信赖域算法

目标函数：$f(\boldsymbol{x})$

输入：初始点 $\boldsymbol{x}_0$，所允许的最大信赖域半径 $\Delta_{\max}$，$\eta\in[0,0.25)$，ε 以及最大迭代次数 k_max。

初始化：选择初始信赖域半径 $\Delta_0\in(0,\Delta_{\max})$（可取 $\Delta_0=1$），迭代次数置零 $k=0$，计算初始点处的目标函数梯度值 $\|\nabla f(\boldsymbol{x}_0)\|$

while $\|\nabla f_k\|>\varepsilon$ && $k<k$_max **do**

{

$\boldsymbol{p}_k=\mathrm{dogleg}(\Delta_k,\nabla f_k,B_k)$

$\rho_k=\dfrac{f(\boldsymbol{x}_k)-f(\boldsymbol{x}_k+\boldsymbol{p}_k)}{m_k(0)-m_k(\boldsymbol{p}_k)}$

```
if ρ_k<0.25
Δ_{k+1}=0.25Δ_k
    else
    {
        if ρ_k>0.75&&‖p_k‖=Δ_k
Δ_{k+1}=min(2Δ_k, Δ_max)
        else
Δ_{k+1}=Δ_k
    }
    if ρ_k>η
x_{k+1}=x_k+p_k
    else
x_{k+1}=x_k
k=k+1
}
```

子算法：dogleg（Δ_k，∇f_k，$\boldsymbol{B}_k$）函数

$\boldsymbol{p}_k^B=-\boldsymbol{B}_k^{-1}\nabla f_k$

if $\|\boldsymbol{p}_k^B\|\leqslant\Delta_k$

$\boldsymbol{p}_k=\boldsymbol{p}_k^B$

else

{

$$\boldsymbol{p}_k^C=-\frac{\|\nabla f_k\|^3}{\nabla f_k^{\mathrm{T}}\boldsymbol{B}_k\nabla f_k}\frac{\nabla f_k}{\|\nabla f\|}$$

if $\|\boldsymbol{p}_k^C\|\geqslant\Delta_k$

$$\boldsymbol{p}_k=\frac{\Delta_k}{\|\boldsymbol{p}_k^C\|}\boldsymbol{p}_k^C$$

else

$\boldsymbol{p}_k=\boldsymbol{p}_k^C+\tau(\boldsymbol{p}_k^B-\boldsymbol{p}_k^C)$ #τ需要满足$\|\boldsymbol{p}_k^C+\tau(\boldsymbol{p}_k^B-\boldsymbol{p}_k^C)\|=\Delta_k$

}

返回 $\boldsymbol{p}_k$

3.6 约束优化方法

3.6.1 外点罚函数方法

1. 等式约束外点罚函数方法

对于只含有等式约束的优化问题：

$$\min_{x\in\boldsymbol{R}^n} f(\boldsymbol{x}) \qquad \text{s.t. } h_i(\boldsymbol{x})=0, i=1,2,\cdots,m \tag{3-39}$$

惩罚函数法是一种将约束优化问题转换为无约束优化问题去求解的方法，将约束函数通过加权和原目标函数相结合，从而构成新的目标函数。对于式（3-39）所示的等式约束优化问题，可以构建如下形式的惩罚函数：

$$p(\boldsymbol{x},\sigma)=f(\boldsymbol{x})+\frac{\sigma}{2}\sum_{i=1}^{m}h_i^2(\boldsymbol{x}) \tag{3-40}$$

其中，等式右边的第二项称为惩罚项，$\sigma>0$ 称为罚因子，在迭代过程中 σ 逐渐增大并趋向于∞。式（3-40）中的惩罚项针对非可行点，该函数称为外点罚函数，或称为二次罚函数。

所谓"惩罚"的含义是：对于非可行点，由于 $h_i(\boldsymbol{x})\neq 0$，这会使得惩罚函数 $p(\boldsymbol{x},\sigma)$ 大于原目标函数。迭代点距离可行区域越远，惩罚项的值越大，这可以看作对迭代点不满足约束条件的一种"惩罚"。最小化惩罚函数，则会迫使其迭代点向可行域靠近。迭代点越接近可行域，惩罚的作用就越小。而在可行域中，由于 $h_i(\boldsymbol{x})=0$，则原问题式（3-39）的最优点和惩罚问题式（3-40）的最优点相同。

下面给出外点罚函数方法的迭代步骤：

算法 10：外点罚函数算法

目标函数：$\min\limits_{x\in R^n} f(\boldsymbol{x})$

s.t. $h_i(\boldsymbol{x})=0$，$i=1, 2, \cdots, m$

输入：初始点 $\boldsymbol{x}_0$、ε、ε_1，$\tau>1$，以及最大迭代次数 $k\_\max$

构建惩罚优化问题 $\min p(\boldsymbol{x},\sigma)=\min f(\boldsymbol{x})+\frac{\sigma}{2}\sum_{i=1}^{m}h_i^2(\boldsymbol{x})$

初始化：迭代次数置零 $k=0$，给定罚因子 σ 的初始值 $\sigma_0>0$，计算 $\sum_{i=1}^{m}h_i^2(\boldsymbol{x}_0)$

while $\sum_{i=1}^{m}h_i^2(\boldsymbol{x})>\varepsilon \,\&\&\, k<k\_\max$ **do**

{

以 $\boldsymbol{x}_k$ 为初始点计算，用前述的无约束优化算法，计算无约束优化问题 $\min f(\boldsymbol{x})+\frac{\sigma_k}{2}\sum_{i=1}^{m}h_i^2(\boldsymbol{x})$ 的极值点 $\boldsymbol{x}(\sigma_k)^*$

更新 σ 的值 $\sigma_{k+1}=\tau\sigma_k$

更新迭代点的值 $\boldsymbol{x}_{k+1}=\boldsymbol{x}(\sigma_k)$

$k=k+1$

}

* 算法在这一步时需要用前面介绍的某一种求解无约束优化问题的方法求解惩罚问题 $\min f(\boldsymbol{x})+\frac{\sigma_k}{2}\sum_{i=1}^{m}h_i^2(\boldsymbol{x})$（称为内层迭代）。求解该问题的初始点为 $\boldsymbol{x}_k$，得到的最优点记为 $\boldsymbol{x}(\sigma_k)$，以 $\boldsymbol{x}(\sigma_k)$ 为外层迭代的下一个迭代点 $\boldsymbol{x}_{k+1}$。在这一步中假定惩罚问题的局部极小点存在，若不存在，则需要增大 σ 再次求解。此外，当 $\sigma_k\to\infty$ 时，这一步对无约束优化问题的求解将会变得越来越困难，这也是外点罚函数方法的缺点之一。

2. 不等式约束外点罚函数方法

对于不等式约束最优化问题：

$$\begin{aligned}&\min_{x\in R^n} f(\boldsymbol{x})\\&\text{s.t. } c_i(\boldsymbol{x})\geqslant 0, i=1,2,\cdots,n\end{aligned} \tag{3-41}$$

其外点罚函数的定义形式需要修改为

$$p(\boldsymbol{x},\sigma)=f(\boldsymbol{x})+\frac{\sigma}{2}\sum_{i=1}^{m}\min\left[c_i(\boldsymbol{x}),0\right]^2 \tag{3-42}$$

对于一般优化问题，既包含等式约束又包含不等式约束的优化问题，将各种约束函数均考虑进去，得到的罚函数为

$$p(\boldsymbol{x},\sigma)=f(\boldsymbol{x})+\frac{\sigma}{2}\left\{\sum_{i=1}^{m}\min\left[c_i(\boldsymbol{x}),0\right]^2+h_i^2(\boldsymbol{x})\right\} \tag{3-43}$$

不等式约束优化问题、一般约束优化问题的外点惩罚函数算法及缺点与等式约束优化问题类似，此处不再赘述。

3.6.2 内点罚函数方法

内点罚函数方法也称为障碍函数法，与外点罚函数方法类似，都是把约束优化问题转化为无约束优化问题。它们的不同之处在于：外点罚函数方法构建的迭代点序列是从可行域的外部逼近优化问题的最优解；而内点罚函数方法的迭代点从可行域内部逼近约束优化问题的最优解，因此这类方法适用于求解不等式约束优化问题。

对于式（3-41）所示的不等式约束优化问题，可以构建的内点罚函数（障碍函数）为

$$b(\boldsymbol{x},\sigma)=f(\boldsymbol{x})+\mu\sum_{i=1}^{m}\frac{1}{c_i(\boldsymbol{x})} \tag{3-44a}$$

或者

$$b(\boldsymbol{x},\sigma)=f(\boldsymbol{x})-\mu\sum_{i=1}^{m}\ln\left[c_i(\boldsymbol{x})\right] \tag{3-44b}$$

其中，$\mu>0$ 称为障碍因子，在迭代过程中 μ 逐渐减小并趋向于 0，等式右边的第二项称为障碍项。式（3-44a）为倒数障碍函数，式（3-44b）为对数障碍函数。

内点惩罚函数法的迭代点序列都是在可行域中，障碍项的作用是防止迭代点越出可行域。可以看出当迭代点靠近可行域边界时，$c_i(\boldsymbol{x})$ 趋向于 0，则障碍项 $\frac{1}{c_i(\boldsymbol{x})}$ 或 $-\ln[c_i(\boldsymbol{x})]$ 会猛然增大，并趋向于∞。就像在可行域边界上竖起了一道“高墙”，使迭代点不能越出可行域。只有当障碍因子 $\mu\to 0$ 时，才能在边界上求出最优解。

下面给出内点罚函数方法的迭代步骤：

算法 11：内点罚函数算法

目标函数：$\min_{x\in R^n} f(\boldsymbol{x})$

$\text{s.t. } c_i(\boldsymbol{x})\geqslant 0$，$i=1$，2，…，$n$

输入：初始点 $\boldsymbol{x}_0^*$、ε、ε_1，$0<\tau<1$，以及最大迭代次数 $k\_\max$

构建惩罚优化问题 $\min b(\boldsymbol{x},\mu)=\min f(\boldsymbol{x})-\mu\sum_{i=1}^{m}\ln[c_i(\boldsymbol{x})]$ 或 $\min f(\boldsymbol{x})+\mu\sum_{i=1}^{m}\frac{1}{c_i(\boldsymbol{x})}$

初始化：迭代次数置零 $k=0$，给定罚因子 μ 的初始值 $\mu_0>0$，计算 $\mu_0\sum_{i=1}^{m}\ln[c_i(\boldsymbol{x}_0)]$ 或 $\mu_0\sum_{i=1}^{m}\frac{1}{c_i(\boldsymbol{x}_0)}$

while $\mu_k\sum_{i=1}^{m}\ln[c_i(\boldsymbol{x}_k)]>\varepsilon$ 或 $\mu_k\sum_{i=1}^{m}\frac{1}{c_i(\boldsymbol{x}_k)}>\varepsilon$ && $k<k$_max **do**

{

以 $\boldsymbol{x}_k$ 为初始点计算，用前述的无约束优化算法，计算无约束优化问题 $\min f(\boldsymbol{x}_k)-\mu_k\sum_{i=1}^{m}\ln[c_i(\boldsymbol{x}_k)]$ 或 $\min f(\boldsymbol{x}_k)+\mu_k\sum_{i=1}^{m}\frac{1}{c_i(\boldsymbol{x}_k)}$ 的极值点 $\boldsymbol{x}(\mu_k)$

更新 μ 的值 $\mu_{k+1}=\tau\mu_k$

更新迭代点的值 $\boldsymbol{x}_{k+1}=\boldsymbol{x}(\mu_k)$

$k=k+1$

}

内点罚函数算法的初始点在可行域内部，所以在开始前需要求出一个可行内点。

惩罚函数法原理简单，算法容易实现，因而得到了广泛应用。但是如前所述，惩罚函数法也存在一些缺点。理论上只有当 $\sigma\to\infty$（对于外点法）或 $\mu\to 0$（对于内点法）时，算法才能收敛。然而在这些情况下，对无约束优化问题的求解会越来越困难。这是因为随着 $\sigma\to\infty$ 或 $\mu\to 0$，惩罚函数 $p(\boldsymbol{x},\sigma)$ 或 $b(\boldsymbol{x},\sigma)$ 的 Hessian 矩阵的条件数会越来越大，Hessian 矩阵会越来越病态。舍入误差的影响会导致即使算法继续迭代，$\boldsymbol{x}_k$ 的精度也不会进一步提高。为了克服惩罚函数法的数值困难性，近些年出现了一种称为增广 Lagrange 乘子法的方法，它在数值计算的稳定性、计算效率等方面都超过惩罚函数法。其具体的理论和实现方法可以参考相关书籍，在此不再赘述。

3.6.3 其他方法

以上所述的内、外点罚函数方法都属于间接解法，对于不等式约束优化问题，还有一种求解策略称为直接解法。直接解法不需要对原问题进行无约束改造，其求解思路为在可行域内选择一个可行的初始点 $\boldsymbol{x}_0$，然后确定可行搜索方向 $\boldsymbol{p}$，以适当步长 α 沿 $\boldsymbol{p}$ 方向进行搜索，得到下一个使目标函数值下降的迭代点，需要保证每次得到的迭代点都在可行域内。随机方向法、可行方向法、单纯形法等都属于直接解法。下面给出单纯形法的简单介绍。

单纯形法（simplex method）的基本思路是在可行域内构造一个具有 $n+1$ 个可行点（称为顶点）的“多边形”（称为单纯形），对该单纯形各顶点的目标函数值进行比较，找到目标函数值最大的那个点（称为最坏点），然后按照一定法则求出使目标函数值下降的可行新点，并用新点替代最坏点，构成新的单纯形。单纯形的形状每改变一次，就向最优点逼近一次。图 3-15 所示为单纯形逼近最优点的过程，图中的三角形即为具有三个顶点的单纯形，从左向右单纯形逐渐“缩小”并趋近于最优点。单纯形法不需要运用函数的导数信息，对目标函数及约束函数的特性无特殊要求，应用较为广泛。

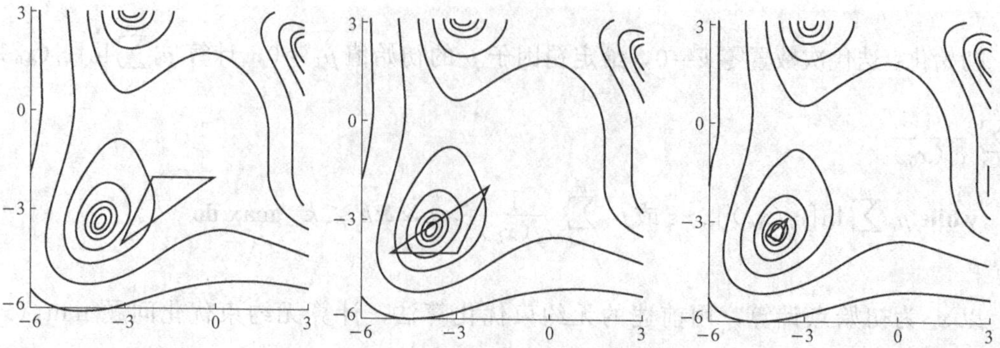

图 3-15 单纯形逼近最优点的过程

单纯形法的迭代步骤如下：

算法 12：单纯形算法

目标函数：$\min\limits_{x\in R^n} f(\boldsymbol{x})$

st. $c_i(\boldsymbol{x})\geqslant 0$，$i=1$，2，…，$n$

输入：取 $n+1$ 个初始的可行点 $\boldsymbol{x}_1$，$\boldsymbol{x}_2$，…，$\boldsymbol{x}_n$，$\boldsymbol{x}_{n+1}$，反射系数 $\alpha>0$，$\gamma>1$，收缩比例系数 $0<\rho<1$，压缩比例系数 $0<\beta<1$，ε 以及最大迭代次数 $k\_\max$

初始化：迭代次数置零 $k=0$，取 $\boldsymbol{x}_L$ 满足 $f(\boldsymbol{x}_L)=\min[f(\boldsymbol{x}_1),\cdots,f(\boldsymbol{x}_{n+1})]$，计算 $\varepsilon_0=\sqrt{\dfrac{\sum\limits_{i=1,i\neq L}^{n+1}[f(\boldsymbol{x}_i)-f(\boldsymbol{x}_L)]^2}{n}}$

while $\varepsilon_0\geqslant\varepsilon$ && $k<k\_\max$ **do**

{

(1) 排序计算。目标函数 $f(\boldsymbol{x})$ 在 $n+1$ 个初始可行点处的函数值，并从小到大进行排序，不妨假设 $f(\boldsymbol{x}_1)\leqslant f(\boldsymbol{x}_2)\leqslant\cdots\leqslant f(\boldsymbol{x}_n)\leqslant f(\boldsymbol{x}_{n+1})$，这样就得到了最好点 $\boldsymbol{x}_1$、最坏点 $\boldsymbol{x}_{n+1}$ 及次坏点 $\boldsymbol{x}_n$。

(2) 中心点计算。计算除去最坏点 $\boldsymbol{x}_{n+1}$ 以外其余 n 个点的中心 $\boldsymbol{x}_0=\dfrac{\sum\limits_{i=1}^{n}\boldsymbol{x}_i}{n}$。

(3) 反射。通过公式 $\boldsymbol{x}_t=\boldsymbol{x}_0+\alpha(\boldsymbol{x}_0-\boldsymbol{x}_{n+1})$ 计算最坏点 $\boldsymbol{x}_{n+1}$ 的反射点 $\boldsymbol{x}_t$。如果 $\boldsymbol{x}_t$ 不是一个最好点，但是要比次坏点要好，即 $f(\boldsymbol{x}_1)\leqslant f(\boldsymbol{x}_t)\leqslant f(\boldsymbol{x}_n)$，那么用 $\boldsymbol{x}_t$ 代替最坏点 $\boldsymbol{x}_{n+1}$，然后转到步骤（1）。

(4) 扩张。如果 $\boldsymbol{x}_t$ 优于最好点。即 $f(\boldsymbol{x}_t)<f(\boldsymbol{x}_1)$，则认为反射非常成功，那么沿着反射方向继续进行移动，计算公式为 $\boldsymbol{x}_e=\boldsymbol{x}_0+\gamma(\boldsymbol{x}_t-\boldsymbol{x}_0)$，$\boldsymbol{x}_e$ 称为扩张点。其中，$\gamma>1$ 用于控制扩张系数（通常取 $\gamma=2$）。如果扩张成功，也就是 $f(\boldsymbol{x}_e)<f(\boldsymbol{x}_t)$，则用 $\boldsymbol{x}_e$ 代替 $\boldsymbol{x}_{n+1}$ 并转到步骤（1）；如果扩张失败，则用 $\boldsymbol{x}_t$ 代替并转到步骤（1）。

(5) 收缩（contraction）。如果 $\boldsymbol{x}_t$ 比次坏点要差，即 $f(\boldsymbol{x}_t)\geqslant f(\boldsymbol{x}_n)$，则认为多面体过于庞大，需要收缩。用公式 $\boldsymbol{x}_c=\begin{cases}\boldsymbol{x}_0+\rho(\boldsymbol{x}_{n+1}-\boldsymbol{x}_0), & f(\boldsymbol{x}_t)\geqslant f(\boldsymbol{x}_{n+1})\\ \boldsymbol{x}_0+\rho(\boldsymbol{x}_t-\boldsymbol{x}_0), & f(\boldsymbol{x}_t)<f(\boldsymbol{x}_{n+1})\end{cases}$ 计算新点 $\boldsymbol{x}_c$。如果

$f(\boldsymbol{x}_c)<\min[f(\boldsymbol{x}_t), f(\boldsymbol{x}_{n+1})]$，则认为收缩成功，用 $\boldsymbol{x}_c$ 代替 $\boldsymbol{x}_{n+1}$ 并转到步骤（1）；如果收缩不成功就继续收缩，直到成功为止。

（6）压缩（shrink）。如果上述各种方法均无效，就将除了最好点 $\boldsymbol{x}_1$ 之外的所有点都替换掉，替换公式为 $\boldsymbol{x}_j=\boldsymbol{x}_1+\beta(\boldsymbol{x}_j-\boldsymbol{x}_1)$。替换完成后转到步骤（1）。

更新 $\varepsilon_0=\sqrt{\dfrac{\sum\limits_{i=1, i\neq L}^{n+1}[f(\boldsymbol{x}_i)-f(\boldsymbol{x}_L)]^2}{n}}$

$k=k+1$

}

从 20 世纪末开始，受到人类智能、生物群体社会性特征及自然现象规律等的启发，有一类称为启发式算法（也称为智能优化算法）的优化方法开始逐渐发展起来。主要以遗传算法（genetic algorithms，GA）、禁忌搜索算法（tabu search，TS）、模拟退火算法（simulated annealing，SA）、差分进化算法（differential evolution，DE）、蚁群算法（ant colony optimization，ACO）、粒子群算法（particle swarm optimization，PSO）、神经网络算法（artificial neural network，ANN）等为代表。这些算法对求解函数的全局优化问题具有较好的适用性，与传统优化方法相比，具有不依赖梯度信息等特点。对启发式算法有兴趣的读者可以查阅相关资料，此处不再赘述。

习 题

1. 用黄金分割法求 $f(x)=1-xe^{-x^2}$ 的极小点，取初始搜索区间为[0，1]，迭代终止条件为区间长度<0.001。

2. 用二次插值法求 $f(x)=e^{x+1}-5(x+1)$ 的极小点，取初始搜索区间为[−0.5，1.5]，迭代终止条件为区间长度<0.001。

3. 用基本牛顿方法求解问题：

$$\min f(\boldsymbol{x})=0.5x_1^2\left(\frac{x_1^2}{6}+1\right)+x_2\arctan x_2-0.5\ln(x_2^2+1)$$

初始点分别选取为 $x_0=[1, 0.7]^{\mathrm{T}}$ 和 $x_0=[1, 2]^{\mathrm{T}}$。

4*. 用 BFGS 拟牛顿法求解 n 维 RosenBrock 问题：

$$\min f(\boldsymbol{x})=\sum_{i=1}^{n/2}[50(x_{2i}-x_{2i-1}^2)^2+(1-x_{2i-1})^2]$$

其中，n 取偶数，要求 $n\geqslant 6$，最优步长采用一维搜索确定，需满足 Aimijo 准则或者强 Wolfe 准则。迭代终止准则为 $\|x_{k+1}-x_k\|<10^{-10}$，迭代次数的上限为 1000 次，初始点为 $x_0=[-1.2, 1, -1.2, 1, \cdots, -1.2, 1]^{\mathrm{T}}$。

5*. 用 BFGS 拟牛顿法求解 Biggs EXP6 问题：

$$\min f(\boldsymbol{x})=\sum_{i=1}^{m}r_i^2(\boldsymbol{x})$$

$$r_i(\boldsymbol{x})=x_3e^{-\frac{i}{10}x_1}-x_4e^{-\frac{i}{10}x_2}+x_6e^{-\frac{i}{10}x_5}-(e^{-\frac{i}{10}}-5e^{-i}+3e^{-0.4i})$$

$$m\geqslant n$$

最优步长采用一维搜索确定，需满足 Aimijo 准则或者强 Wolfe 准则。初始点 $\boldsymbol{x}_0$ 可在[0，5]内随意选取，例如 $x_0=[1，2，2，1，2，1]^T$，给出该问题的 6 个全局最优解，其最优值为零，其余最优解不再给出。

$$\boldsymbol{x}^* = [1,10,1,5,4,3]^T,[1,4,1,-3,10,-5]^T,[10,1,-5,-1,4,3]^T,$$
$$[10,4,-5,-3,1,1]^T,[4,10,3,5,1,1]^T,[4,1,3,-1,10,-5]^T$$

6*. 对目标函数 $f(\boldsymbol{x})=-10x_1^2+10x_2^2+4\sin(x_1x_2)-2x_1+x_1^4$，给定初始点 $(x_1，x_2)=(0.9，-2.2)$，用信赖域狗腿算法求此函数的极小点 $\boldsymbol{x}^*$，收敛条件为目标函数梯度的模 $\|\nabla f_k\|<0.001$。

7. 用内点罚函数法求解约束优化问题：

$$\min f_0(\boldsymbol{x})=(x_1-5)^2+4(x_2-6)^2$$
$$\text{s.t.}\begin{cases}64-x_1^2-x_2^2\leqslant 0\\ x_2-x_1-10\leqslant 0\\ x_1-12\leqslant 0\end{cases}$$

给定初始点 $\boldsymbol{x}_0=\begin{bmatrix}9\\-9\end{bmatrix}$。

8. 用外点罚函数法求解约束优化问题：

$$\min f_0(\boldsymbol{x})=-x_1$$
$$\text{s.t.}\begin{cases}x_2-x_1^3-x_3^2=0\\ x_1^2-x_2-x_4^2=0\end{cases}$$

给定初始点 $\boldsymbol{x}_0=[2，2，2，2]^T$。

第4章 有 限 元 法

在工程分析和科学研究中，常常会遇到大量的由常微分方程、偏微分方程及相应的边界条件描述的场问题，如位移场、应力场和温度场等。求解这类场问题的方法主要有两种：一种是用解析法求得问题的精确解；另一种是用数值解法求其近似解。而对于绝大多数问题，则很少能得出解析解。目前，工程中实用的数值解法主要有有限差分法、变分法和有限元法三种。其中，有限元法通用性最好，解题效率高，工程应用最广。目前，有限元法已成为机械产品动、静、热特性分析的重要手段，它的程序包是机械产品计算机辅助设计方法库中不可缺少的内容之一。

有限元法的基本思想是用一个比较简单的物理模型，即将连续的求解区域离散为一组有限个，且按一定方式相互连接在一起的单元的组合体，用以代替原有的复杂问题，从而进行求解。有限元模型是真实系统理想化的数学抽象，由若干简单形状的单元组成，单元之间通过节点连接，并承受一定载荷。根据近似分割和能量极值原理，把求解区域离散为有限个单元的组合，研究每个单元的特性，组装各单元，通过变分原理，把问题转化成线性代数方程组求解。有限元法本质上是利用数学近似的方法对真实物理系统（几何和载荷工况）进行模拟。

有限元法具有极大的优越性，主要体现在能够分析形状复杂的结构、处理复杂的边界条件、保证规定的工程精度、处理不同类型的材料。目前，有限元法广泛应用于固体力学、流体力学、热传导、电磁学、声学、生物力学等各个领域。在机械工程领域中，有限元法可用于线性静力分析（强度、刚度校核，即应力、应变）；动态分析［模态分析（固有频率、振型）、响应分析］；非线性分析［材料非线性、几何非线性（屈服）、状态非线性（接触）］；过程模拟（物体碰撞、材料成形）；热分析（温度分布、热应力和热变形）、流场分析（液体、气体速度和压力分布）、电磁场分析（电场分布和磁场分布）。

4.1 弹性力学基础

4.1.1 弹性力学的物理量

弹性力学与材料力学既有联系又有区别。它们同属于固体力学领域，但弹性力学比材料力学的研究对象更普遍，分析方法更严密，研究结果更精确，因而应用范围也更广泛。载荷、应力、应变和位移的概念在材料力学中已经学习过，由于这些概念在弹性力学、有限元法中具有和在材料力学中不同的规定，且弹性力学中的规定和有限元法是完全相同的，所以这里将按照弹性力学的习惯表达方法集中阐述。

1. 载荷

载荷是作用在弹性体上的力（力矩），又称外力。载荷可分为体力、面力、集中力。

（1）体力。体力是指分布于整个弹性体体积内的外力，如重力、惯性力和磁性力等。单位体积的体力在坐标轴上的分量 x、y、z，称为体力分量，符号规定为沿坐标轴正向的为正，沿负向的为负。

(2) 面力。面力是指作用于弹性体表面上的外力，如流体压力、轮压等。面力在坐标轴上的投影表示为x、y、z，称为面力分量，符号规定沿正轴为正，负轴为负。

(3) 集中力。集中力是指集中在某一点上的外力，如牵引力。集中力在坐标轴上的投影表示为x、y、z，称为集中力分量，符号规定沿正轴为正，负轴为负。

2. 应力

弹性体受到外力作用后，内部产生的抵抗变形的内力。研究弹性体内某点的应力，以弹性体中该点为定点的微单元体来考察。所谓微单元体，就是如图4-1 (a) 所示的微小六面体，边长分别为dx、dy和dz。微元体每个面上的应力都可以分解为三个应力分量，即一个正应力$\boldsymbol{\sigma}$和两个切应力$\boldsymbol{\tau}$，分别是σ_x、τ_{xy}、τ_{xz}，σ_y、τ_{yx}、τ_{yz}，σ_z、τ_{zx}、τ_{zy}。

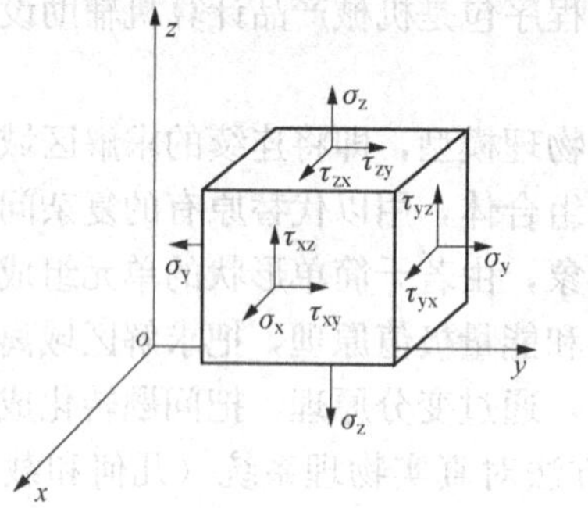
(a)应力分量

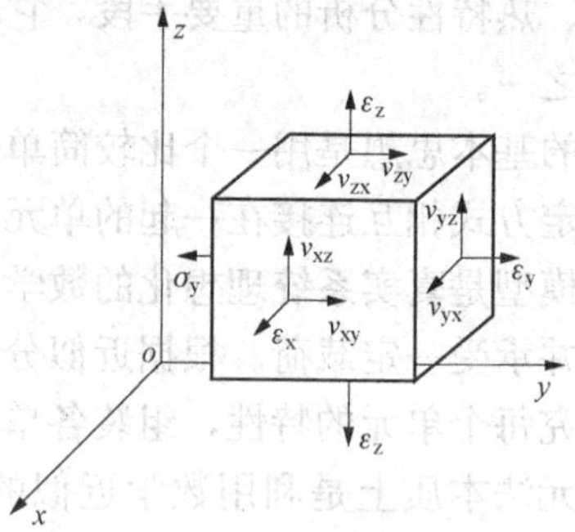
(b)应变分量

图4-1 微单元体的应力分量和应变分量

应力命名的规则：以应力所在面垂直的坐标轴为第一个下标，应力指向为第二下标。如果下标相同就用一个下标表示。符号规定：正面上的应力与坐标轴同向为正，反之为负；负面上的应力与坐标轴反向为正，反之为负；所谓正面就是面的外法向与坐标轴同向为正，反之为负面。

作用在两个相互垂直的面上，并且垂直于该两面交线的剪应力互等，即

$$\tau_{xy}=\tau_{yx},\tau_{yz}=\tau_{zy},\tau_{xz}=\tau_{zx}$$

如此，代表该点应力状态的应力分量应有6个：

$$\boldsymbol{\sigma}=[\sigma_x,\sigma_y,\sigma_z,\tau_{xy},\tau_{xz},\tau_{yz}]^{\mathrm{T}}$$

3. 应变

弹性体内各点的位移在受力后一般是不相同的。各点之间距离发生改变，从而使物体形状变化，即所谓的变形。而物体的形状总可以用它各部分的长度和角度表示。

长度的改变称为正应变$\boldsymbol{\varepsilon}$，角度的改变称为剪应变$\boldsymbol{\gamma}$。以图4-1 (b) 中微元体三个棱边的线伸长和角度的变化，就分别有和6个应力分量相对应的6个应变分量，即

$$\boldsymbol{\varepsilon}=[\varepsilon_x,\varepsilon_y,\varepsilon_z,\gamma_{xy},\gamma_{xz},\gamma_{yz}]^{\mathrm{T}}$$

为与前面符号规定一致，这里对应变的符号规定如下：正应变伸长为正，缩短为负；剪应变使直角变小为正，变大为负。

4. 位移

弹性体内质点位置的变化用位移$\boldsymbol{\delta}$来表示，任一点的位置移动用u、v、w表示它在坐

标轴上的三个投影分量。符号规定：沿坐标轴正向为正，反之为负。位移的矩阵表示如下：

$$\boldsymbol{\delta}=[u,v,w]^{\mathrm{T}}$$

4.1.2 弹性力学的基本方程

由于研究对象的变形状态较复杂，弹性力学处理的方法又较严谨，因而解算问题时，往往需要冗长的数学运算。为了简化计算，便于数学处理，它仍然保留了材料力学中关于材料性质的五条基本假设假定：连续性假设、完全弹性假设、均匀性假设、各向同性假设和微小变形假设。弹性力学求解问题是从静力学、几何学和物理学三方面综合考虑，获得弹性力学的基本方程。弹性力学的基本方程主要是描述应力、应变、位移及外力间的相互关系，包括平衡方程、几何方程和物理方程三类。

1. 平衡方程

弹性体受力后发生一定的变形，然后处于新的平衡状态，因此微元体应力和体力在三个坐标系轴上应满足以下平衡方程：

$$\begin{cases}\dfrac{\partial\sigma_x}{\partial x}+\dfrac{\partial\tau_{yx}}{\partial y}+\dfrac{\partial\tau_{zx}}{\partial z}+X=0\\[2mm]\dfrac{\partial\tau_{xy}}{\partial x}+\dfrac{\partial\sigma_y}{\partial y}+\dfrac{\partial\tau_{zy}}{\partial z}+Y=0\\[2mm]\dfrac{\partial\tau_{xz}}{\partial x}+\dfrac{\partial\tau_{yz}}{\partial y}+\dfrac{\partial\sigma_z}{\partial z}+Z=0\end{cases}\tag{4-1}$$

平衡方程（4-1）给出的是微元体的平衡条件，即平衡的微分条件。也就是说，如果整个结构处于平衡状态，结构内部任意点（微元体）都必须满足的条件。

2. 几何方程

考察平衡微分方程，其中具有三个未知变量 σ_x、σ_y、τ_{xy}，而只有两个方程，方程具有无数个解。表明仅从静力学关系无法求解该方程。弹性体在受到外力后，会发生位移和形变，从几何上描述弹性体各点位移于应变之间的关系，就是弹性力学中的又一个重要方程——几何方程。

$$\boldsymbol{\varepsilon}=\begin{bmatrix}\varepsilon_x\\\varepsilon_y\\\varepsilon_z\\\gamma_{xy}\\\gamma_{yz}\\\gamma_{zx}\end{bmatrix}=\begin{bmatrix}\partial u/\partial x\\\partial v/\partial y\\\partial w/\partial z\\\partial u/\partial y+\partial v/\partial x\\\partial v/\partial z+\partial w/\partial y\\\partial w/\partial x+\partial u/\partial z\end{bmatrix}=\begin{bmatrix}\dfrac{\partial}{\partial x}&0&0\\0&\dfrac{\partial}{\partial y}&0\\0&0&\dfrac{\partial}{\partial z}\\\dfrac{\partial}{\partial y}&\dfrac{\partial}{\partial x}&0\\0&\dfrac{\partial}{\partial z}&\dfrac{\partial}{\partial y}\\\dfrac{\partial}{\partial z}&0&\dfrac{\partial}{\partial x}\end{bmatrix}\begin{bmatrix}u\\v\\w\end{bmatrix}\tag{4-2}$$

由式（4-2）可以看出，当弹性体的位移分量确定以后，由几何方程可以完全确定应变；反过来，已知应变却不能完全确定弹性体的位移。这是因为物体产生的位移包括因变形产生的位移和因运动产生的位移。因此，弹性体有位移不一定有应变，有应变就一定有位移。

3. 物理方程

描述弹性体内应力与应变关系的方程，称为物理方程，也称为材料的本构方程。弹性力学通常研究的是各向同性材料，在三维应力状态下的应力应变关系。当弹性体处于小变形条件下时，正应力只会引起微元体各棱边的伸长或缩短，而不会影响棱边之间角度的变化，剪应力只会引起角度的变化而不会引起各棱边的伸长或缩短。因此，运用力的叠加原理、单向虎克定律和材料的横向效应（泊松效应），就可以很容易地推导出材料在三向应力状态下的虎克定律，也就是通常所说的广义虎克定律：

$$
\begin{cases}
\varepsilon_x = \dfrac{1}{E}(\sigma_x - \mu\sigma_y - \mu\sigma_z) \\
\varepsilon_y = \dfrac{1}{E}(\sigma_y - \mu\sigma_z - \mu\sigma_x) \\
\varepsilon_z = \dfrac{1}{E}(\sigma_z - \mu\sigma_x - \mu\sigma_y) \\
\gamma_{xy} = \dfrac{1}{G}\tau_{xy} \\
\gamma_{yz} = \dfrac{1}{G}\tau_{yz} \\
\gamma_{zx} = \dfrac{1}{G}\tau_{zx}
\end{cases}
\tag{4 - 3}
$$

式中：E 为材料线弹性模量；G 为材料剪切弹性模量；μ 为材料横向收缩系数，即泊松系数。

它们满足以下关系：

$$G = \frac{E}{2(1+\mu)} \tag{4 - 4}$$

物理方程也可以简写为

$$\boldsymbol{\sigma} = \boldsymbol{D}\boldsymbol{\varepsilon} \tag{4 - 5}$$

其中

$$
\boldsymbol{D} = \frac{E(1-\mu)}{(1+\mu)(1-2\mu)}
\begin{bmatrix}
1 & \dfrac{\mu}{1-\mu} & \dfrac{\mu}{1-\mu} & 0 & 0 & 0 \\
\dfrac{\mu}{1-\mu} & 1 & \dfrac{\mu}{1-\mu} & 0 & 0 & 0 \\
\dfrac{\mu}{1-\mu} & \dfrac{\mu}{1-\mu} & 1 & 0 & 0 & 0 \\
0 & 0 & 0 & \dfrac{1-2\mu}{2(1-\mu)} & 0 & 0 \\
0 & 0 & 0 & 0 & \dfrac{1-2\mu}{2(1-\mu)} & 0 \\
0 & 0 & 0 & 0 & 0 & \dfrac{1-2\mu}{2(1-\mu)}
\end{bmatrix}
\tag{4 - 6}
$$

4.1.3 虚位移原理

对于在力的作用下处于平衡状态的任何物体，不用考虑它是否真正发生了位移，而是假想它发生了位移（由于是假想，故称为虚位移）。那么，物体上所有的力在这个虚位移上的总功必定等于零，这就称为虚位移原理，也称虚功原理。必须指出，虚功原理的应用范围是有条件的，它所涉及两个方面——力和位移。对于力来讲，它必须是在位移过程中处于平衡的力系；对于位移来讲，虽然是虚位移，但并不是可以任意发生的，必须是和约束条件相符合的微小的刚体位移。还要注意，当位移是在某个约束条件下发生时，则在该约束力方向的位移应为零，因而该约束力所做的虚功也应为零。

弹性体在外力作用下变形，外力对弹性体做功，所做的功以应变能的形式储存于弹性体中。弹性体在平衡状态下发生虚位移，那么外力所做的虚功为

$$\delta \boldsymbol{W} = (\delta^*)^{\mathrm{T}} \boldsymbol{F} \tag{4-7}$$

式中：$\delta \boldsymbol{W}$ 为虚功；δ^* 为虚位移；$\boldsymbol{F}$ 为外力。

应力在虚应变上所做的虚功，也就是存储在弹性体内的虚应变能为

$$\delta \boldsymbol{U} = \iiint_V (\varepsilon^*)^{\mathrm{T}} \boldsymbol{\sigma} \mathrm{d}V \tag{4-8}$$

式中：$\delta \boldsymbol{U}$ 为虚应变能；ε^* 为虚应变；$\boldsymbol{\sigma}$ 为应力。

根据虚位移原理，如果在虚位移发生之前弹性体是平衡的，那么在虚位移发生时外力在虚位移上所做的功就等于弹性体的虚应变能，即

$$\delta \boldsymbol{W} = \delta \boldsymbol{U} \tag{4-9}$$

综上所述，弹性力学中的虚位移原理可表达如下：在外力作用下处于平衡状态的弹性体，如果发生了虚位移，那么所有的外力在虚位移上的虚功（外力功）等于整个弹性体内的应力在虚应变上的虚功（内力功）。

$$(\delta^*)^{\mathrm{T}} \boldsymbol{F} = \iiint_V (\varepsilon^*)^{\mathrm{T}} \boldsymbol{D} \boldsymbol{\varepsilon} \mathrm{d}V \tag{4-10}$$

4.1.4　弹性力学平面问题

平面问题在力学研究的课题中属于弹性力学的范畴。该类问题不仅本身具有典型性，而且在机械零构件的分析中，也是应用得非常广泛。因此这类问题也称之为经典的力学问题。

实际的机械零构件都是具有三维空间尺寸的物体，理应作为三维对象处理，但是当物体的几何形状和受力状态处于某些特定的情况下，近似地简化为平面问题时，不仅可以大大简化计算的工作量，而且其精度也完全能够满足所要求。例如，直齿圆柱齿轮可在垂直与孔轴线的截平面内做平面应力分析就足以了解整个齿轮的受力状态；大坝的横断面可做平面应变分析来了解整个大坝受力情况等。

实际受力物体都是三维的空间物体，作用在其上的外力，通常也是一个空间力系，其应力分量、应变分量和位移也都是 x、y、z 三个变量的函数。但是当所考察的物体具有某种特殊的形状和特殊的受力状态时，就可以简化为平面问题处理。弹性力学中的平面问题有两类：平面应力问题和平面应变问题。

1. 平面应力问题

当物体的长度与宽度尺寸，远大于其厚度（高度）尺寸，并且仅受有沿厚度方向均匀分布的、在长度和宽度平面内的力作用时，该物体就可以简化为弹性力学中的平面应力问题，如图 4-2（a）所示。计算时以中性面为研究对象，如图 4-2（b）所示，对该类问题分析一下其应力特征。

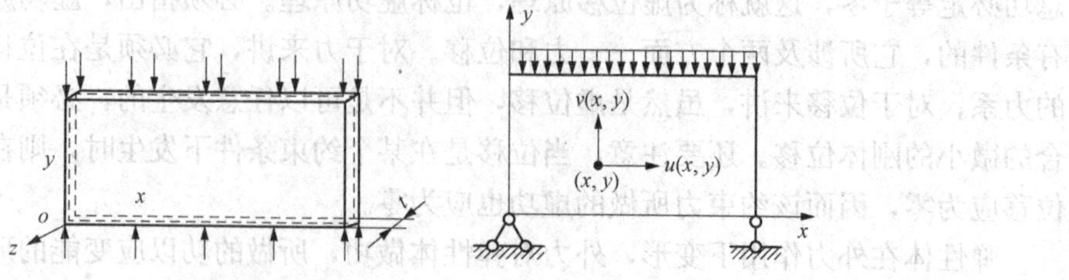

图 4-2 平面应力问题

当 $z=\pm t/2$ 时，有 $\sigma_z=0$，$\tau_{zx}=0$，$\tau_{zy}=0$。

由于板较薄（相对于长度和宽度尺寸），且外力沿板厚均匀分布，根据应力应连续的假定（弹性力学中的基本假定），可以认为，整个板的各点均有 $\sigma_z=0$，$\tau_{zx}=0$，$\tau_{zy}=0$。如此，描述空间问题的 6 个应力分量也就变为了 3 个，即

$$\boldsymbol{\sigma}=[\sigma_x,\sigma_y,\tau_{xy}]^{\mathrm{T}} \tag{4-11}$$

而且这些应力分量仅是 x、y 两个变量的函数。

根据物理方程，可得平面应力问题的应变特点为

$$\begin{cases}\gamma_{zx}=\gamma_{zy}=0\\ \varepsilon_z=\dfrac{\mu}{1+\mu}(\varepsilon_x+\varepsilon_y)\end{cases} \tag{4-12}$$

根据式（4-12），可得平面应力问题的应变为

$$\boldsymbol{\varepsilon}=[\varepsilon_x,\varepsilon_y,\gamma_{xy}]^{\mathrm{T}} \tag{4-13}$$

根据以上分析，可得平面应力问题的三大方程如下：

几何方程

$$\boldsymbol{\varepsilon}=\begin{bmatrix}\varepsilon_x\\ \varepsilon_y\\ \gamma_{xy}\end{bmatrix}=\begin{bmatrix}\dfrac{\partial}{\partial x} & 0\\ 0 & \dfrac{\partial}{\partial y}\\ \dfrac{\partial}{\partial y} & \dfrac{\partial}{\partial x}\end{bmatrix}\begin{bmatrix}u\\ v\end{bmatrix} \tag{4-14}$$

物理方程

$$\boldsymbol{\sigma}=\boldsymbol{D\varepsilon} \tag{4-15}$$

其中

$$\boldsymbol{D}=\frac{E}{1-\mu^2}\begin{bmatrix}1 & \mu & 0\\ \mu & 1 & 0\\ 0 & 0 & \dfrac{1-\mu}{2}\end{bmatrix} \tag{4-16}$$

该矩阵为平面应力问题的弹性矩阵。

平衡方程

$$\begin{cases}\dfrac{\partial\sigma_x}{\partial x}+\dfrac{\partial\tau_{yx}}{\partial y}+\dfrac{\partial\tau_{zx}}{\partial z}+X=0\\ \dfrac{\partial\tau_{xy}}{\partial x}+\dfrac{\partial\sigma_y}{\partial y}+\dfrac{\partial\tau_{zy}}{\partial z}+Y=0\end{cases} \tag{4-17}$$

2. 平面应变问题

对于一个很长的柱形体时，其横截面沿长度方向保持不变，物体承受平行于横截面且沿长度方向均匀分布的力时，该问题就可以简化为平面应变问题处理，如图 4-3 (a) 所示。

以圆筒的横截面为分析对象，分析其应力特征，如图 4-3 (b) 所示。假定其长度方向为无限长，那么任一横截面都可以看作物体的对称面，则该面上的点都有 $w=0$，也就是横截面上的所有点都不会发生 z 方向的位移。由这一点可以推出 $\varepsilon_z=0$，$\gamma_{zx}=0$，$\gamma_{zy}=0$。

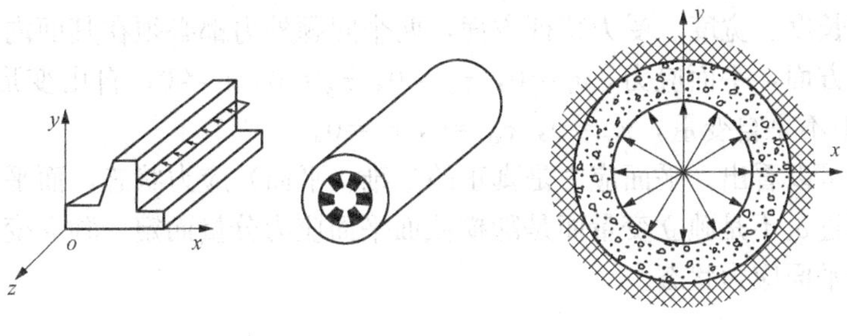

(a)平面应变问题实例　　(b)圆筒的横截面

图 4-3　平面应变问题

可得该平面应变问题的应变为

$$\boldsymbol{\varepsilon}=[\varepsilon_x, \varepsilon_y, \gamma_{xy}]^{\mathrm{T}} \tag{4-18}$$

和平面应力相比较，平面应变是 $\varepsilon_z=0$，根据 $\boldsymbol{\sigma}=\boldsymbol{D}\boldsymbol{\varepsilon}$ 推断 $\sigma_z=0$ 是错误的。实际上平面应变状态下 $\sigma_z\neq0$，但它也不是一个独立的变量，而是由 σ_x、σ_y 的大小决定的。根据物理方程，可得平面应变问题的应力特点为

$$(\overline{\boldsymbol{K}})^{\mathrm{T}}\boldsymbol{\delta}=\boldsymbol{R} \tag{4-19}$$

独立的应力分量同平面应力问题一样也是 3 个，有

$$\boldsymbol{\sigma}=[\sigma_x, \sigma_y, \tau_{xy}]^{\mathrm{T}} \tag{4-20}$$

根据以上分析，平面应力问题的三大方程如下：

几何方程

$$\boldsymbol{\varepsilon}=\begin{bmatrix}\varepsilon_x\\ \varepsilon_y\\ \gamma_{xy}\end{bmatrix}=\begin{bmatrix}\dfrac{\partial}{\partial x} & 0\\ 0 & \dfrac{\partial}{\partial y}\\ \dfrac{\partial}{\partial y} & \dfrac{\partial}{\partial x}\end{bmatrix}\begin{bmatrix}u\\ v\end{bmatrix} \tag{4-21}$$

物理方程

$$\boldsymbol{\sigma}=\boldsymbol{D}\boldsymbol{\varepsilon} \tag{4-22}$$

其中

$$\boldsymbol{D}=\frac{E(1-\mu)}{(1+\mu)(1-2\mu)}\begin{bmatrix}1 & \dfrac{\mu}{1-\mu} & 0\\ \dfrac{\mu}{1-\mu} & 1 & 0\\ 0 & 0 & \dfrac{1-2\mu}{2(1-\mu)}\end{bmatrix} \tag{4-23}$$

该矩阵为平面应变问题的弹性矩阵。

平衡方程为

$$\begin{cases}\dfrac{\partial\sigma_x}{\partial x}+\dfrac{\partial\tau_{yx}}{\partial y}+\dfrac{\partial\tau_{zx}}{\partial z}+X=0\\\dfrac{\partial\tau_{xy}}{\partial x}+\dfrac{\partial\sigma_y}{\partial y}+\dfrac{\partial\tau_{zy}}{\partial z}+Y=0\end{cases}\tag{4-24}$$

将上述两类问题进行比较。几何特征方面，平面应力的厚度远小于长度、宽度，平面应变的厚度远大于长度、宽度。受力特征方面，两个问题外力都必须在其面内且不沿厚度方向变化。应力特征方面，平面应力，$\sigma_z=0$，$\tau_{zx}=0$，$\tau_{zy}=0$，$\varepsilon_z\neq0$，自由变形（无约束）；平面应变，$\sigma_z\neq0$ 但不是自变量，$\tau_{zx}=0$，$\tau_{zy}=0$，$\varepsilon_z=0$。

从上述比较可以看出，平面应力是真正的二维（平面）应力状态，而平面应变却是三维应力状态，只不过 σ_z 不是独立变量而是随横截面平面应力分量而定。独立变化的应力分量只有 3 个，类似于平面应力状态。

4.2 平面问题有限元法

4.2.1 结构离散及单元划分

结构离散是将结构或弹性体人为地划分成由有限个单元组成并通过有限个节点相互连接的离散系统。有限元法对平面问题进行分析时，采用三角形单元、四边形单元或者矩形单元，如图 4-4 所示。三角形单元的优点是简单且对结构的不规则边界逼近好，而矩形单元却更能反映实际弹性体内部的应力应变变化。因此，有限元分析、单元划分的密度和单元种类选取均对计算结果起重要作用。一般单元划分越密集，结果越精确。单元多也会导致求解的线性方程组阶数增高，要求计算机的内存大，计算的时间长，分析的效率低。解决这一矛盾的方法就是在应力集中区域单元划分得密集一些，应力变化梯度小的位置划分得稀疏一些，这样就能兼顾精度与效率的关系。

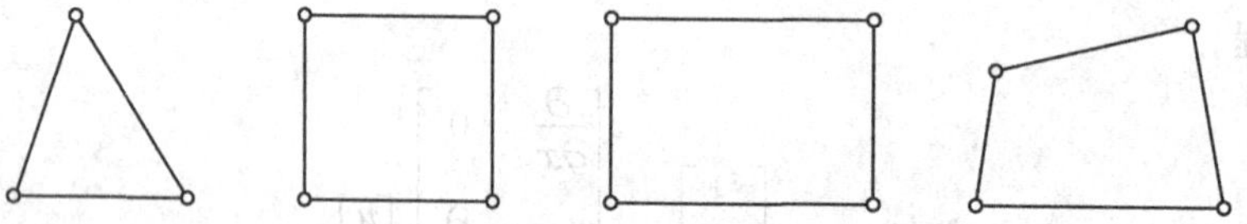

(a)三节点三角形单元 (b)四节点正方形单元 (c)四节点矩形单元 (d)四节点四边形单元

图 4-4 平面问题单元的主要类型

一般来说，根据结构的受力和支承特点，按对称和反对称的性质，简化分析模型，可以减小计算分析的规模；合理布局单元的密集程度，可以提高计算结果精度减小计算量；在同一单元内，单元的特性数据和材质数据应保持一致；集中载荷的作用点和载荷密度突变处应有节点；在欲知道应力状态、内力情况和位移值的位置应有节点；单元的选取与分析的目标密切相关。划分好模型单元之后，把所有的单元和节点按一定的规律和顺序进行编号，选择适当的坐标系（直角、柱面和球面），以方便确定各节点的坐标值。

图 4-5（a）所示为带有椭圆孔的平板在均匀压力作用下的应力集中问题。图 4-5（b）所示为利用结构的对称性，采用三节点三角形单元而离散后的力学模型，各单元之间以节点

相连。

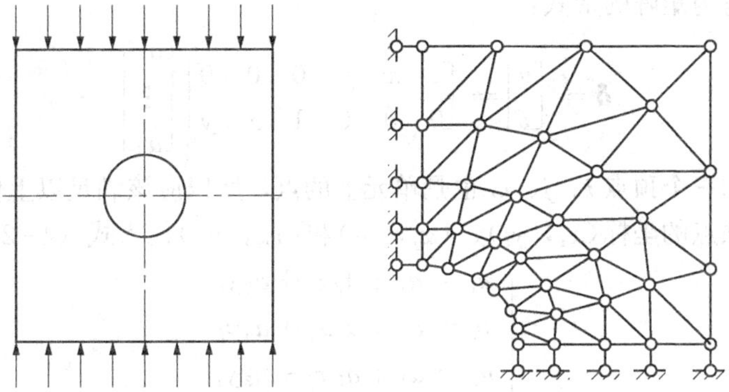

(a)均匀受力板力学模型 (b)力学模型离散化

图 4-5 平面问题有限单元法的计算力学模型

4.2.2 单元分析

结构离散化后，其内力的传递通过单元与单元之间的节点进行传递。如图 4-6 所示的三角形单元，在三角形单元节点的顺序号 i、j、m 按逆时针排列，三个顶点的坐标已知，分别为(x_i，y_i)、(x_j，y_j)和(x_m，y_m)，每个节点都有位移和力两个未知量，它们都是 x、y 的函数。其节点位移、节点力和节点载荷定义如下所述。

对三节点三角形单元而言，每个节点的位移都有两个分量，所以一共有 6 个自由度。单元节点位移向量可表示为

$$\boldsymbol{\delta}^e = [u_i, v_i, u_j, v_j, u_m, v_m]^{\mathrm{T}}$$

节点力是单元对节点或节点对单元作用的力，它是弹性体内部的作用力，同上节点力向量为

$$\boldsymbol{F}^e = [U_i, V_i, U_j, V_j, U_m, V_m]^{\mathrm{T}}$$

节点载荷是指作用在节点上的外力，包括直接作用在节点上的外力和经等效处理后移植到节点上的等效力，可用 $\boldsymbol{X}_s$、$\boldsymbol{Y}_s$ 表示。由力平衡条件可知，节点要保持平衡，那么作用在节点上的载荷应等于节点内力的合力，即

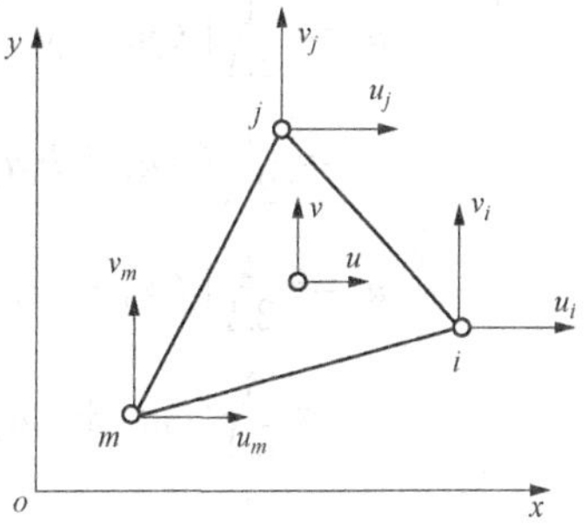

图 4-6 三角形单元

$$\boldsymbol{X}_s = \sum_e U_s, \boldsymbol{Y}_s = \sum_e V_s (s = i, j, m)$$

所有的节点载荷向量表示为 $\boldsymbol{R}^e = [X_i, Y_i, X_j, Y_j, X_m, Y_m]^{\mathrm{T}}$。

1. 位移函数

弹性结构受外载荷作用后，内部各点的位移变化规律一般都是很复杂的，很难找到一个函数来描述整个结构内部各点的位移变化规律。但当把整个结构离散以后，在一个相当小的单元内部，却可以用简单的函数来近似描述单元内部位移的这种变化规律。

设单元内任意一点的位移分量 u、v 是其位置坐标 x、y 的线性函数，则

$$\begin{cases} u = a_1 + a_2 x + a_3 y \\ v = a_4 + a_5 x + a_6 y \end{cases} \tag{4-25}$$

其中，a_1、…、a_6 为待定系数。

将方程组改写为矩阵的形式：

$$\boldsymbol{\delta}=\begin{bmatrix}u\\v\end{bmatrix}=\begin{bmatrix}1 & x & y & 0 & 0 & 0\\0 & 0 & 0 & 1 & x & y\end{bmatrix}\begin{bmatrix}a_1\\ \vdots \\a_6\end{bmatrix} \tag{4-26}$$

三角形单元的三个顶点 i、j、m 也是单元上的点，所以应该满足以上假定的位移变化规律。分别将三个顶点的坐标(x_i, y_i)、(x_j, y_j)和(x_m, y_m)代入式（4-25），得

$$\begin{cases}u_i=a_1+a_2x_i+a_3y_i\\v_i=a_4+a_5x_i+a_6y_i\\u_j=a_1+a_2x_j+a_3y_j\\v_j=a_4+a_5x_j+a_6y_j\\u_m=a_1+a_2x_m+a_3y_m\\v_m=a_4+a_5x_m+a_6y_m\end{cases} \tag{4-27}$$

解以上 6 个方程，求得 6 个待定系数。

$$a_1=\frac{1}{2A}[(x_jy_m-x_my_j)u_i+(x_my_i-x_iy_m)u_j+(x_iy_j-x_jy_i)u_m]$$
$$=\frac{1}{2A}(a_iu_i+a_ju_j+a_mu_m)$$
$$a_2=\frac{1}{2A}[(y_j-y_m)u_i+(y_m-y_i)u_j+(y_i-y_j)u_m]$$
$$=\frac{1}{2A}(b_iu_i+b_ju_j+b_mu_m)$$
$$a_3=\frac{1}{2A}[(x_m-x_j)u_i+(x_i-x_m)u_j+(x_i-x_i)u_m]$$
$$=\frac{1}{2A}(c_iu_i+c_ju_j+c_mu_m)$$
$$a_4=\frac{1}{2A}(a_iu_i+a_ju_j+a_mu_m)$$
$$a_5=\frac{1}{2A}(b_iu_i+b_ju_j+b_mu_m)$$
$$a_6=\frac{1}{2A}(c_iu_i+c_ju_j+c_mu_m)$$

其中

$$a_i=x_jy_m-x_my_j, a_j=x_my_i-x_iy_m, a_m=x_my_i-x_iy_m$$
$$b_i=y_j-y_m, b_j=y_m-y_i, b_m=y_m-y_i$$
$$c_i=-x_j+x_m, c_j=-x_m+x_i, c_m=-x_m+x_i$$
$$A=\frac{1}{2}\begin{vmatrix}1 & x_i & y_i\\1 & x_j & y_j\\1 & x_m & y_m\end{vmatrix}\text{（三角形的面积）}$$

求得的 6 个系数可以用以下矩阵表示：

$$\begin{bmatrix} a_1 \\ \vdots \\ a_6 \end{bmatrix} = \frac{1}{2A} \begin{bmatrix} a_i & 0 & a_j & 0 & a_m & 0 \\ b_i & 0 & b_j & 0 & b_m & 0 \\ c_i & 0 & c_j & 0 & c_m & 0 \\ 0 & a_i & 0 & a_j & 0 & a_m \\ 0 & b_i & 0 & b_j & 0 & b_m \\ 0 & c_i & 0 & c_j & 0 & c_m \end{bmatrix} \begin{bmatrix} u_i \\ v_i \\ u_j \\ v_j \\ u_m \\ v_m \end{bmatrix} \tag{4-28}$$

将所求得的 6 个待定系数代入位移函数表达式中：

$$\boldsymbol{\delta} = \begin{bmatrix} u \\ v \end{bmatrix} = \frac{1}{2A} \begin{bmatrix} 1 & x & y & 0 & 0 & 0 \\ 0 & 0 & 0 & 1 & x & y \end{bmatrix} \begin{bmatrix} a_1 \\ \vdots \\ a_6 \end{bmatrix}$$

$$= \frac{1}{2A} \begin{bmatrix} 1 & x & y & 0 & 0 & 0 \\ 0 & 0 & 0 & 1 & x & y \end{bmatrix} \begin{bmatrix} a_i & 0 & a_j & 0 & a_m & 0 \\ b_i & 0 & b_j & 0 & b_m & 0 \\ c_i & 0 & c_j & 0 & c_m & 0 \\ 0 & a_i & 0 & a_j & 0 & a_m \\ 0 & b_i & 0 & b_j & 0 & b_m \\ 0 & c_i & 0 & c_j & 0 & c_m \end{bmatrix} \begin{bmatrix} u_i \\ v_i \\ u_j \\ v_j \\ u_m \\ v_m \end{bmatrix}$$

$$= \frac{1}{2A} \begin{bmatrix} a_i+b_ix+c_iy & 0 & a_i+b_ix+c_iy & 0 & a_i+b_ix+c_iy & 0 \\ 0 & a_i+b_ix+c_iy & 0 & a_i+b_ix+c_iy & 0 & a_i+b_ix+c_iy \end{bmatrix} \begin{bmatrix} u_i \\ v_i \\ u_j \\ v_j \\ u_m \\ v_m \end{bmatrix} \tag{4-29}$$

令 $N_i=\frac{1}{2A}(a_i+b_ix+c_iy)$，$N_j=\frac{1}{2A}(a_j+b_jx+c_jy)$，$N_m=\frac{1}{2A}(a_m+b_mx+c_my)$

有

$$\boldsymbol{\delta} = \begin{bmatrix} N_i & 0 & N_j & 0 & N_m & 0 \\ 0 & N_i & 0 & N_j & 0 & N_m \end{bmatrix} \begin{bmatrix} u_i \\ \vdots \\ v_m \end{bmatrix} = \boldsymbol{N} \begin{bmatrix} u_i \\ \vdots \\ v_m \end{bmatrix} \tag{4-30}$$

式（4 - 30）就是假定位移模式下导出的单元内任意一点的位移表达式。该式的数学意义就是单元内任意一点的位移可以由单元节点的某种形式插值得到，其中的插值基函数就是 N_i、N_j、N_m。对于目前假定的位移模式是线性函数，所以得出的插值基函数也是类似的线性函数。当 $u_i=1$，其他节点位移为零时，单元内任意点的位移为 $u(x,\ y)=N_i(x,\ y)$；同理，当 $v_i=1$，其他节点上的位移为零时，则 $v(x,\ y)=N_i(x,\ y)$。因此，当节点 i 发生单位位移，其他节点的位移是零时，函数 $N_i(x,\ y)$ 表示了单元内部的位移分布形状。由此可以看出，插值基函数具有反映单元位移变化形态的特征，因此也称之为位移形态函数，简称形函数。**N** 就是形函数矩阵。

由于位移函数的选取是人为假定的，这种假定只能近似模拟单元内位移的变化规律，由于单元刚度矩阵的推导是以假定的位移函数展开的，那么这种假定的位移函数能否使有限元数值解收敛于精确解，在很大程度上就取决于所选的位移函数。通过数学证明，可以找出位移函数满足收敛性的几个条件：①位移函数必须包含单元的常应变状态；②位移函数必须包含单元的刚体位移；③位移函数必须能够反映位移的连续性。

以上三个条件是选取位移函数时必须考虑的。其中，①和②为完备性条件，是收敛的必要条件；③为协调条件，是收敛的充分条件。在有限元中，满足完备性条件的单元是完备单元，满足协调条件的是协调单元。

2. 单元刚度矩阵

上述分析已经建立了三角形单元的位移插值模式，并求得了形函数的方程，这样就完成了单元内任意一点的位移由单元节点位移表示（插值）的工作，之后便可根据几何方程和物理方程求得单元应变和应力，完成单元刚度矩阵的推导。

根据位移插值函数导出单元应变表达式：

$$\boldsymbol{\varepsilon}^e=\begin{bmatrix}\varepsilon_x\\ \varepsilon_y\\ \gamma_{xy}\end{bmatrix}^e=\begin{bmatrix}\dfrac{\partial}{\partial x} & 0\\ 0 & \dfrac{\partial}{\partial y}\\ \dfrac{\partial}{\partial y} & \dfrac{\partial}{\partial x}\end{bmatrix}\begin{bmatrix}u\\ v\end{bmatrix}$$

$$=\begin{bmatrix}\dfrac{\partial}{\partial x} & 0\\ 0 & \dfrac{\partial}{\partial y}\\ \dfrac{\partial}{\partial y} & \dfrac{\partial}{\partial x}\end{bmatrix}\begin{bmatrix}N_i & 0 & N_j & 0 & N_m & 0\\ 0 & N_i & 0 & N_j & 0 & N_m\end{bmatrix}\begin{bmatrix}u_i\\ \vdots\\ v_m\end{bmatrix} \tag{4-31}$$

$$=\begin{bmatrix}\dfrac{\partial N_i}{\partial x} & 0 & \dfrac{\partial N_j}{\partial x} & 0 & \dfrac{\partial N_m}{\partial x} & 0\\ 0 & \dfrac{\partial N_i}{\partial y} & 0 & \dfrac{\partial N_j}{\partial y} & 0 & \dfrac{\partial N_m}{\partial y}\\ \dfrac{\partial N_i}{\partial y} & \dfrac{\partial N_i}{\partial x} & \dfrac{\partial N_j}{\partial y} & \dfrac{\partial N_j}{\partial x} & \dfrac{\partial N_m}{\partial y} & \dfrac{\partial N_m}{\partial x}\end{bmatrix}\begin{bmatrix}u_i\\ \vdots\\ v_m\end{bmatrix}$$

将 $N_i=\dfrac{1}{2A}(a_i+b_ix+c_iy)$ 代入式（4-31），可得

$$\boldsymbol{\varepsilon}^e=\frac{1}{2A}\begin{bmatrix}b_i & 0 & b_j & 0 & b_m & 0\\ 0 & c_i & 0 & c_j & 0 & c_m\\ c_i & b_i & c_j & b_j & c_m & b_m\end{bmatrix}\begin{bmatrix}u_i\\ v_i\\ u_j\\ v_j\\ u_m\\ v_m\end{bmatrix} \tag{4-32}$$

写成分块矩阵形式：

$$\boldsymbol{\varepsilon}^e=[\boldsymbol{B}_i,\boldsymbol{B}_j,\boldsymbol{B}_m]\boldsymbol{\delta}^e \tag{4-33}$$

其中

$$\boldsymbol{B}_s=\frac{1}{2A}\begin{bmatrix}b_s & 0\\0 & c_s\\c_s & b_s\end{bmatrix}\quad(s=i,j,m)\tag{4-34}$$

矩阵 $\boldsymbol{B}$ 称为应变矩阵，或称为几何矩阵。

由式（4-34）可知，$\boldsymbol{B}$ 与单元的节点坐标有关，但不随点的坐标变化，就是说在这一单元内所有点的应变是相同的。

根据物理方程求出单元应力的单元节点位移的表达式。将几何矩阵代入单元的物理方程，有

$$\boldsymbol{\sigma}^e=\boldsymbol{D\varepsilon}^e=\boldsymbol{DB\delta}^e\tag{4-35}$$

弹性矩阵 $\boldsymbol{D}$ 是由材料常数组成的矩阵。令 $\boldsymbol{S}=\boldsymbol{DB}$，代入平面应力的物理方程，有

$$\boldsymbol{\sigma}^e=\boldsymbol{S\delta}^e=\frac{E}{1-\mu^2}\begin{bmatrix}1 & \mu & 0\\\mu & 1 & 0\\0 & 0 & \frac{1-\mu}{2}\end{bmatrix}\frac{1}{2A}\begin{bmatrix}b_i & 0 & b_j & 0 & b_m & 0\\0 & c_i & 0 & c_j & 0 & c_m\\c_i & b_i & c_j & b_j & c_m & b_m\end{bmatrix}\begin{bmatrix}u_i\\\vdots\\v_m\end{bmatrix}\tag{4-36}$$

$$\boldsymbol{S}=\frac{E}{2(1-\mu^2)A}\begin{bmatrix}b_i & \mu c_i & b_j & \mu c_j & b_m & \mu c_m\\\mu b_i & c_i & \mu b_j & c_j & \mu b_m & c_m\\\frac{1-\mu}{2}c_i & \frac{1-\mu}{2}b_i & \frac{1-\mu}{2}c_j & \frac{1-\mu}{2}b_j & \frac{1-\mu}{2}c_m & \frac{1-\mu}{2}b_m\end{bmatrix}\tag{4-37}$$

也可以写成分块矩阵的形式

$$\boldsymbol{S}_s=\frac{E}{2(1-\mu^2)A}\begin{bmatrix}b_s & \mu c_s\\\mu b_s & c_s\\\frac{1-\mu}{2}c_s & \frac{1-\mu}{2}b_s\end{bmatrix}\quad(s=i,j,m)\tag{4-38}$$

利用虚功方程导出单元刚度矩阵（单刚矩阵），已知虚功方程：

$$(\boldsymbol{\delta}^*)^{\mathrm{T}}F=\iiint_V(\varepsilon^*)^{\mathrm{T}}\boldsymbol{D\varepsilon}\,\mathrm{d}V$$

假定单元的厚度为 t，单元的虚功方程形式变为

$$[(\boldsymbol{\delta}^*)^e]^{\mathrm{T}}\boldsymbol{F}^e=\iint_A[(\boldsymbol{\varepsilon}^*)^e]^{\mathrm{T}}\boldsymbol{D\varepsilon}t\,\mathrm{d}x\mathrm{d}y\tag{4-39}$$

虚应变也可以用几何方程表示

$$(\boldsymbol{\varepsilon}^*)^e=\boldsymbol{B}(\boldsymbol{\delta}^*)^e\tag{4-40}$$

将 $[(\boldsymbol{\varepsilon}^*)^e]^{\mathrm{T}}=[\boldsymbol{B}(\boldsymbol{\delta}^*)^e]^{\mathrm{T}}=[(\boldsymbol{\delta}^*)^e]^{\mathrm{T}}\boldsymbol{B}^{\mathrm{T}}$ 代入式（4-40），得

$$[(\boldsymbol{\delta}^*)^e]^{\mathrm{T}}\boldsymbol{F}^e=\iint_A[(\boldsymbol{\delta}^*)^e]^{\mathrm{T}}\boldsymbol{B}^{\mathrm{T}}\boldsymbol{DB\delta}^e t\,\mathrm{d}A\tag{4-41}$$

由于虚位移元素是常量，所以可以提到积分号以外，并与等号左边的项消去。于是式（4-41）变为

$$\boldsymbol{F}^e=\iint_A\boldsymbol{B}^{\mathrm{T}}\boldsymbol{DB\delta}^e t\,\mathrm{d}x\mathrm{d}y\tag{4-42}$$

令 $\boldsymbol{K}^e=\iint_A\boldsymbol{B}^{\mathrm{T}}\boldsymbol{DB}t\,\mathrm{d}x\mathrm{d}y$，可得单元刚度方程：

$$\boldsymbol{F}^e = \boldsymbol{K}^e \boldsymbol{\delta}^e \tag{4-43}$$

因为 $\boldsymbol{B}$、$\boldsymbol{D}$ 都是不含有 x、y 的常数矩阵，所以双重积分实际就是对面积积分，可得单元刚度矩阵为

$$\boldsymbol{K}^e = \boldsymbol{B}^{\mathrm{T}} \boldsymbol{D} \boldsymbol{B} t A \tag{4-44}$$

其中，A 为三角形面积。

单元刚度矩阵可以写成分块矩阵形式：

$$\boldsymbol{K}^e = \begin{bmatrix} \boldsymbol{K}_{ii} & \boldsymbol{K}_{ij} & \boldsymbol{K}_{im} \\ \boldsymbol{K}_{ji} & \boldsymbol{K}_{jj} & \boldsymbol{K}_{jm} \\ \boldsymbol{K}_{mi} & \boldsymbol{K}_{jm} & \boldsymbol{K}_{mm} \end{bmatrix} \tag{4-45}$$

$$\boldsymbol{K}_{rs} = \frac{Et}{4(1-\mu^2)A} \begin{bmatrix} b_r b_s + \frac{1-\mu}{2} c_r c_s & \mu b_r c_s + \frac{1-\mu}{2} b_s c_r \\ \mu b_s c_r + \frac{1-\mu}{2} b_r c_s & c_r c_s + \frac{1-\mu}{2} b_r b_s \end{bmatrix} \quad (s = i, j, m)$$

分块矩阵 $\boldsymbol{K}_{ij}$ 表示的物理含义是：节点 j 处产生单位位移，而节点 i、m 被约束，此时在节点 i 处产生的节点力。同时，单元刚度矩阵具有以下两个性质：①单元刚度矩阵是对称矩阵，即 $(\boldsymbol{K}^e)^{\mathrm{T}} = \boldsymbol{K}^e$；②单元刚度矩阵是奇异矩阵，即 $|\boldsymbol{K}^e| = 0$。

4.2.3 载荷的节点移置

单元之间的力通过节点进行传递，而不在节点上的力，必须按静力等效原则，把它们移置到节点上。静力等效原则：原载荷在任何虚位移上所做的虚功，与移置到节点上的节点载荷所做的虚功相等。下面根据力的类型，分别说明处理的方法。

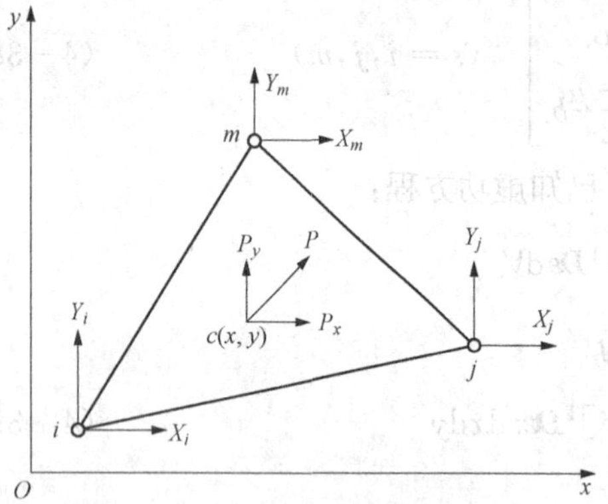

图 4-7 集中力的移置

1. 集中力的移置

如图 4-7 所示，c 处的力为 $\boldsymbol{P} = [P_x, P_y]^{\mathrm{T}}$，移置后的节点载荷为 $\boldsymbol{R}^e = [X_i, Y_i, X_j, Y_j, X_m, Y_m]^{\mathrm{T}}$，由虚功相等有

$$(\boldsymbol{\delta}^*)^{\mathrm{T}} \boldsymbol{R}^e = (\boldsymbol{\delta}^*)^{\mathrm{T}} \boldsymbol{P} \tag{4-46}$$

因为 $\boldsymbol{\delta}^* = \boldsymbol{N}(\boldsymbol{\delta}^*)^e$，所以有

$$(\boldsymbol{\delta}^*)^{\mathrm{T}} \boldsymbol{R}^e = [\boldsymbol{N}(\boldsymbol{\delta}^*)^e]^{\mathrm{T}} \boldsymbol{P} = [(\boldsymbol{\delta}^*)^e]^{\mathrm{T}} \boldsymbol{N}^{\mathrm{T}} \boldsymbol{P} \tag{4-47}$$

将式（4-47）中的虚位移消去，可得

$$\boldsymbol{R}^e = \boldsymbol{N}^{\mathrm{T}} \boldsymbol{P} \tag{4-48}$$

将式（4-48）写成分量的形式：

$$\begin{aligned} \boldsymbol{R}^e &= [X_i, Y_i, X_j, Y_j, X_m, Y_m]^{\mathrm{T}} \\ &= [N_i P_x, N_i P_y, N_j P_x, N_j P_y, N_m P_x, N_m P_y]^{\mathrm{T}} \end{aligned} \tag{4-49}$$

从式（4-49）可以清楚地看到，载荷移置结果与单元形函数密切相关。

2. 面力的移置

如图 4-8 所示，设单元的一边受有分布的面力 $\overline{\boldsymbol{P}} = [\overline{\boldsymbol{P}}_x, \overline{\boldsymbol{P}}_y]^{\mathrm{T}}$ 微元面积 $t\mathrm{d}s$ 上的面力合力 $\overline{\boldsymbol{P}} t\mathrm{d}s$ 当作集中载荷，可得面力的移置公式：

$$\boldsymbol{R}^e = \int_s \boldsymbol{N}^{\mathrm{T}} \overline{\boldsymbol{P}} t \mathrm{d}s \tag{4-50}$$

3. 体力的移置

如图 4-9 所示，设单元受有分布体力 $\boldsymbol{G}=[X, Y]^{\mathrm{T}}$ 将微分体积 $t\mathrm{d}x\mathrm{d}y$ 上的体力合力 $\boldsymbol{G}t\mathrm{d}x\mathrm{d}y$ 当作集中载荷，同理可得

$$\boldsymbol{R}^{e}=\iint \boldsymbol{N}^{\mathrm{T}}\boldsymbol{G}t\,\mathrm{d}x\mathrm{d}y \tag{4-51}$$

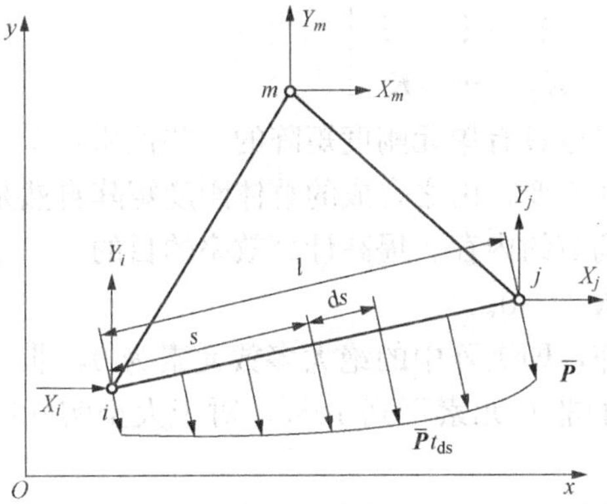

图 4-8 面力的移置

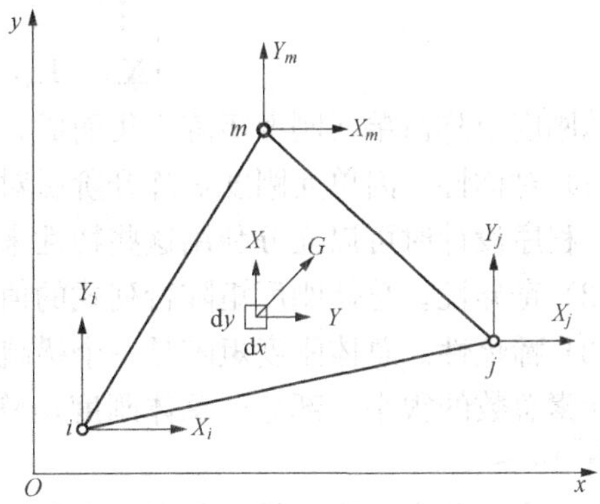

图 4-9 体力的移置

4.2.4 整体分析

整体分析是将离散分离的各个单元组集成离散的结构物，从而建立模型的总刚方程。

1. 总刚集成

整个离散结构变形后，各个单元在节点处仍然协调地相互连接，即环绕某个节点的 n 个单元，在节点 i 处具有相同的位移。各个节点应满足静力平衡条件，即每个节点上的节点力合力应等于该节点的节点载荷。

根据单元的刚度方程，单元分析时已对每一个节点建立了平衡方程，在第 i 个节点处的平衡方程为

$$\boldsymbol{F}_i=\boldsymbol{K}_{ii}\boldsymbol{\delta}_i+\boldsymbol{K}_{ij}\boldsymbol{\delta}_j+\boldsymbol{K}_{im}\boldsymbol{\delta}_m=\sum_{s=i,j,m}\boldsymbol{K}_{is}\boldsymbol{\delta}_s^e \tag{4-52}$$

根据上述原则，结构的平衡条件可用所有节点的平衡条件表示。在整个结构中，如图 4-10 所示，一个节点由几个单元共有，在第 i 个节点处的平衡方程为

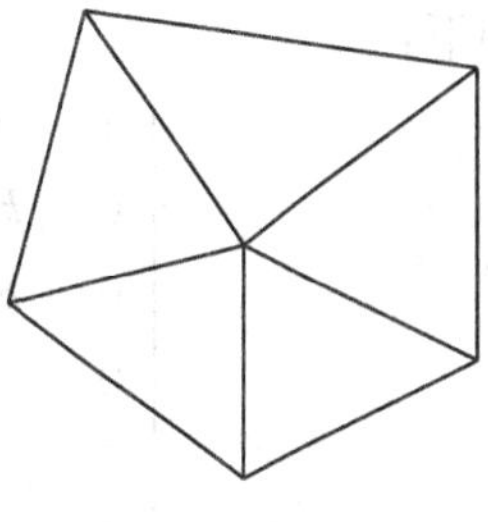

图 4-10 共节点单元

$$\sum_{e}\boldsymbol{F}_i^e=\sum_{e}\sum_{s=i,j,m}\boldsymbol{K}_{is}\boldsymbol{\delta}_s^e=\boldsymbol{R}_i \tag{4-53}$$

若结构共有 n 个节点，整个结构的平衡条件为

$$\sum_{i=1}^{n}\sum_{e}\sum_{s=i,j,m}\boldsymbol{K}_{is}\boldsymbol{\delta}_s^e=\sum_{i=1}^{n}\boldsymbol{R}_i \tag{4-54}$$

将式 (4-54) 简记为

$$\boldsymbol{K\delta}=\boldsymbol{R} \tag{4-55}$$

式中：$\boldsymbol{K}$ 为结构整体刚度矩阵；$\boldsymbol{\delta}$ 为结构的节点位移列向量。

可得总刚度矩阵的表达式为

$$\boldsymbol{K}=\sum_{i=1}^{n}\sum_{e}\sum_{s=i,j,m}\boldsymbol{K}_{is} \tag{4-56}$$

整体刚度矩阵也可按结点写成分块矩阵的形式：

$$
\boldsymbol{K}=\begin{bmatrix}
\boldsymbol{K}_{11} & \boldsymbol{K}_{12} & \cdots & \boldsymbol{K}_{1j} & \cdots & \boldsymbol{K}_{1n} \\
\boldsymbol{K}_{21} & \boldsymbol{K}_{22} & \cdots & \boldsymbol{K}_{2j} & \cdots & \boldsymbol{K}_{2n} \\
\vdots & \vdots & \vdots & \vdots & \vdots & \vdots \\
\boldsymbol{K}_{i1} & \boldsymbol{K}_{i2} & \cdots & \boldsymbol{K}_{ij} & \cdots & \boldsymbol{K}_{in} \\
\vdots & \vdots & \vdots & \vdots & \vdots & \vdots \\
\boldsymbol{K}_{n1} & \boldsymbol{K}_{n2} & \cdots & \boldsymbol{K}_{nj} & \cdots & \boldsymbol{K}_{nn}
\end{bmatrix} \tag{4-57}
$$

总刚度矩阵由单元刚度矩阵组集而成，所以也具有单元刚度矩阵的一些性质：

(1) 对称性。因单元刚度矩阵升阶后对称性不变，由之合成的总体刚度矩阵自然是对称矩阵。程序设计时可以充分利用这些特性来达到节约内存、提高计算效率的目的。

(2) 奇异性。总体刚度矩阵行列式的值 $|\boldsymbol{K}|=0$。

(3) 稀疏性。总体刚度矩阵是一个稀疏矩阵，即矩阵中的绝大多数元素为 0，非 0 元素只占元素总数的很小一部分。总体刚度矩阵中的非 0 元素不到 10%，对于大型实际问题可能只有 2%～5%。

(4) 带状分布规律。带状分布是指整体刚度矩阵的非 0 元素全部分布在对角线附近的一个带状区域内。带状区域的宽度称为带宽，它与模型的节点编序有关。合理的节点编号，可以减小带宽。因此，很多有限元前处理软件都有带宽优化模块。

2. 约束处理

根据上面的分析可知，总刚矩阵是奇异矩阵，即 $|\boldsymbol{K}|=0$，就是说总刚矩阵不存在逆矩阵。要求出节点位移的位移解，还必须引入边界条件，施加足够的几何约束，消除结构的刚体运动，从而消除 $\boldsymbol{K}$ 的奇异性。约束处理方法如下：

(1) 节点固定的处理方法。节点固定，即 $u_i=v_j=0$ 时，首先将总刚矩阵 $[\boldsymbol{K}]$ 中与已知位移分量相对应的行和列元素改为 0，但主对角线上的元素改为 1，然后在节点载荷向量的列阵中，与已知对应元素的位移用代替，其余元素减去已知位移分别乘 $\boldsymbol{K}$ 中的相应元素。

某结构的总刚方程为 $\boldsymbol{K}_{10\times10}\boldsymbol{\delta}_{10\times1}=\boldsymbol{R}_{10\times1}$，已知 $u_1=c_1$，$v_2=c_4$，按照上述方法修改如下：

$$
\begin{bmatrix}
1 & 0 & 0 & 0 & \cdots & 0 \\
0 & k_{22} & k_{23} & 0 & \cdots & k_{210} \\
0 & k_{32} & k_{33} & 0 & \cdots & k_{310} \\
0 & 0 & 0 & 1 & \cdots & 0 \\
\vdots & \vdots & \vdots & \vdots & \vdots & \vdots \\
0 & k_{102} & k_{103} & 0 & \cdots & k_{1010}
\end{bmatrix}
\begin{bmatrix} u_1 \\ v_1 \\ u_2 \\ v_2 \\ \vdots \\ v_5 \end{bmatrix}
=
\begin{bmatrix}
c_1 \\
Y_1-k_{21}c_1-k_{24}c_4 \\
X_2-k_{31}c_1-k_{34}c_4 \\
c_4 \\
\vdots \\
Y_5-k_{101}c_1-k_{104}c_4
\end{bmatrix}
$$

如果展开上式，有 $u_1=c_1$，$v_2=c_4$

第二行 $k_{22}v_1+k_{23}u_2+k_{25}u_3+\cdots+k_{210}v_5=Y_1-k_{21}c_1-k_{24}c_4$

移项 $k_{21}c_1+k_{22}v_1+k_{23}u_2+k_{24}c_4+k_{25}u_3+\cdots+k_{210}v_5=Y_1$

可以看出，这样处理后不仅可以直接得到 $u_1=c_1$，$v_2=c_4$，而且它们产生的效果也计入到了其他方程中。

(2) 给定节点位移值的处理方法。给定节点位移值，即 $u_i=\overline{u}_i$，$v_j=\overline{v}_j$ 时，在总刚

矩阵$\boldsymbol{K}$中，把与已知位移相对应的行与列主对角线上的元素乘以一个很大的数M，然后把载荷向量中的对应元素代以给定位移乘以相应主对角线上的元素，再同样乘以一个很大的数。

例如

$$\begin{bmatrix} k_{11}\cdot M & k_{12} & k_{13} & k_{14} & \cdots & k_{110} \\ k_{21} & k_{22} & k_{23} & k_{24} & \cdots & k_{210} \\ k_{31} & k_{32} & k_{33} & k_{34} & \cdots & k_{310} \\ k_{41} & k_{42} & k_{43} & k_{44}\cdot M & \cdots & k_{410} \\ \vdots & \vdots & \vdots & \vdots & \vdots & \vdots \\ k_{101} & k_{102} & k_{103} & 0 & \cdots & k_{1010} \end{bmatrix} \begin{Bmatrix} u_1 \\ v_1 \\ u_2 \\ v_2 \\ \vdots \\ v_5 \end{Bmatrix} = \begin{Bmatrix} c_1 k_{11}\cdot M \\ Y_1 \\ X_2 \\ c_4 k_{44}\cdot M \\ \vdots \\ Y_5 \end{Bmatrix}$$

对第一个方程：

$$k_{11}\cdot Mu_1 + k_{12}v_1 + \cdots + k_{110}v_5 = c_1 k_{11}\cdot M$$

两边同除以$k_{11}\cdot M$，由于$k_{11}\cdot M \gg k_{1j}$，所以$u_1 = c_1$，同理可得$v_2 = c_4$。

3. 求解计算

总刚方程在引入足够的边界条件后，消除$\boldsymbol{K}$的奇异性后，就可以进行求解下面的总刚度方程，有

$$\overline{\boldsymbol{K}}\boldsymbol{\delta} = \boldsymbol{R} \tag{4-58}$$

数值解方程的方法大多采用高斯消元法。当求解出节点位移向量以后，就可以通过单元的几何方程求解应变，通过物理方程求解应力，单元内部任一点的位移也可以求出。

求解位移

$$\boldsymbol{\delta} = \boldsymbol{N}\boldsymbol{\delta}^e$$

求解应变

$$\boldsymbol{\varepsilon} = \boldsymbol{B}\boldsymbol{\delta}^e$$

求解应力

$$\boldsymbol{\sigma} = \boldsymbol{D}\boldsymbol{\varepsilon}^e = \boldsymbol{D}\boldsymbol{B}\boldsymbol{\delta}^e$$

因为三角形单元是常应力与常应变单元，所以由上述方法求得的应力或应变看作是形心处的应力或应变，且为不连续的。为了推算弹性体内某一点的接近实际应力，通常采用以下两种方法，来平滑应力的突变。

（1）绕节点平均法。绕节点平均法是将绕某一节点的各单元形心应力加以平均，来表示该节点的应力。

如图4-11所示，有

$$\sigma_1 = \frac{1}{2}(\sigma^{①} + \sigma^{②})$$

$$\sigma_2 = \frac{1}{2}(\sigma^{①} + \sigma^{②} + \sigma^{③} + \sigma^{④} + \sigma^{⑤} + \sigma^{⑥})$$

该方法在各单元面积相差不大的情况下，在单元的内部节点上较为准确，而在外部边界节点上则不理想。因此，对于边界节点多采用三点插值的方法求得，也就是用内部的节点来推算。

（2）两单元平均法。两单元平均法是把相邻两单元的应力相加平均，表示两单元公共边

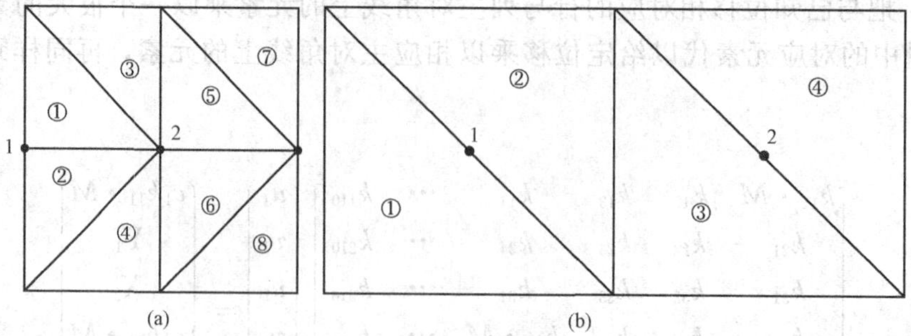

图 4-11　分析结果处理

中点的应力值。

即

$$\sigma_1 = \frac{1}{2}(\sigma^{①} + \sigma^{②})$$

$$\sigma_2 = \frac{1}{2}(\sigma^{③} + \sigma^{④})$$

边界边上的应力值也采用插值方法得到。

4. 结果显示、打印、分析

将计算得到的各种物理量以一定方式显示出来，研究结果的合理性和可靠性，评估结果性能和设计方案的优劣，做出相应的改进措施。目前，数据显示方式有等值云图、等值线图、变形图、箭头图（矢量图）、二维或三维曲线和动画等。

4.3　有限元建模概述

4.3.1　有限元建模的过程

有限元模型是为有限元计算提供所有原始数据的计算模型，它定量反映分析对象几何、材料、载荷、约束等特性。建立有限元模型的过程称为有限元建模，它是整个有限元分析的关键步骤，模型合理与否将直接影响计算结果的精度、计算时间的长短、存储容量的大小及计算过程能否完整。

从平面问题有限元法的原理和分析过程，不难看出有限元法基本步骤包括待求解域离散化、选择插值函数、形成单元性质的矩阵方程、形成整体系统的矩阵方程、约束处理、求解系统方程和其他参数计算等。简而言之，不同问题分析的内容不同，相应的有限元方程也不同，但有限元分析过程相似，大致可分为前处理、求解和后处理三个阶段。

（1）前处理。前处理是建立有限元模型，完成结构离散和单元网格划分。中心任务是结构离散，还需完成其他相关工作，如结构形式处理、几何模型建立、单元类型和数量选择、单元特性定义、单元质量检查、编号顺序优化和模型边界条件定义等。

（2）求解。求解的任务是基于有限元模型完成有关数值计算，并输出需要的计算结果。其主要工作包括单元和总体矩阵的形成、边界条件的处理和特性方程的求解等。求解过程计算量大，由计算机完成，一般不需人工干预 。

（3）后处理。后处理的任务是对计算结果进行处理，并按一定方式显示或打印，以便对分析对象性能进行评估、改进或优化。

4.3.2 有限元建模的基本原则

有限元建模需要考虑的因素较多，但建模时应考虑两条基本原则：保证精度原则和控制模型规模原则。

（1）保证精度原则。在有限元分析的过程中，计算结果的误差主要是由模型误差和计算误差产生的。模型误差主要指有限元模型和实际问题之间的差异，是由模型离散、几何模型处理及边界条件量化等因素引起的。计算误差主要是在计算机内部采用相应计算方法对有限元数学方程求解造成的误差。上述误差在建模时都应该予以考虑，并有针对性地选取一些提高精度的措施。提高精度的方法主要有提高单元阶次、增加单元、改善网格质量、建立与实际相符的边界条件、减小模型规模等。

（2）控制模型规模原则。有限元模型的规模受到节点数、单元数、节点自由度数以及节点和单元编号等影响。一般来说，节点和单元数量越多，规模越大；反之则越小。模型规模主要影响分析过程的计算时间、存储容量、计算精度等。通常采取以下措施降低模型规模：对几何模型进行处理，采用子结构法，利用分步计算法，进行带宽优化和波前处理，利用主从自由度方法。

4.3.3 有限元建模的步骤

对不同物理性质实际问题建立有限元模型的步骤总结如下：

（1）问题定义。在定义一个分析问题时，通常要考虑诸多因素。例如，分析问题是哪种结构类型，如平面问题、轴对称问题、空间问题、杆件结构、薄板弯曲等；分析类型是静力分析、动态分析、热分析、接触分析、断裂分析、线性分析还是非线性分析，分析内容是什么；对模型的规模和计算精度有何要求；计算数据的大致分布规律如何。只有准确掌握了分析对象的具体特征，才可能建立合理的有限元模型。

（2）几何模型建立。几何模型是对分析对象形状和尺寸的描述，是对实际形状的抽象化描述。建立几何模型时，不能完全照搬，而是要根据分析对象的具体特征对几何形状进行必要的简化处理。因此模型的维数特征、形状和尺寸可能与原结构相同，也可能有所差异。建立的模型通常包括实体模型、曲面模型和线框模型三种，要根据具体结构来选取合适的结构形式。例如，平面问题和薄板弯曲问题采用曲线模型，一般的空间问题采用实体模型，杆梁问题采用线框模型等。

（3）单元选择。选择单元时，需要确定单元类型、单元形状和单元阶次。选择单元应根据结构的类型、形状特征、应力和变形特点、精度要求及硬件条件等因素进行综合考虑。例如，不规则的空间实体模型通常采用四面体单元，而不采用五面体单元和六面体单元，计算精度要求较高时可以选择高阶单元等。

（4）单元特性定义。除了外部形状，还要定义单元的内部特征，包括定义材料特性、物理特性、辅助几何特征、截面形状和大小等在单刚形成时所需的单元内部特性数据。例如，常用的材料类型是各向同性材料还是各向异性材料等，杆、梁单元需要定义其截面特性，平面问题和板壳问题需要定单元的厚度等。

（5）网格划分。网格形式在很大程度决定了模型的合理性。网格划分建模的中心工作是建模中工作量最大、耗时最多的关键环节。网格划分时通常要考虑网格数量、疏密、质量、布局、位移协调性等诸多问题。

（6）模型检查和处理。由于结构形状和网格生成过程的复杂性，网格难免存在问题。分网之后应对网格模型进行必要的检查和处理，例如是否存在单元畸变、重合节点或单元及编号不合理等问题。

（7）边界条件定义。有限元分析的对象是一个物理问题，需要定义边界条件。边界条件反映了分析对象与外界之间的相互作用，是实际工况条件在有限元模型上的表现形式。通过分网生成的网格组合体定义节点和单元等数据，再加上完整的边界条件（如施加力和位移约束），才能计算所需的结果。

4.4 有限元法应用

4.4.1 ANSYS 软件介绍

ANSYS 软件是融合结构、流体、电场、磁场、声场分析于一体的大型通用有限元分析软件，广泛应用于机械制造、水利、铁路、汽车、造船、电子、能源、航空航天、流体分析、土木工程、生物医学等领域，能够进行应力分析、热分析、流场分析、电磁场分析等多物理场分析及耦合分析，并且具有强大的前后处理功能。ANSYS 软件能与多数 CAD 软件接口，实现数据的共享和交换，如 UG、Solidworks、Pro/Engineer、CATIA、NASTRAN、Alogor、I-DEAS、AutoCAD 等，是现代产品设计中的高级 CAE 工具之一。

1. ANSYS 软件的组成

ANSYS 软件主要包括三个部分：前处理模块、求解模块和后处理模块。前处理模块提供了一个强大的实体建模及网格划分工具，用户可以方便地构造有限元模型；求解模块包括结构分析（可进行线性分析、非线性分析和高度非线性分析）、流体动力学分析、电磁场分析、声场分析、压电分析、多物理场的耦合分析，可模拟多种物理介质的相互作用，具有灵敏度分析及优化分析能力；后处理模块可将计算结果以彩色等值线图、梯度图、矢量图、粒子流迹图、立体切片图、透明及半透明图（可看到结构内部）等图形方式显示出来，也可将计算结果以图表、曲线形式显示或输出。

启动 ANSYS 软件，从主菜单可以进入各处理模块：PREP7（通用前处理模块），SOLUTION（求解模块），POST1（通用后处理模块），POST26（时间历程后处理模块）。

（1）前处理模块 PREP7。双击实用菜单栏中的“Preprocessor”，进入 ANSYS 的前处理模块。它为用户提供了另一个强大的实体建模及网格划分工具，方便用户完成有限元模型的建立。ANSYS 软件提供了 190 种以上的单元类型，用来模拟工程中的各种结构和材料。PREP7 模块主要有两部分内容：实体建模和网格划分。

1）实体建模。ANSYS 软件提供了两种实体建模方法：自顶向下与自底向上。

自顶向下进行实体建模时，用户定义一个模型的最高级图元，如球、棱柱，称为基元，程序则自动定义相关的面、线及关键点。用户利用这些高级图元直接构造几何模型，例如二维的圆、矩形，以及三维的块、球、锥和柱。无论使用自顶向下还是自底向上方法建模，用户均能使用布尔运算来组合数据集，从而“雕塑出”一个实体模型。ANSYS 软件提供了完整的布尔运算，如相加、相减、相交、分割、黏结和重叠。在创建复杂实体模型时，对线、面、体、基元的布尔操作能减少相当可观的建模工作量。ANSYS 软件还提供了拖拉、延伸、旋转、移动、延伸和拷贝实体模型图元的功能。附加功能还包括圆弧构造、切线构造、通过拖拉与旋转生成面和体、线与面的自动相交运算、自动倒角生成、用于网格划分的硬点的建立、移动、复制和删除。

自底向上进行实体建模时，用户从最低级的图元向上构造模型，即用户首先定义关键点，然后依次定义相关的线、面、体。

2）网格划分。ANSYS软件提供了便捷、高效的CAD模型网格划分功能，包括扫略网格划分、映射网格划分、自由网格划分和自适应网格划分四种划分方法。扫略网格划分可将一个二维网格扫略成一个三维网格。映射网格划分允许用户将几何模型分解成几个简单的部分，然后选择合适的单元属性和网格控制生成映射网格。ANSYS软件的自由网格划分器功能十分强大，可对复杂模型直接划分，避免了用户对各个部分分别划分而组装时却不匹配的麻烦。自适应网格划分是在生成具有边界条件的实体模型以后，用户指示程序自动地生成有限元网格，分析、估计网格的离散误差，然后重新定义网格大小，再次分析计算和估计网格的离散误差，直至误差低于用户定义的值或达到用户定义的求解次数。

（2）求解模块SOLUTION。前处理阶段完成建模以后，用户可以在求解阶段获得分析结果。单击快捷工具区的“SAVE_DB”将前处理模块生成的模型存盘，退出“Preprocessor”，单击实用菜单项中的“Solution”，进入分析求解模块。在该阶段，用户可以定义分析类型、分析选项、载荷数据和载荷步选项，然后开始有限元求解。

（3）后处理模块POST1和POST26。ANSYS软件的后处理模块包括通用后处理模块POST1和时间历程后处理模块POST26。通过友好的用户界面，可以很容易地获得求解过程的计算结果并显示出来。这些结果可能包括位移、温度、应力、应变、速度、热流等，输出形式可以有图形显示和数据列表两种。

1）通用后处理模块POST1。单击实用菜单项中的“General Postproc”选项即可进入通用后处理模块。这个模块能将前面的分析结果以图形形式显示和输出。例如，计算结果（如应力）在模型上的变化情况可用等值线图表示，不同的等值线颜色代表不同的值（如应力值）；浓淡图则用不同的颜色代表不同的数值区（如应力范围），可以清晰地反映出计算结果的区域分布情况。

2）时间历程响应后处理模块POST26。单击实用菜单项中的“TimeHist Postpro”选项即可进入时间历程响应后处理模块。这个模块用于检查在一个时间段或子步历程中的结果，如节点位移、应力或支反力。这些结果可以通过绘制曲线或列表查看。绘制一个或多个变量随频率或其他量变化的曲线，有助于形象化地表示分析结果。另外，POST26还可以进行曲线的代数运算。

2. ANSYS软件的基本功能

ANSYS软件提供的分析类型如下：

（1）结构静力分析。结构静力分析用来求解外载荷引起的位移、应力和力。静力分析很适合求解惯性和阻尼对结构的影响并不显著的问题。ANSYS软件中的静力分析不仅可以进行线性分析，而且可以进行非线性分析，如塑性、蠕变、膨胀、大变形、大应变及接触分析。

（2）结构动力学分析。结构动力学分析用来求解随时间变化的载荷对结构或部件的影响。与静力分析不同，动力分析要考虑随时间变化的力载荷及其对阻尼和惯性的影响。ANSYS可进行的结构动力学分析类型包括瞬态动力学分析、模态分析、谐波响应分析、谱分析及随机振动响应分析。

(3) 结构非线性分析。结构非线性导致结构或部件的响应随外载荷不成比例变化。ANSYS软件可求解静态和瞬态非线性问题，包括材料非线性、几何非线性和单元非线性三种。

(4) 多体动力学分析。ANSYS软件可以分析大型三维柔体运动。当运动的积累影响起主要作用时，可使用这些功能分析复杂结构在空间中的运动特性，并确定结构中由此产生的应力、应变和变形。

(5) 热分析。ANSYS软件可处理热传递的三种基本类型——传导、对流和辐射。这三种类型均可进行稳态和瞬态、线性和非线性分析。热分析还具有可以模拟材料固化和熔解过程的相变分析能力，以及模拟热与结构应力之间的热-结构耦合分析能力。

(6) 电磁场分析。该功能主要用于电磁场问题的分析，如电感、电容、磁通量密度、涡流、电场分布、磁力线分布、力、运动效应、电路和能量损失等；还可用于螺线管、调节器、发电机、变换器、磁体、加速器、电解槽及无损检测装置等的设计和分析。

(7) 流体动力学分析。ANSYS流体单元能进行流体动力学分析，分析类型分为瞬态或稳态。分析结果可以是每个节点的压力和通过每个单元的流率，并且可以利用后处理功能产生压力、流率和温度分布的图形显示。另外，ANSYS软件还可以使用三维表面效应单元和热-流管单元模拟结构的流体绕流及对流换热效应。

(8) 声场分析。ANSYS软件的声学功能主要用来研究在含有流体的介质中声波的传播，或分析浸在流体中的固体结构的动态特性。该功能可用来确定音响话筒的频率响应、研究音乐大厅的声场强度分布或预测水对振动船体的阻尼效应。

(9) 压电分析。该功能用于分析二维或三维结构对AC（交流）、DC（直流）或任意随时间变化的电流或机械载荷的响应。这种分析类型可用于换热器、振荡器、谐振器、麦克风等部件及其他电子设备的结构动态性能分析。ANSYS软件可进行四种类型的分析：静态分析、模态分析、谐波响应分析、瞬态响应分析。

4.4.2 ANSYS软件应用实例

1. 平面应力问题

如图4-12所示的薄板承受双向拉伸，其中心位置有一个小圆孔，尺寸如图所示。已知：弹性模量 $E=2\times10^5\,N/mm^2$，泊松比 $\mu=0.3$，拉伸载荷 $q=20N/mm$，平板的厚度 $t=20mm$。

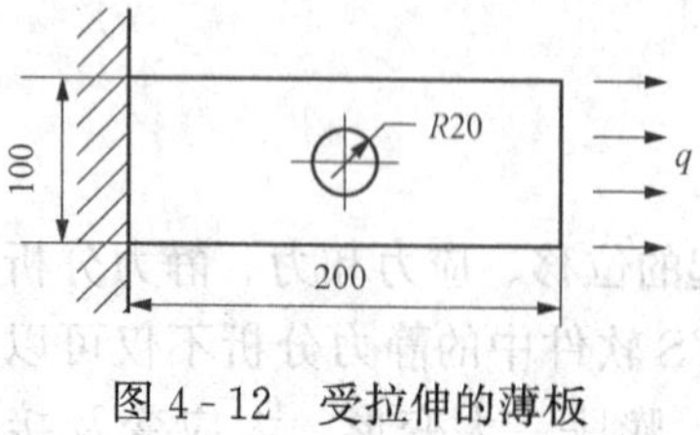

图4-12　受拉伸的薄板

解题思路：

(1) 属于平面应力问题。

(2) 中心带孔，应使用8节点四边形单元或三角形单元。

(3) 注意单位：尺寸单位为mm，力单位为N，故应力单位为 N/mm^2。

(4) 通过理论计算可知：最大变形约为0.001mm（忽略孔的影响），最大应力在孔的顶部和底部，大小约为 $3.9N/mm^2$，即3.9MPa。依次检验有限元的分析结果。

分析过程：

(1) 相关设置。使用“File”菜单命令“Change Jobname”和“Change Title”设置

Jobname 为“bracket”、Title 为“a Example for Bracket”，且过滤参数为“Structural”。

（2）建立网格模型。

1）创建几何模型：在 XY 平面内建立一个矩形和圆，并用布尔 subtract 得到几何模型。

2）定义单元类型：选择“Structural Solid”选项下的“Quad 8node 82”单元，确定返回最后自动得到单元类型为 PLANE82，如图 4-13 所示。PLANE82 是 8 节点的四边形单元，是平面 4 节点单元 PLANE42 的高阶形式，更适合有曲线边界的模型。对于本问题，需要有厚度的平面应力单元，只需单击单元类型表中的【Options】按钮，弹出“PLANE82 element type options”对话框，如图 4-14 所示，在“K3”对应的方框中选择“Plane strs w/thk”，使得可以设置板的厚度。

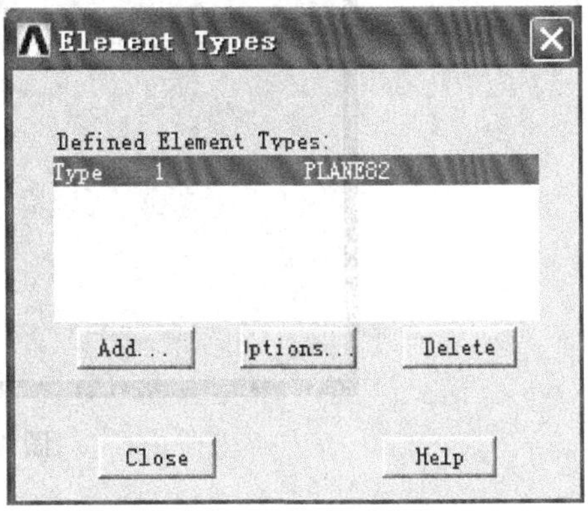

图 4-13 单元类型设置

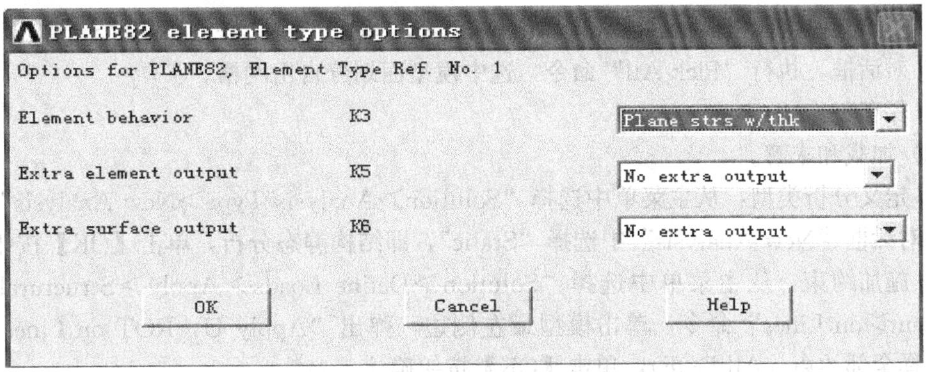

图 4-14 单元类型选项设置

3）定义实常数：选择“Preprocessor>Real Constants>Add/Edit/Delete”命令，弹出如图 4-15 所示的对话框，输入板的厚度 20。

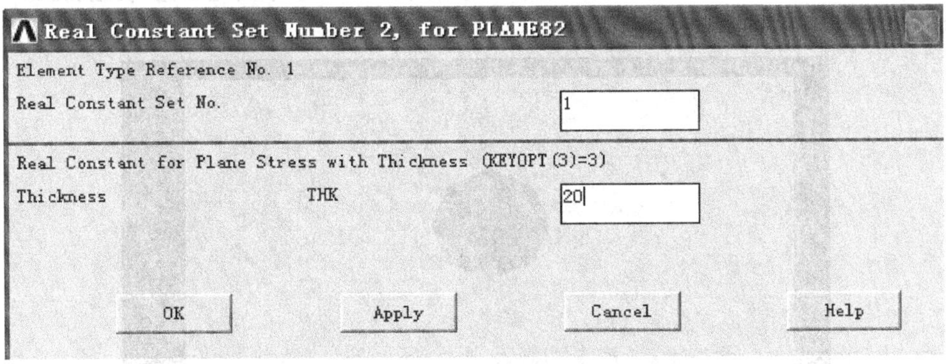

图 4-15 实常数设置

4）定义材料特性：EX=200000，PRXY=0.3。

5）定义网格尺寸：网格边长=25，划自由网格，如图 4-16 所示。

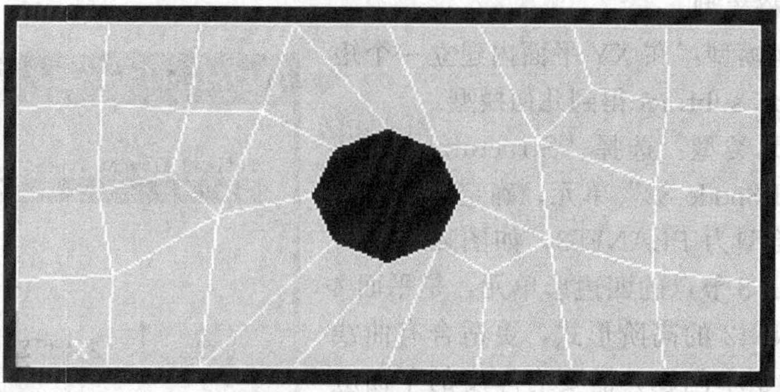

图 4-16　网格模型图

从主菜单中选择“Preprocessor>Meshing>Size Cntrls>Manual Size>Areas>All Areas”命令，打开“Elenment Sizes on All Selected Areas”对话框，设置网格尺寸为 25，单击【OK】按钮确认。

从主菜单中选择“Preprocessor>Meshing>Mesh>Areas>Free”命令，弹出“Mesh Areas”对话框，执行“Pick All”命令，选中模型面划分自由网格。

6）保存工作。

（3）加载和求解。

1）定义分析类型：从主菜单中选择“Solution>Analysis Type>New Analysis”命令，从弹出对话框“New Analysis”中选择“Static”，即结构静态分析，单击【OK】按钮确认。

2）施加约束：从主菜单中选择“Solution>Define Loads>Apply>Structural>Displacement>on Lines”命令，单击模型最左侧边，弹出“Apply U，ROT on Lines”对话框，选择全部约束（All DOF），单击【OK】按钮确认。

3）施加载荷：板右侧边缘上有一个背离平板的 20N/mm 的均布线载荷，则均布压力=线载荷除以板厚 20mm=1N/mm^2。对模型右侧边施加－1 的均布表面压力。从主菜单中选择“Solution>Define Loads>Apply>Structural>Pressure>On Lines”命令，单击模型最右侧边，弹出“Apply PRES on Lines”对话框，在第一个框内输入－1，单击【OK】按钮确认。

执行结果如图 4-17 所示。

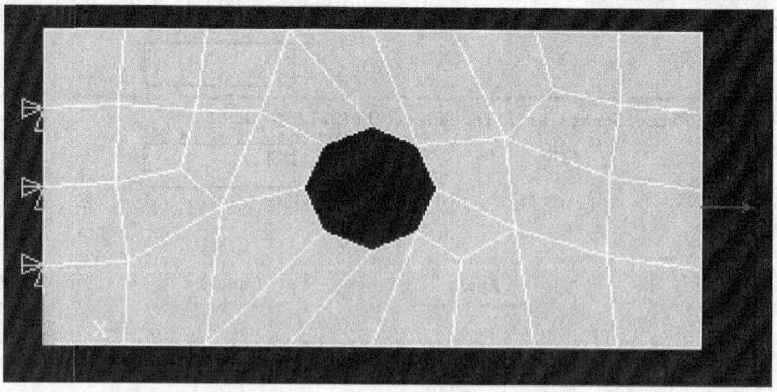

图 4-17　约束、载荷模型图

4）求解：从主菜单中选择“Solution>Solve>Current LS”命令，单击【OK】按钮，系统进行求解运算，直至弹出“Solution is done”对话框。

（4）检查计算结果，观察收敛情况，决定是否修改网格模型。

1）首先显示节点编号，找出孔部对应的节点：从功能菜单中选择“Utility Menu>Plot>Nodes”（如果没有显示节点编号，则从功能菜单中选择“Utility Menu>PlotCtrls>Numbering...”，打开节点编号），记下与圆顶部对应的节点编号，如图 4-18 所示。

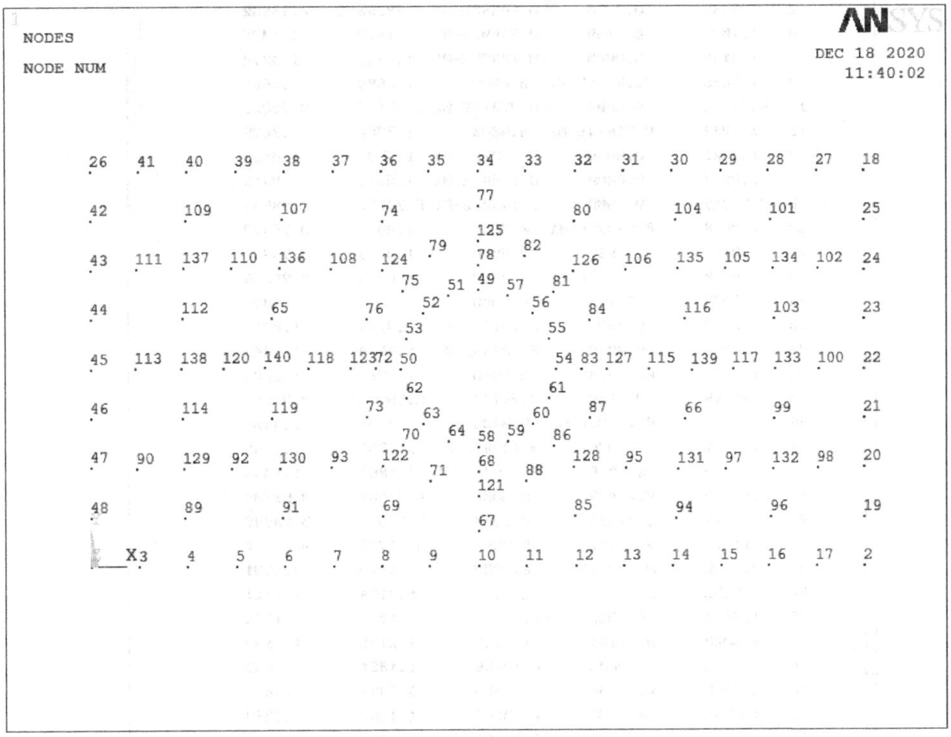

图 4-18 节点编号显示

列出应力值：从主菜单中选择“General Postproc>List Results>Nodal Solution>Stress”命令，选择“Von Mises Stess”检查所要考察节点的 SEQV 值（等效应力值），如图 4-19 所示。经查结果可知其大小为 3.57N/mm²，与手工计算的结果 3.9MPa 有差别，因此需要在孔的周围采用更小的网格尺寸才能获得更为精确的解。

2）修改网格模型。网格模型的修改方式很多，这里选择将孔周围的单元进行网格细化，如图 4-20 所示。从主菜单中选择“Preprocessor>Meshing>MeshTool”命令，弹出“MeshTool”对话框，运用“MeshTool>Refine”完成，细化级别=1（稍作细化），细化效果如图 4-21 所示。

3）重新计算和列出应力值：从主菜单中选择“Solution>Solve>Current LS”命令，再从主菜单中选择“General Postproc>List Results>Nodal Solution>Stress”命令，这时检查孔顶部最大 Von Mises Stess 等效应力（编号可能会改变）=3.78N/mm²。

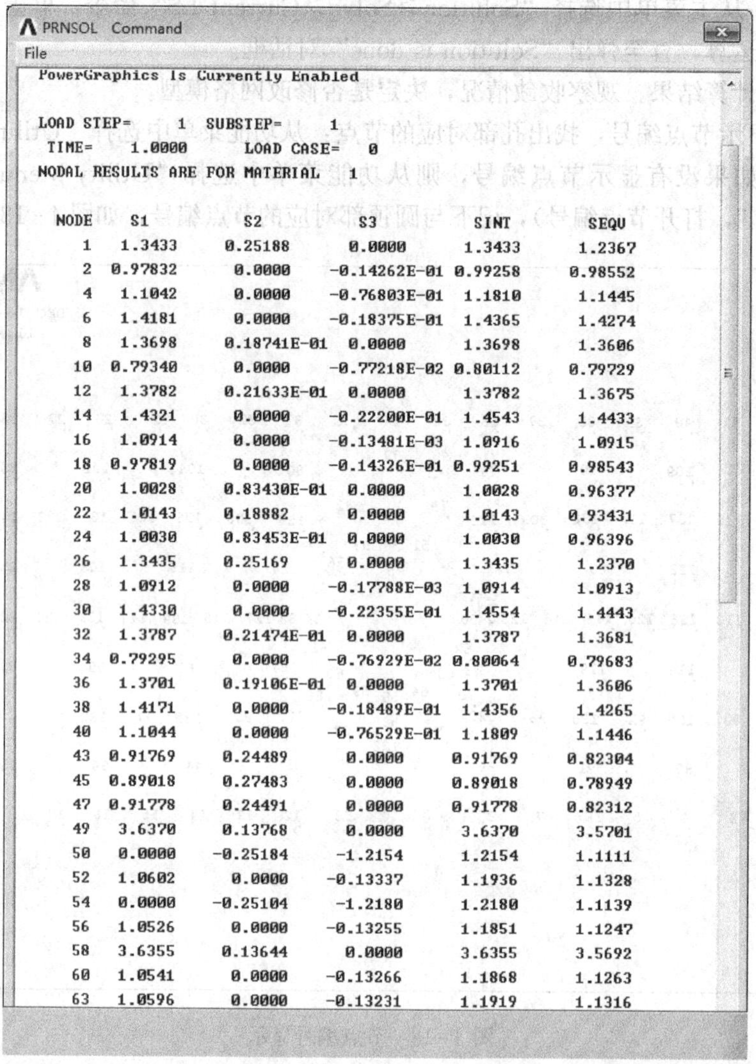

PRNSOL Command

File

PowerGraphics Is Currently Enabled

LOAD STEP= 1 SUBSTEP= 1

TIME= 1.0000 LOAD CASE= 0

NODAL RESULTS ARE FOR MATERIAL 1

NODE	S1	S2	S3	SINT	SEQU
1	1.3433	0.25188	0.0000	1.3433	1.2367
2	0.97832	0.0000	-0.14262E-01	0.99258	0.98552
4	1.1042	0.0000	-0.76803E-01	1.1810	1.1445
6	1.4181	0.0000	-0.18375E-01	1.4365	1.4274
8	1.3698	0.18741E-01	0.0000	1.3698	1.3606
10	0.79340	0.0000	-0.77218E-02	0.80112	0.79729
12	1.3782	0.21633E-01	0.0000	1.3782	1.3675
14	1.4321	0.0000	-0.22200E-01	1.4543	1.4433
16	1.0914	0.0000	-0.13481E-03	1.0916	1.0915
18	0.97819	0.0000	-0.14326E-01	0.99251	0.98543
20	1.0028	0.83430E-01	0.0000	1.0028	0.96377
22	1.0143	0.18882	0.0000	1.0143	0.93431
24	1.0030	0.83453E-01	0.0000	1.0030	0.96396
26	1.3435	0.25169	0.0000	1.3435	1.2370
28	1.0912	0.0000	-0.17788E-03	1.0914	1.0913
30	1.4330	0.0000	-0.22355E-01	1.4554	1.4443
32	1.3787	0.21474E-01	0.0000	1.3787	1.3681
34	0.79295	0.0000	-0.76929E-02	0.80064	0.79683
36	1.3701	0.19106E-01	0.0000	1.3701	1.3606
38	1.4171	0.0000	-0.18489E-01	1.4356	1.4265
40	1.1044	0.0000	-0.76529E-01	1.1809	1.1446
43	0.91769	0.24489	0.0000	0.91769	0.82304
45	0.89018	0.27483	0.0000	0.89018	0.78949
47	0.91778	0.24491	0.0000	0.91778	0.82312
49	3.6370	0.13768	0.0000	3.6370	3.5701
50	0.0000	-0.25184	-1.2154	1.2154	1.1111
52	1.0602	0.0000	-0.13337	1.1936	1.1328
54	0.0000	-0.25104	-1.2180	1.2180	1.1139
56	1.0526	0.0000	-0.13255	1.1851	1.1247
58	3.6355	0.13644	0.0000	3.6355	3.5692
60	1.0541	0.0000	-0.13266	1.1868	1.1263
63	1.0596	0.0000	-0.13231	1.1919	1.1316

图 4-19 节点应力值列表

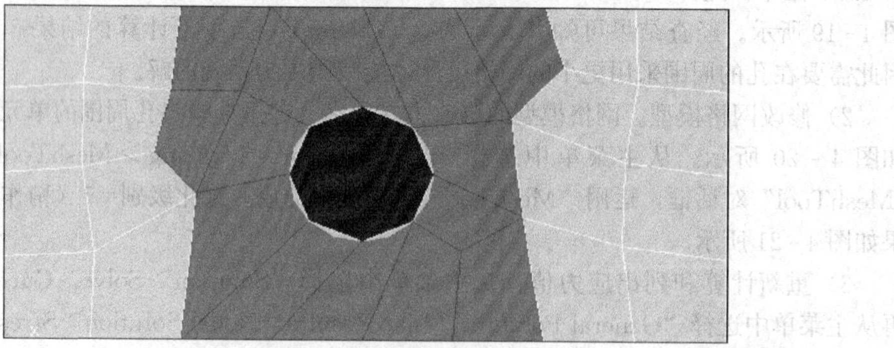

图 4-20 细化网格选择

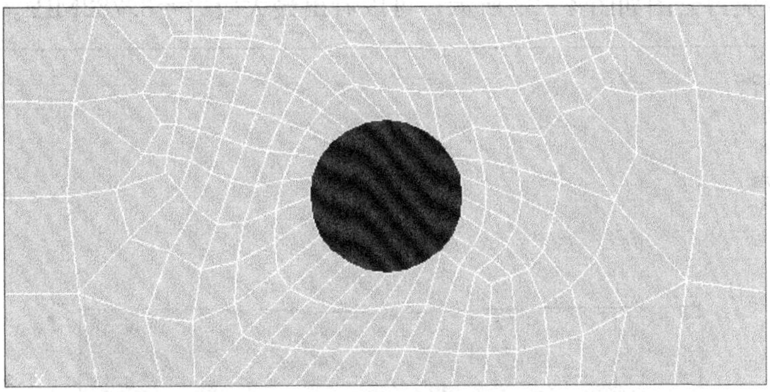

图 4-21 网格细化效果

（5）后处理。

1）绘制变形图。从主菜单中选择“General Postproc>Plot Results>Deformed shape>Def＋undeformed”命令，单击【OK】按钮确认。从图 4-22 可以看出孔的变形情况、整体变形情况，并且从图中左上角说明得知，最大位移＝0.00124mm。

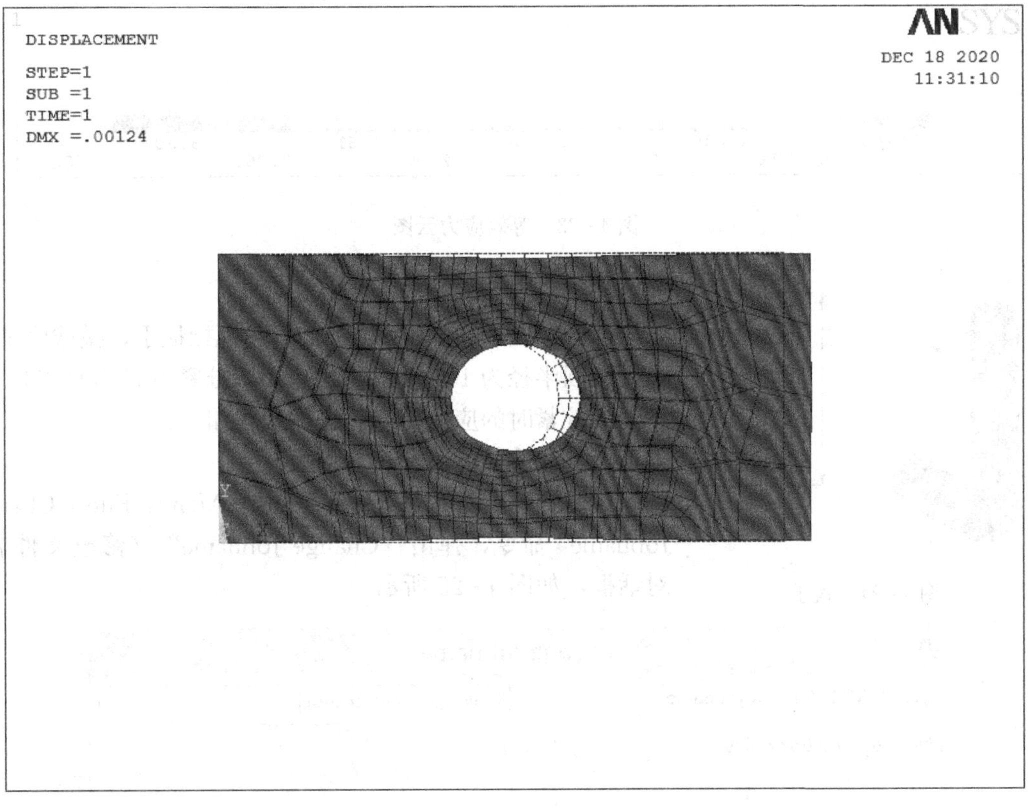

图 4-22 整体变形图

2）绘制等效应力云图：从主菜单中选择“General Postproc>Plot Results>Contour plot>Nodal Solution”命令，在弹出的窗口中选择“von Mises Stress”，单击【OK】按钮

确认。得到等效应力云图如图 4-23 所示，可以看出最大应力=3.782MPa。

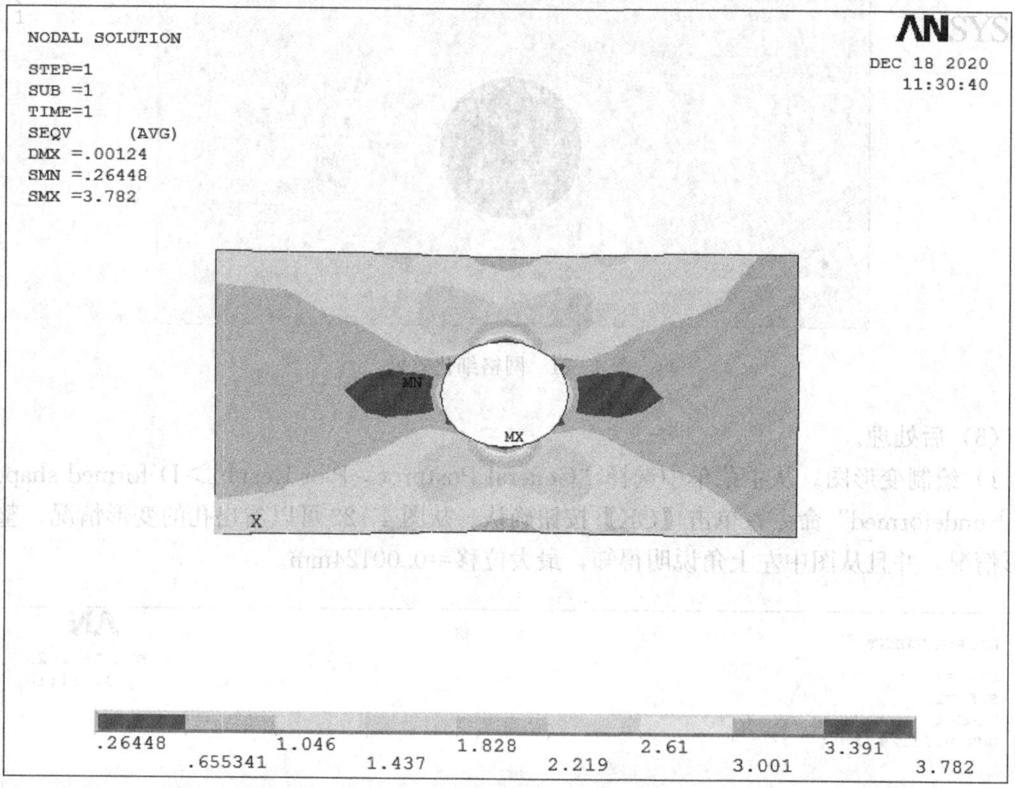

图 4-23 等效应力云图

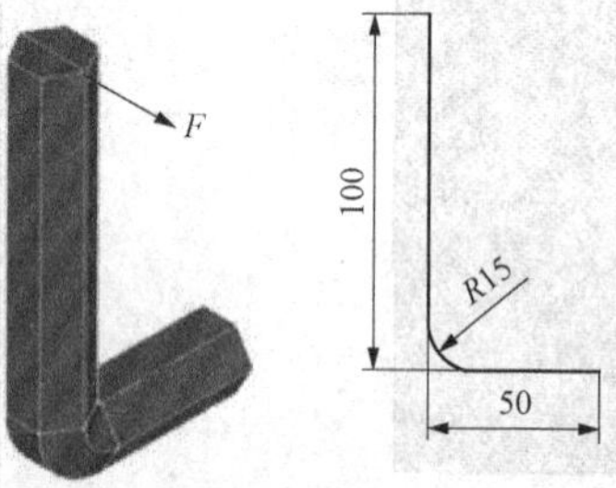

图 4-24 扳手

2. 三维实体静力学问题

已知：图 4-24 所示为一内六角螺栓扳手，横截面是一个外接圆半径为 10mm 的正六边形，拧紧力 F 为 600N，计算扳手拧紧时的应力分布。分析过程如下：

（1）修改任务名和过滤界面。

1）从实用菜单中选择“Utility Menu：File>Change Jobname”命令，弹出“Change Jobname”（修改文件名）对话框，如图 4-25 所示。

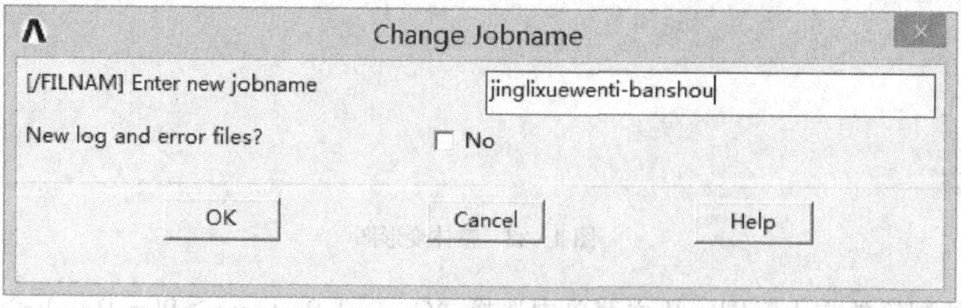

图 4-25 文件名设置

2）在“Enter new jobname”（输入新的文件名）文本框中输入“jinglixuewenti - banshou”作为本分析实例的数据库文件名。

3）单击【OK】按钮，完成文件名的修改。

4）从主菜单中选择“Utility Menu：Preference”命令，弹出“Preference of GUI Filtering”（菜单过滤参数选择）对话框，选中“Structural”复选框，单击【OK】按钮确定，如图 4 - 26 所示。

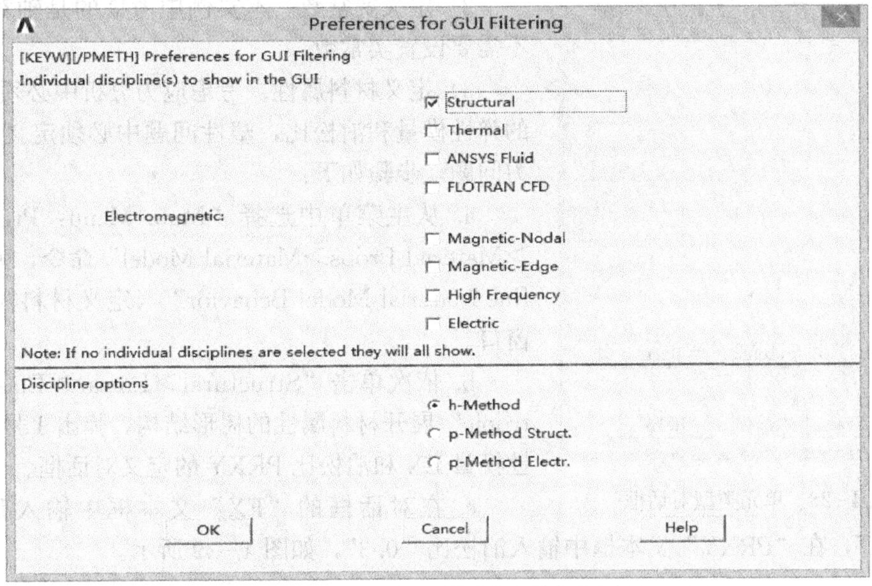

图 4 - 26 参数过滤

（2）参数设置。

1）定义单元类型。

a. 从主菜单中选择“Main Menu：Preprocessor>Element Type>Add/Edit/Delete”命令，弹出“Element Type”（单元类型）对话框。

b. 单击【Add...】按钮，弹出“Library of Element Types”（单元类型库）对话框，如图 4 - 27 所示。

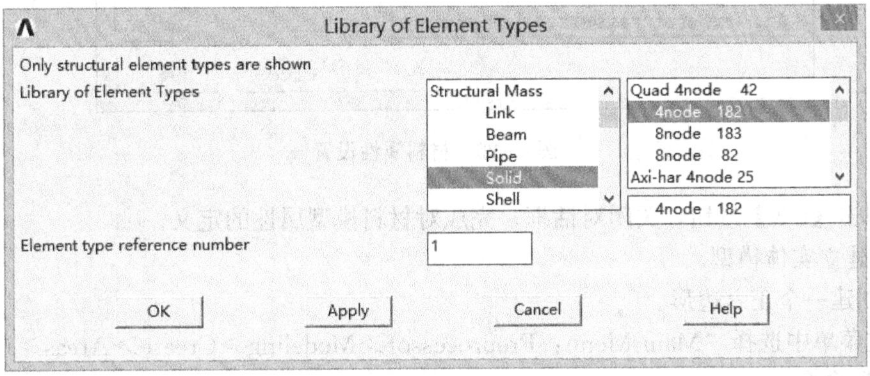

图 4 - 27 单元类型设置

c. 选择“Solid”选项，选择实体单元类型。

d. 在右边的列表框中选择“Quad4 node 182”选项。

e. 单击【Apply】按钮，再在右侧列表中选择“Brick 8 node 185”，单击【OK】按钮关闭单元类型库对话框，同时返回到步骤 a 打开的单元类型对话框，如图 4-28 所示。

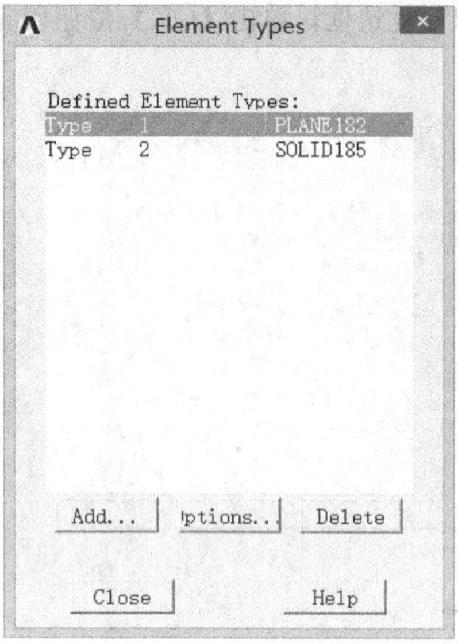

图 4-28 单元类型对话框

f. 单击【Close】按钮，关闭单元类型对话框，结束单元类型的添加。

2）定义实常数。本实例中考虑的是轴对称问题，不需要设置实常数。

3）定义材料属性。考虑应力分析中必须定义材料的弹性模量和泊松比，塑性问题中必须定义材料的应力问题。步骤如下：

a. 从主菜单中选择“Main Menu: Preprocessor >Material Props>Material Model”命令，弹出“Define Material Model Behavior”（定义材料模型属性）窗口。

b. 依次单击“Structural>Linear>Elastic>Isotropic”展开材料属性的树形结构，弹出 1 号材料的弹性模量 EX 和泊松比 PRXY 的定义对话框。

c. 在对话框的“EX”文本框中输入弹性模量“2E+011”，在“PRXY”文本框中输入泊松比“0.3”，如图 4-29 所示。

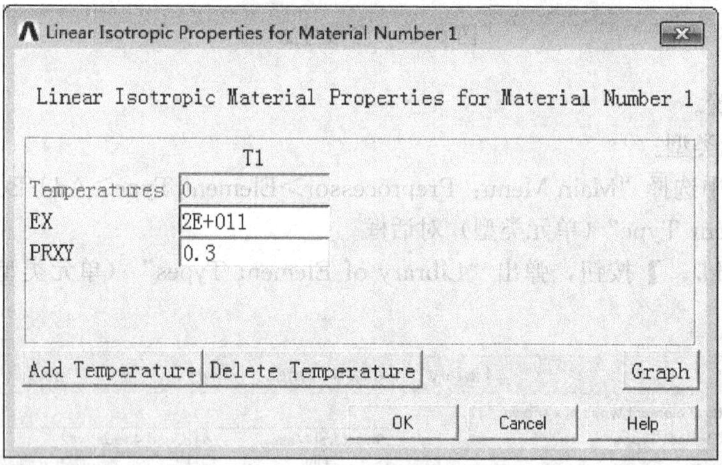

图 4-29 材料属性设置

d. 单击【OK】按钮，关闭对话框，完成对材料模型属性的定义。

（3）建立实体模型。

1）创建一个正六边形。

a. 主菜单中选择“Main Menu: Preprocessor>Modeling>Create>Areas>Polygon>Hexagon”命令。

b. 在文本框中输入 X=0，Y=0，Radius=0.01，单击【OK】按钮，如图 4-30 所示。

2）改变视点。从应用菜单中选择“Utility Menu：Plotctrls>Pan Zoom Rotate”命令，在所弹出的对话框中，依次单击【iso】【Fit】按钮。

3）显示关键点号、线号。从应用菜单中选择“Utility Menu：Plotctrls>Numbering”命令，在所弹出对话框中，将“Keypoint number”（关键点号）和“Line number”（线号）打开，单击【OK】按钮。

4）创建关键点。

a. 从主菜单中选择“Main Menu：Preprocessor>Modeling>Create>Keypoints>In Active CS”命令，弹出如图 4-31 所示的对话框。

b. 在 NPT 文本框中输入 7，在“X，Y，Z”文本框中输入“0，0，0”，单击【Apply】按钮。

c. 在 NPT 文本框中输入 8，在“X，Y，Z”文本框中输入“0，0，0.05”，单击【Apply】按钮。

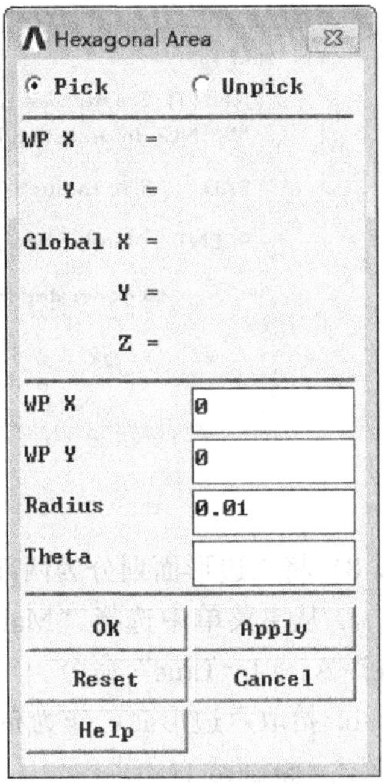

图 4-30　正六边形创建

d. 在 NPT 文本框中输入 9，在“X，Y，Z”文本框中输入 0，0.1，0.05，单击【OK】按钮。

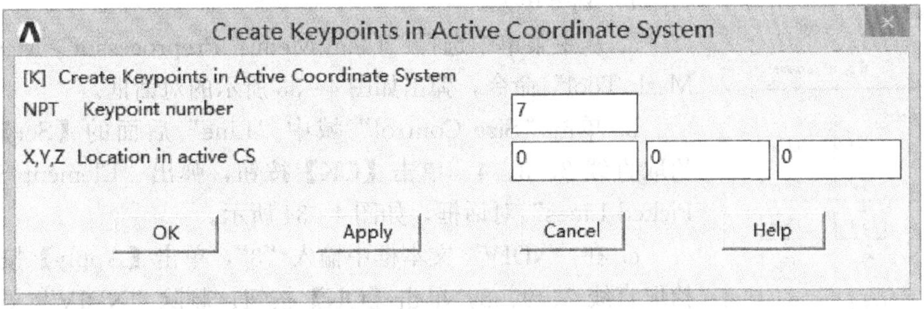

图 4-31　关键点创建

5）创建直线。从主菜单中选择“Main Menu：Preprocessor>Modeling>Create>Lines>Straight Line”命令，弹出拾取窗口，分别拾取关键点 7 和 8，8 和 9，创建两条直线，单击【OK】按钮。

6）创建圆角。

a. 从主菜单中选择“Main Menu：Preprocessor>Modeling>Create>Lines>Line Fillet”命令。

b. 弹出拾取对话框，分别拾取 7 和 8，单击【OK】按钮，弹出如图 4-32 所示的对话框。

c. 在“RAD”文本框中输入“0.015”，单击【OK】按钮。

7）创建直线。从主菜单中选择“Main Menu：Preprocessor>Modeling>Create>Lines>Straight Line”命令，弹出拾取窗口，分别拾取关键点 1 和 4，单击【OK】按钮。

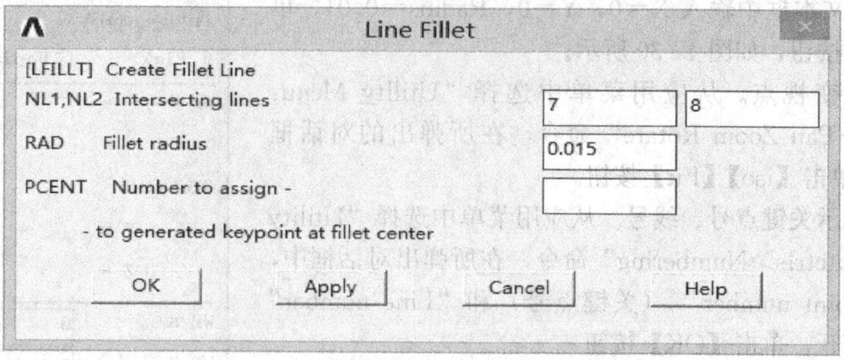

图 4-32 圆角创建

8）将六边形面划分为两部分。

a. 从主菜单中选择“Main Menu：Preprocessor＞Modeling＞Operate＞Booleans＞Divide＞Area by Line”命令。

b. 拾取六边形面，作为布尔分解操作的母体，单击【OK】按钮。

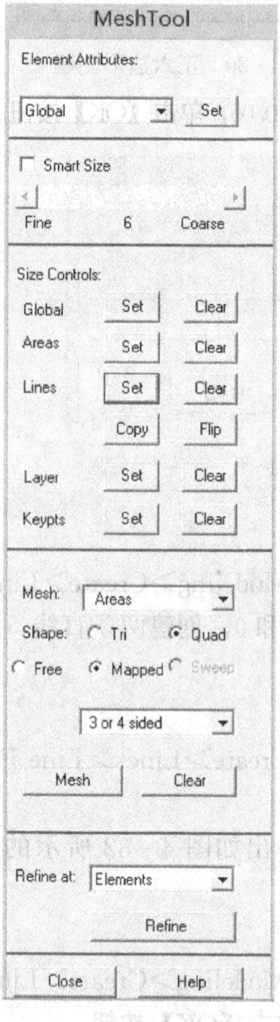

图 4-33 单元划分对话框

c. 拾取上一步在关键点 1 和 4 之间建立的直线，单击【OK】按钮。

（4）对扳手划分网格。

1）划分单元。

a. 从主菜单中选择“Main Menu：Preprocessor＞Meshing＞Mesh Tool”命令，弹出如图 4-33 所示的对话框。

b. 单击“Size Control”域中“Line”后面的【Set】按钮，拾取直线 2、3、4，单击【OK】按钮，弹出“Element Sizes on Picked Lines”对话框，如图 4-34 所示。

c. 在“NDIV”文本框中输入“3”，单击【Apply】按钮；再拾取直线 7、9、8，单击【OK】按钮；删除“NDIV”文本框中的“3”，在“SIZE”中输入“0.01”，单击【OK】按钮。

d. 选择单元形状为“Quad”，选择划分方法为“Mapped”，单击【Mesh】按钮，拾取六边形面，单击【OK】按钮。

2）显示直线。从实用菜单中选择“Utility Menu：Plot＞lines”命令。

3）由面沿直线生成体。

a. 主菜单中选择“Main Menu：Preprocessor＞Modeling＞Operate＞Extrude＞Areas＞Along Lines”命令。

b. 在弹出的对话框中，拾取六边形面的两个部分，单击【OK】按钮。

c. 弹出拾取窗口后，依次拾取直线 7、9、8，单击【OK】按钮。

4）清除面单元。

a. 主菜单中选择“Main Menu：Preprocessor＞Meshing＞

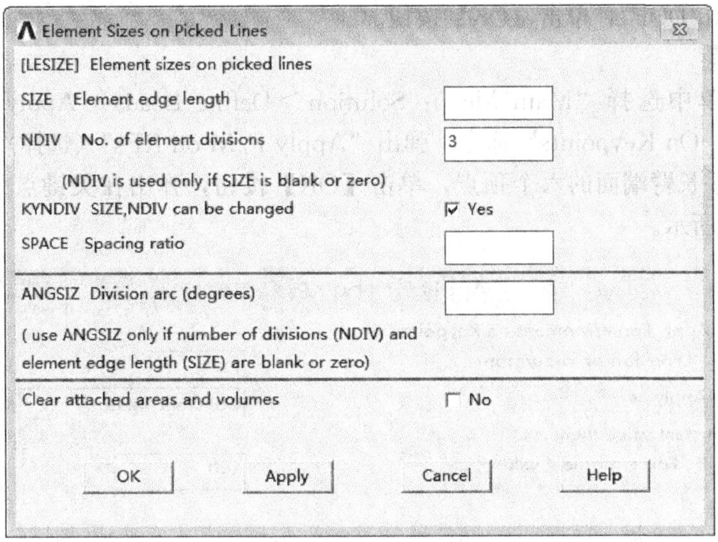

图 4-34　直线分割

Clear＞Areas”命令。

b. 拾取 Z=0 的两个平面，单击【OK】按钮。

5）显示单元。从实用菜单中选择“Utility Menu：Plot＞Elements”命令。

（5）定义边界条件并求解。

1）施加约束。

a. 从主菜单中选择“Main Menu：Solution＞Define Loads＞Apply＞ Structural＞Displacement＞on Areas”命令，弹出“Apply U，Rot on Areas”对话框，选择欲施加位移约束的面。

b. 拾取 $Z=0$ 的两个平面即扳手的短臂端面，单击【OK】按钮，弹出“Apply U，Rot on Areas”对话框，在面上施加位移约束，如图 4-35 所示。

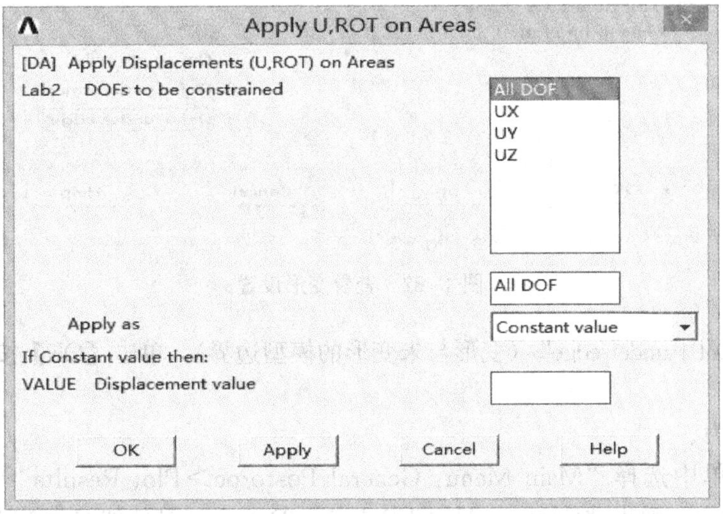

图 4-35　施加约束

c. 选择“All DOF”，单击【OK】按钮。

2）施加载荷。

a. 从主菜单中选择“Main Menu：Solution＞Define Loads＞Apply＞ Structural＞Force/Moment＞On Keypoints”命令，弹出“Apply F/M on KPs”（选择）对话框。

b. 拾取扳手长臂端面的六个顶点，单击【OK】按钮，弹出在关键点处施加载荷对话框，如图 4 - 36 所示。

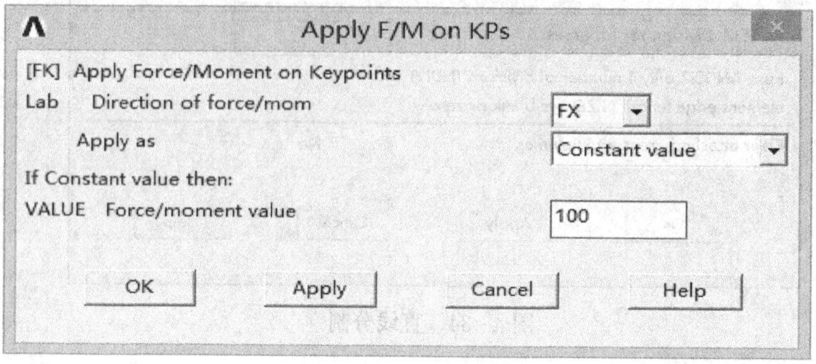

图 4 - 36 施加载荷

c. 选“Lab”为“FX”，在“VALUE”文本框中输入“100”，单击【OK】按钮。

3）求解结果。从主菜单中选择“Main Menu：Solution＞Solve＞Current LS”命令，弹击“Solve Current Load Step”对话框，单击【OK】按钮。求解结束即可查看结果。

（6）查看结果。

1）查看变形。

a. 从主菜单中选择“Main Menu：General Postproc＞Plot Results＞Deformed Shape”命令，弹出“Plot Deformed Shape”对话框，如图 4 - 37 所示。

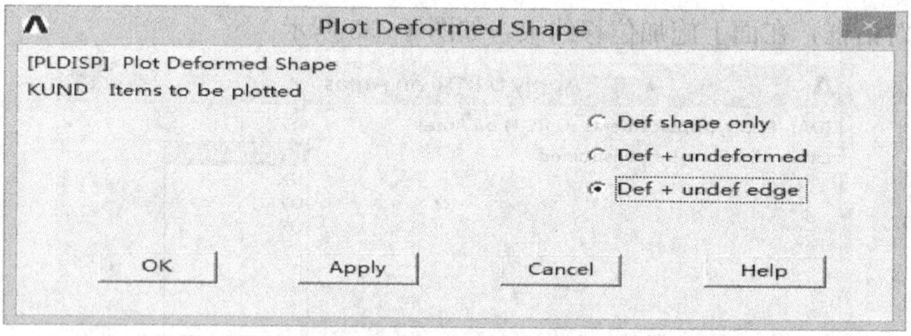

图 4 - 37 查看变形设置

b. 选中“Def＋undef edge”（变形与未变形的模型边界），单击【OK】按钮，如图 4 - 38 所示。

2）查看应力。

a. 从主菜单中选择“Main Menu：General Postproc＞Plot Results＞Contour Plot＞Nodal Solu”命令，弹出“Contour Nodal Solution Data”（等值线显示节点解数据）对话框，如图 4 - 39 所示。

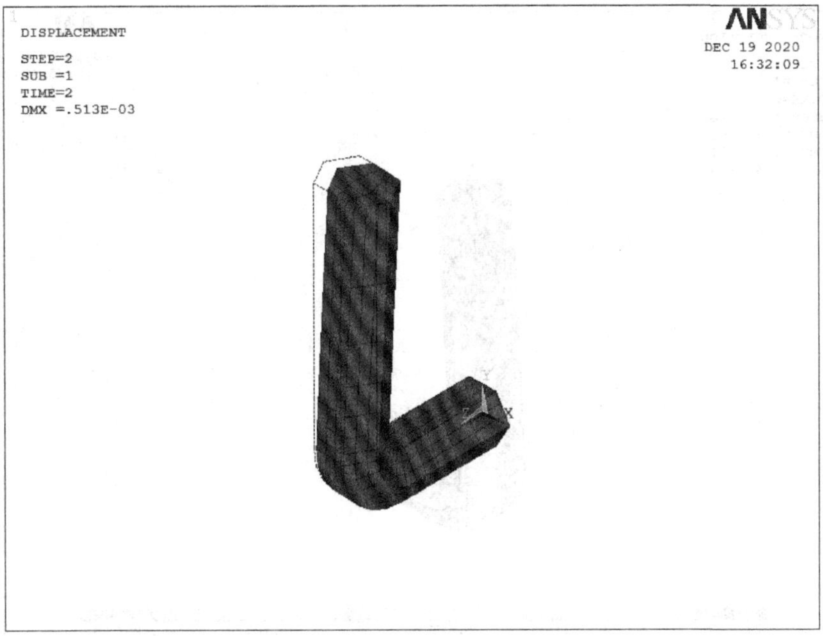

图 4-38　变形图

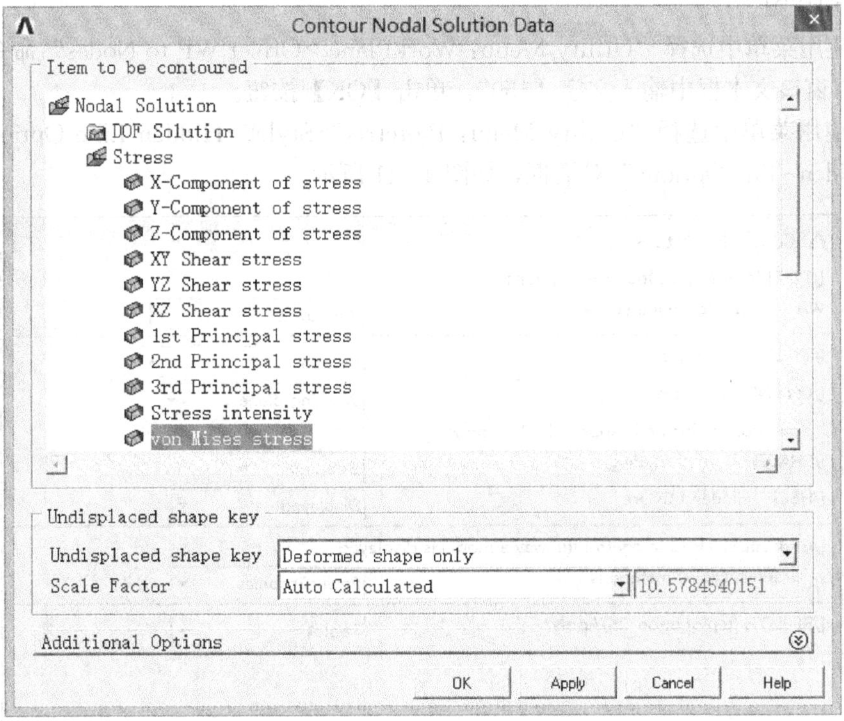

图 4-39　查看应力设置

b. 在“Item to be contoured”（等值线显示结果项）域中“选择 Nodal Solution＞Stress＞Von Mises stress”选项，单击【OK】按钮，如图 4-40 所示。

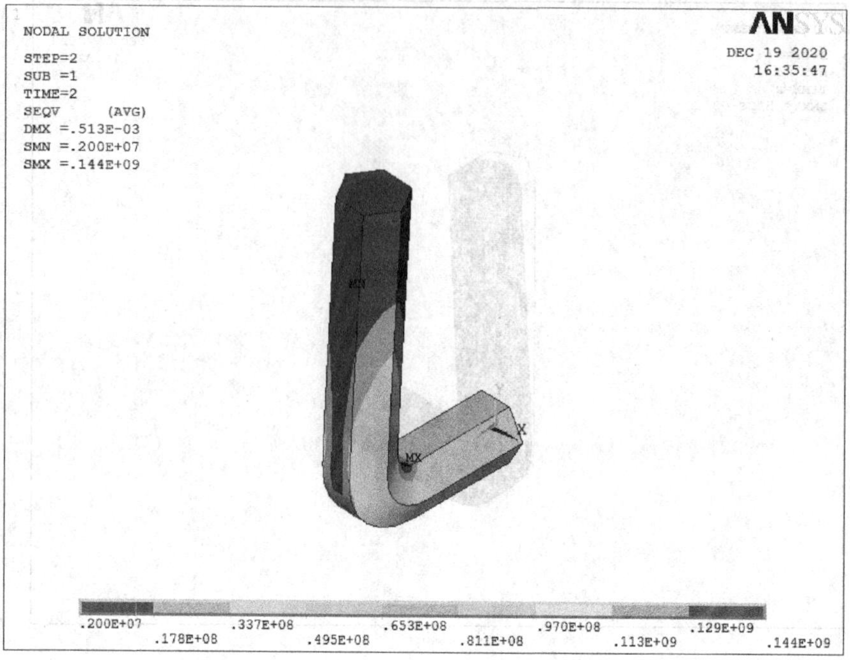

图 4-40　应力显示

3）做切片图。

a. 从应用菜单中选择“Utility Menu：WorkPlane>Offset WP to Nodes”命令，弹出拾取窗口，在窗口文本框中输入文字“159”，单击【OK】按钮。

b. 从应用菜单中选择“Utility Menu：Plotctrls>Style>Hidden Line Options”命令，弹出“Hidden-line Options”对话框，如图 4-41 所示。

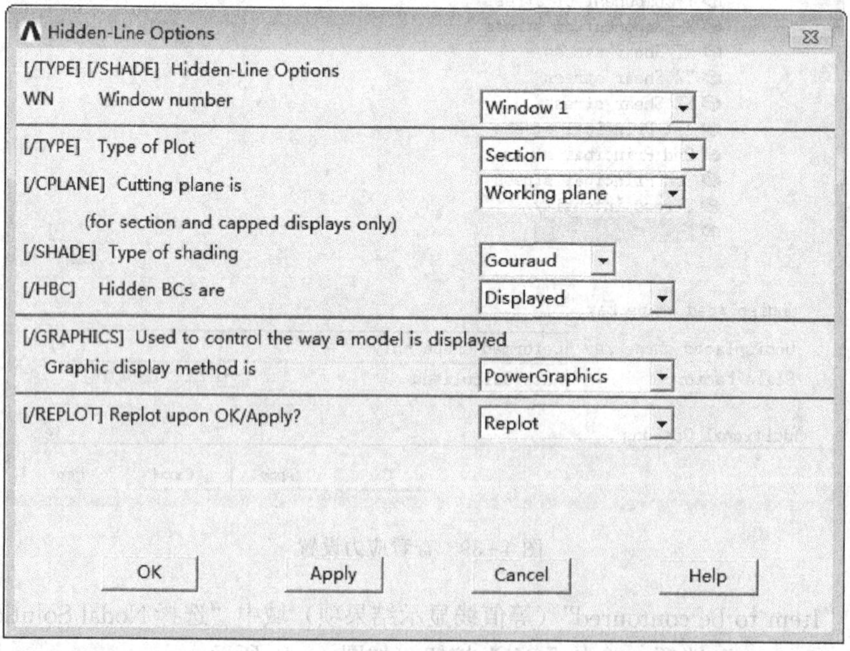

图 4-41　切片设置

c．选择“/TYPE Type of Plot”为“Section”，选择“/CPLANE Cutting plane is”为“Working plane”，单击【OK】按钮。获得的切片图如图4-42所示。

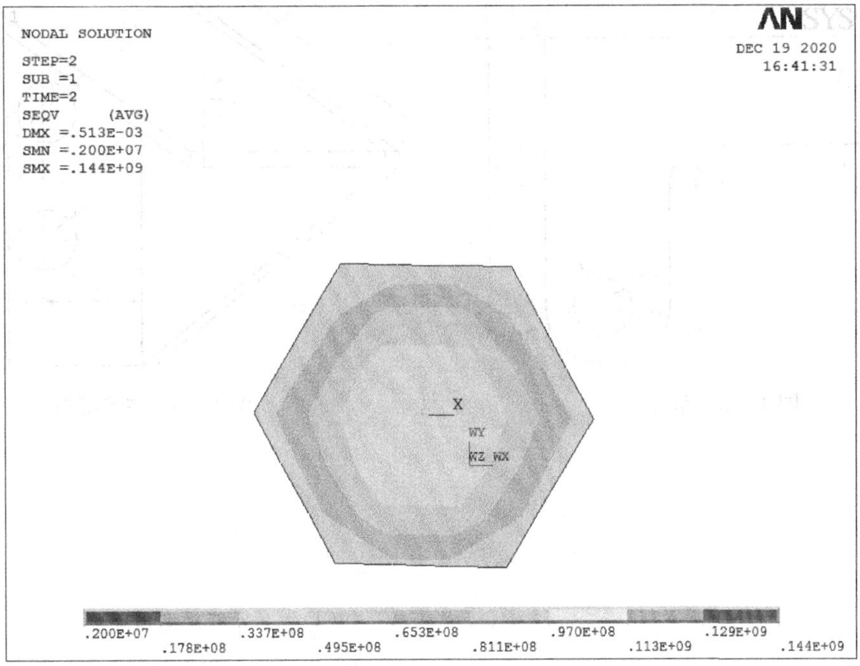

图4-42　切片应力显示

习　题

1. 有限元法的实质和基本思想是什么？
2. 试述有限元法的分析过程。
3. 试述平面应力问题和平面应变问题的区别。
4. 位移函数收敛性的条件有哪些？
5. 总刚度矩阵的性质有哪些？
6. 简述有限元建模的过程、原则和步骤。
7. 简述ANSYS软件的组成和功能。
8. 如图4-43所示，角架在A孔处完全紧固情况下，对B孔处施加一个向下的、从边缘到中间逐渐变大的力（模拟由紧固螺钉产生的压力），具体参数条件如下：$P_{min}=10kN$，$P_{max}=100kN$，$E=210GPa$，板厚$t=0.5cm$，泊松比$\mu=0.3$。试用ANSYS软件分析角架的变形和von Mises应力分布。（图中单位：cm）
9. 如图4-44所示，三维托架顶面承受$100N/cm^2$的均匀分布载荷，托架通过有孔的表面固定在墙上，托架是钢制的，弹性模量$E=210GPa$，泊松比$\mu=0.3$。试通过ANSYS软件输出其变形图及其托架的von Mises应力分布。（图中单位：cm）

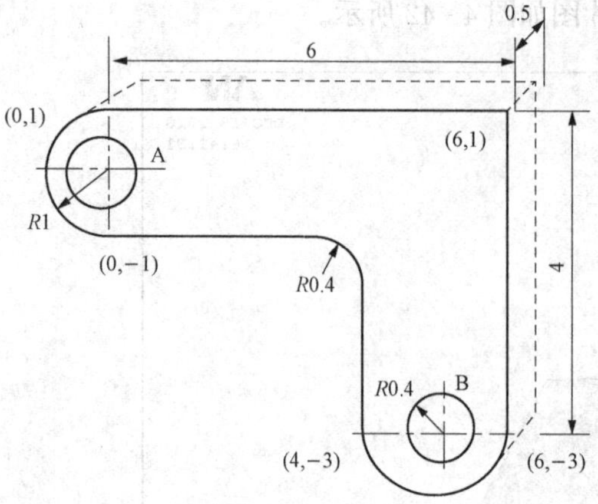

图 4-43 角架

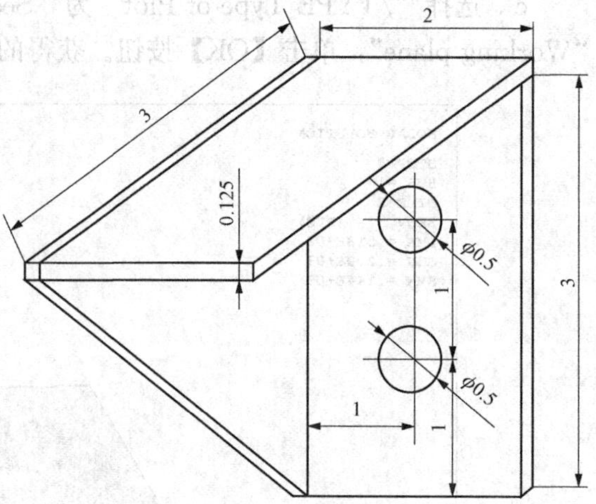

图 4-44 三维托架

第5章 可靠性设计

1952年，美国人 Robert Lusser 首先提出可靠性的科学定义。同年11月，美国国防部成立了电子设备可靠性顾问团咨询组 AGREE 研究武器装备的故障问题，该小组于1957年6月发表了著名的《军用电子设备的可靠性》报告，其中不但论述了该设备的可靠性问题，还比较完整地论述了可靠性的理论基础及研究方法。当时在航天领域由于机械故障引起的事故多，损失大，于是美国宇航局（NASA）从1965年起开始进行机械可靠性研究。例如，用超载负荷进行机械产品的可靠性试验验证；在随机动载荷下研究机械结构和零件的可靠性；将预先给定的可靠度目标值直接落实到应力分布和强度分布都随时间变化的机械零件设计中等。

我国对可靠性的研究开始于20世纪60年代，首先是航天和电子工业领域，如电子元件的筛选试验、导弹制导系统可靠性研究等。1986年11月25日，机械电子工业部发布了《关于加强机电产品可靠性工作》的通知，推动了机电行业可靠性应用的开展。近年来，在仪器仪表、汽车、工程机械、矿山机械、通信广播设备等行业领域也开展了广泛的可靠性应用研究，取得了显著成绩。但我国在可靠性应用及产品可靠性的总体水平方面普遍较低，尤其在基础零部件及元器件方面，例如仪表、液压元件、低压电器等的平均无故障时间低于国外同类产品一两个数量级。目前产品可靠性问题已影响到我国机电产品的出口。可靠性设计的目标是在一个系统中，排除设计阶段关键系统功能的故障。

5.1 可靠性的基本概念及特点

5.1.1 可靠性的基本概念

可靠性是指产品在规定条件和规定时间内，完成规定功能的能力。由可靠性的定义可知，其关键因素有以下几个：

（1）产品。产品是指作为产品单独研究和分别试验对象的任何元件、设备或系统，可以是零件、部件，也可以是由它们装配而成的机器，或由许多机器组成的机组和成套设备，甚至可以把人的作用也包括在内。在具体使用“产品”这一词时，其确切含义应加以说明。例如，汽车板簧、汽车发动机、汽车整车等都是产品。

（2）条件规定。这些条件包括运输条件、储存条件和使用时的环境条件。对机械设备而言，规定的条件主要指零部件或系统的工作和使用条件，包括载荷情况、环境条件及操纵人员的条件。任何产品如果使用不当，都可能引起损坏，所以在说明书中必须对使用条件加以规定。

（3）时间规定。产品只能在一定的时间范围内达到目标可靠度，不可能永远不坏，因此对时间的规定一定要明确。时间可能是指区间（0，t），也可能是指区间（t_1，t_2）。这里的时间是广义的。例如，车辆可以规定里程数，有些设备可以规定产量（如采煤机），有些设备可能是转数等。

（4）功能规定。功能规定是指技术文件规定的功能，如机械力学功能、运转功能或用户需要的功能。

（5）能力规定。能力是抽象的概念。产品的失效或故障均具有偶然性，一个产品在某段时间内的工作情况并不能很好地反映该产品可靠性的高低，应该观察大量该种产品的工作情况并进行合理的处理后才能正确地反映该产品的可靠性。因此，对能力的定量需要使用概率和数理统计的方法。

若某产品丧失规定的能力，则称此产品失效。失效是指产品丧失规定的能力。因此，规定的能力与失效密切相关。

5.1.2 可靠性的特点

机械可靠性设计是可靠性工程学的主要内容之一，目前可靠性工程学在机械设计的应用已扩展到结构设计、强度分析、疲劳研究等方面。

在机械可靠性设计中，将载荷、材料性能与强度及零部件尺寸，都视为属于某种概率分布的统计量，应用概率与数理统计及强度理论，求出在给定设计条件下零部件不产生破坏的概率公式、应用公式，就可以在给定可靠度下求出零部件的尺寸或给定其尺寸确定其安全寿命。

可靠性设计与以往的传统机械设计方法不同，可靠性设计具有以下基本特点：

（1）可靠性设计法认为机器的工作过程是一个随机过程，作用在零部件上的载荷（广义的）和材料性能都不是定值，而是随机变量，具有明显的离散性质，在数学上必须用分布函数来描述，并用概率统计的方法求解。

（2）可靠性设计法认为所设计的任何产品都存在一定的失效可能性，并且可以定量地回答产品在工作中的可靠程度，从而弥补了常规设计的不足。

5.2 可靠性设计的常用指标和分布函数

5.2.1 可靠性设计的常用指标

工程上常用以下指标（也称特征值）来衡量机械的可靠性：可靠度、不可靠度、失效概率密度函数、失效率、平均寿命等。它们统称“可靠性尺度”，有了尺度，就可以在设计产品时用数学方法来计算和预测其可靠性，在产品生产出来后用试验方法等来考核和评定其可靠性。

1. 可靠度 $\overline{R}(t)$

可靠度是指产品在规定条件下和规定时间内完成规定功能的概率，通常用字母 R 表示。考虑到它是时间 t 的函数，故也写为 $\overline{R}(t)$。

设有 N 个相同的产品在相同条件下工作，到任一给定的工作时间 t 时，累计有 $n(t)$ 个产品失效，其余 $N-n(t)$ 个产品仍能正常工作，那么该产品到时间 t 的可靠度估计值为

$$\overline{R}(t)=\frac{N-n(t)}{N} \tag{5-1}$$

其中，$\overline{R}(t)$ 也称为存活率。当 $N\to\infty$ 时，$\lim\limits_{N\to\infty}\overline{R}(t)=R(t)$，即为该产品的可靠度。由于可靠度表示的是一个概率，所以 $\overline{R}(t)$ 的取值范围为 $0\leqslant\overline{R}(t)\leqslant 1$。

可靠度是评价产品可靠性的最重要的定量指标之一。

2. 不可靠度或失效概率 $F(t)$

产品在规定条件和规定时间内丧失规定功能的概率，称为不可靠度或称累积失效概率（简称失效概率），常用字母 F 表示，由于是时间 t 的函数，记为 $F(t)$，称为不可靠度或失

效概率函数。不可靠度的估计值为

$$\overline{F}(t)=\frac{n(t)}{N} \tag{5-2}$$

其中，$\overline{F}(t)$ 也称不存活率。当 $N\to\infty$ 时，$\lim\limits_{N\to\infty}\overline{F}(t)=F(t)$ 即为该产品的不可靠度。

由于失效和不失效是相互对立事件，根据概率互补定理，两对立事件的概率和恒等于 1，因此 $R(t)$ 与 $F(t)$ 之间有如下的关系：

$$R(t)+F(t)=1 \tag{5-3}$$

对于工业产品：由于 $t=0$，$n(0)=0$，故有 $R(0)=1$，$F(0)=0$；当 $t\to\infty$ 时，则有 $n(\infty)=N$，$R(\infty)=0$，$F(\infty)=1$。由此可知，在区间 $[0,\ \infty)$ 内，可靠度函数 $R(t)$ 为递减函数，失效概率函数 $F(t)$ 为递增函数。$R(t)$ 与 $F(t)$ 的变化曲线如图 5-1 (a) 所示。

3. 失效概率密度函数

对 $F(t)$ 微分得到失效概率密度函数 $f(t)$ 为

$$f(t)=\frac{\mathrm{d}F(t)}{\mathrm{d}t} \tag{5-4}$$

或

$$F(t)=\int_0^t f(t)\mathrm{d}t \tag{5-5}$$

则由式 (5-3)，可得

$$f(t)=\frac{\mathrm{d}[1-R(t)]}{\mathrm{d}t}=-\frac{\mathrm{d}R(t)}{\mathrm{d}t}=-R(t) \tag{5-6}$$

式 (5-3) 和式 (5-6) 给出了产品的可靠度 $R(t)$、失效概率密度函数 $f(t)$ 和不可靠度或失效概念函数 $F(t)$ 三者之间的关系，见图 5-1。

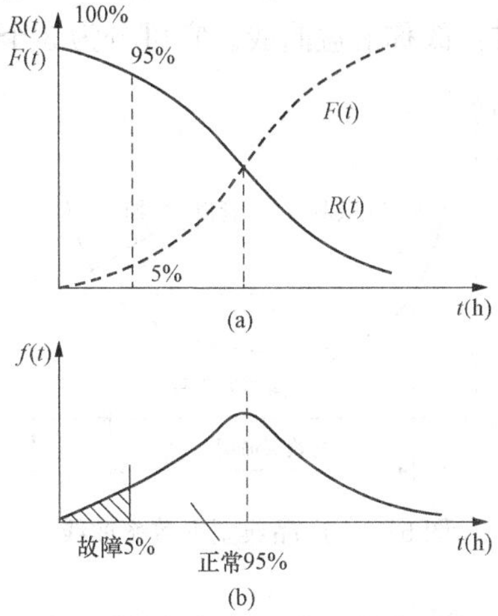

图 5-1 $R(t)$、$F(t)$、$f(t)$ 的关系

4. 失效率 $\lambda(t)$

失效率又称为故障率。其定义为产品工作 t 时刻时尚未失效（或故障）的产品，在该时刻 t 以后的下一个单位时间内发生失效（或故障）的概率。由于它是时间 t 的函数，又称为失效率函数，用 $\lambda(t)$ 表示，即

$$\lambda(t)=\lim_{\substack{N\to\infty\\ \Delta t\to 0}}\frac{n(t-\Delta t)-n(t)}{[N-n(t)]\Delta t} \tag{5-7}$$

式中 $n(t)$ ——t 时刻产品的失效数；

$n(t-\Delta t)$ ——$t-\Delta t$ 时刻产品的失效数；

N——开始时投入试验产品的总数；

Δt——时间间隔。

失效率是标志产品可靠性常用的特征量之一，失效率越低，则可靠性越高。根据失效率的定义，还可以将式 (5-7) 改写为

$$\lambda(t)=\frac{n(t-\Delta t)-n(t)}{[N-n(t)]\Delta t}=\frac{1}{N-n(t)}\cdot\frac{n(t-\Delta t)-n(t)}{\Delta t}=\frac{1}{N-n(t)}\cdot\frac{\mathrm{d}n(t)}{\mathrm{d}t}$$

分子、分母各乘以 N，得

$$\lambda(t)=\frac{1}{\dfrac{N-n(t)}{N}}\cdot\frac{\dfrac{\mathrm{d}n(t)}{N}}{\mathrm{d}t}=\frac{1}{R(t)}\frac{\mathrm{d}F(t)}{\mathrm{d}t}=\frac{f(t)}{R(t)} \tag{5-8}$$

或
$$\lambda(t)=\frac{f(t)}{R(t)}=-\frac{1}{R(t)}\cdot\frac{\mathrm{d}R(t)}{\mathrm{d}t} \tag{5-9}$$

将式（5-9）从0到 t 进行积分，得

$$\int_0^t \lambda(t)\mathrm{d}t=-\ln R(t)$$

即

$$R(t)=\mathrm{e}^{-\int_0^t \lambda(t)\mathrm{d}(t)} \tag{5-10}$$

式（5-10）称为可靠度函数 $R(t)$ 的一般方程。当 $\lambda(t)$ 为常数时，式（5-10）就是常用到的指数分布可靠度函数表达式。

综上所述，产品的可靠性指标 $R(t)$、$F(t)$、$f(t)$、$\lambda(t)$ 都是相互联系的，如果知道其中一个，就可以推算出其余3个指标。产品典型失效率曲线如图5-2所示，因其形状似浴盆，故称浴盆曲线。它可分为3个特征区：

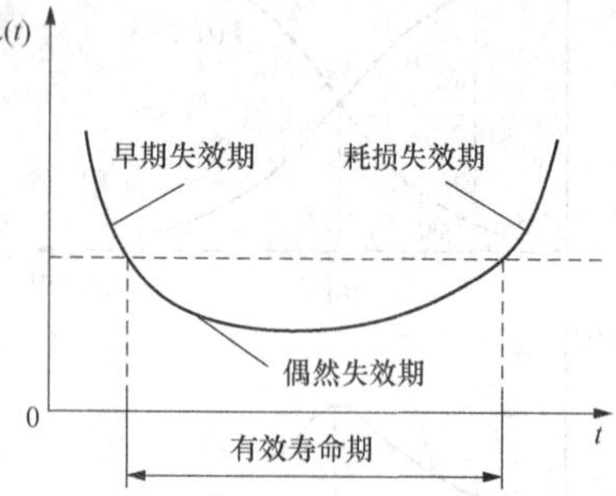

图5-2　产品典型失效率曲线

（1）早期失效期。早期失效期一般出现在产品开始工作后的较早一段时间内，一般为产品试车跑合阶段。在这一阶段中，失效率由开始很高的数值急剧地下降到某一稳定的数值。这一阶段失效率特别高的原因主要是材料不良、制造工艺缺陷检验差错、设计缺陷等。

（2）正常运行期。正常运行期又称为有效寿命期。该阶段内如果产品发生失效，一般都是由于偶然原因而引起的，因而也称为偶然失效期。其失效的特点是随机的，例如个别产品由于使用过程中工作条件发生不可预测的突然变化而导致失效。这个时期的失效率低且稳定，近似为常数，是产品的最佳状态时期。

（3）耗损失效期。耗损失效期出现在产品使用的后期，其特点是失效率随工作时间的增加而上升。耗损失效主要是产品经长期使用后，由于某些零件的疲劳、老化、过度磨损等原因，已渐近衰竭，从而处于频发失效状态，使失效率随时间推移而上升，最终会导致产品的功能终止。

5. 平均寿命

平均寿命（mean life）是指产品寿命的平均值。而产品寿命则是其无故障工作时间。平均寿命在可靠性特征量中有MTTF（mean time to failure）和MTBF（mean time between failure）两种。

（1）MTTF。MTTF是指不可修复产品从开始使用到失效的平均工作时间，或称平均无故障工作时间。

$$\mathrm{MTTF}=\frac{1}{N}\sum_{t=1}^{N} t_i \tag{5-11}$$

式中　N——测试产品的总数；

t_i——第 i 个产品失效前的工作时间，h。

当 N 值较大时，有

$$\mathrm{MTTF}=\int_0^{\infty} tf(t)\mathrm{d}t \tag{5-12}$$

当产品失效属于恒定型失效时，即可靠度 $R(t)=e^{-\lambda(t)}$ 时，有

$$\mathrm{MTTF}=\frac{1}{\lambda} \tag{5-13}$$

式（5-13）说明失效规律服从指数分布的产品，其平均寿命是失效率的倒数。

（2）MTBF。MTBF 是指可修复产品两次相邻故障间工作时间（寿命）的平均值，或称为平均无故障工作时间。

$$\mathrm{MTBF}=\frac{1}{\sum_{i=1}^{N} n_i}\sum_{i=1}^{N}\sum_{j=1}^{n_i} t_{ij} \tag{5-14}$$

式中 n_i——第 i 个测试产品的故障数；

N——测试产品的总数；

t_{ij}——第 i 个产品从第 $j-1$ 次故障到第 j 次故障的工作时间，h。

MTTF 和 MTBF 的理论意义和数学表达式都是具有同样性质的内容，故可通称为平均寿命，记作 T，有

$$T=\frac{\text{所有产品的工作时间}}{\text{总的失效或工作次数}} \tag{5-15}$$

若已知产品的失效密度函数 $f(t)$，则均值<数学期望，也就是平均寿命 T 为

$$T=\int_0^{\infty} tf(t)\mathrm{d}t \quad 0\leqslant t\leqslant\infty \tag{5-16}$$

通过推导可以得到

$$T=\int_0^{\infty} R(t)\mathrm{d}t \tag{5-17}$$

式（5-17）表明一般情况下，在从 0 到∞的时间区间上，对可靠度函数 $R(t)$ 积分，可以求出产品的平均寿命。

5.2.2 可靠性设计的分布函数

可靠性设计是以广义的产品为对象。而产品的某些性质，如加工尺寸的精度、材料的成分、机件的强度和寿命等，总会有某些偏差。而这些偏差往往对产品的可靠性有较大的影响，所以为了从偏差的形态来评价和预测产品的可靠性，在可靠性设计中将设计的参量看作随机变量。这些随机变量往往呈某种分布，可靠性设计常用的分布函数有正态分布、指数分布、对数正态分布、威布尔分布等。

1. 正态分布

正态分布又称为高斯分布，它是一切随机现象的概率分布中最常见、应用最广泛的一种分布，它对于因腐蚀、磨损、疲劳而引起的失效分布特别有用。可用正态分布解释许多自然现象和各种物理性能，例如，机械制造中零件的加工误差、测量误差，气体分子速度、噪声、气温变化，以及设备的磨损、材料的强度、应力等。

正态分布和其他分布一样，也有一定的局限性。因为许多随机现象的概率分布并不对称，并且随机变量的取值只能取正值，而不能取负值，在材料的疲劳试验和寿命试验中尤为普遍，对于这类随机现象需用对数正态分布或威布尔分布来描述。

若随机变量 X 的概率密度函数为

$$f(X)=\frac{1}{\sqrt{2\pi}\sigma}\exp\left[-\frac{(X-\mu)^2}{2\sigma^2}\right] \quad -\infty<X<\infty \tag{5-18}$$

则称 X 服从参数为 μ 与 σ^2 的正态分布，并记作 $X \sim N(\mu, \sigma^2)$。

其中，μ、σ 为正态分布的两个参数。μ 为母体的数学期望，或称均值，$-\infty < \mu < \infty$，它表征随机变量分布的集中趋势，决定正态分布曲线的位置；σ 为母体的标准差，$\sigma > 0$，它表征随机变量分布的离散程度，决定正态分布曲线的形状。当 μ 和 σ 确定后，正态分布曲线的位置和形状也就确定了。

正态分布的概率密度函数曲线（高斯曲线）如图 5-3 所示。

正态分布的累积概率分布函数为

$$F(X) = \frac{1}{\sqrt{2\pi}\sigma}\int_{-\infty}^{x} e^{-\frac{(x-\mu)^2}{2\sigma^2}} dt \quad (5-19)$$

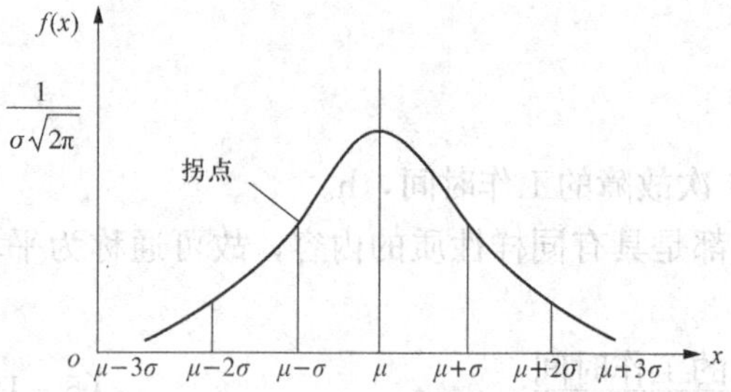

图 5-3 正态分布的概率密度曲线

为了便于数学处理和制成统一的正态分布表，可以将以上一般正态分布曲线均值移至0。设

$$z = \frac{x-\mu}{\sigma} \quad (5-20)$$

则

$$dx = \sigma dz$$

因此，式（5-18）和式（5-19）成为

$$f(z) = \frac{1}{\sqrt{2\pi}} e^{-\frac{z^2}{2}} \quad (5-21)$$

$$F(z) = \frac{1}{\sqrt{2\pi}}\int_{-\infty}^{z} e^{-\frac{z^2}{2}dz} \quad (5-22)$$

这种 $\mu=0$，$\sigma=1$ 的正态分布，称为标准正态分布，记为 $N(0, 1)$，如图 5-4 所示。变换后的变量 z 称为标准正态分布随机变量，通常按不同 z 值，求出不同的 $f(z)$ 和 $F(z)$ 记为 $\varphi(z)$ 和 $\Phi(z)$。

2. 对数正态分布

对数正态分布是一种偏态分布，而且对数正态分布随机变量 x 的取值 $x>0$，与零件的强度、寿命等取值相吻合。因此，在描述机械零件的疲劳程度、疲劳寿命、耐磨寿命、维修时间等分布研究中，得到了广泛的应用。

在实际应用中，一般处理对数正态分布的数据时，先将各个数据取对数，然后按正态分布进行处理。这样可简化计算，便于工程应用。

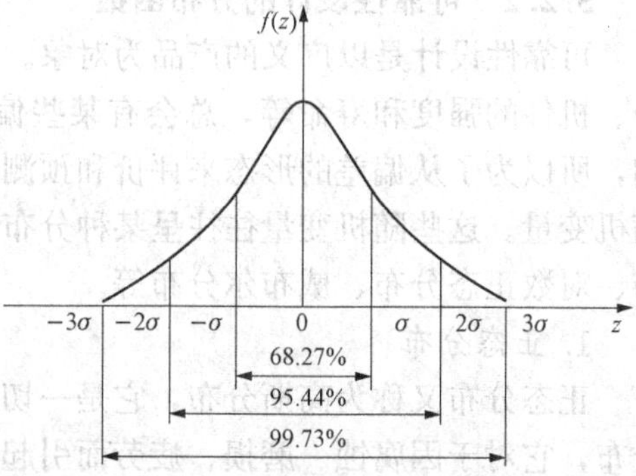

图 5-4 标准正态分布

若随机变量 x 的对数 $y=\ln(x)$ 服从正态分布则称 x 为对数正态分布的随机变量。$x=e^y$ 服从对数正态分布。其概率密度函数和累积概率分布函数分别为

$$f(x) = \frac{1}{\sqrt{2\pi}\sigma x}\exp\left[-\frac{(\ln x-\mu)^2}{2\sigma^2}\right], \ x>0 \quad (5-23)$$

$$F(x) = \int_0^x \frac{1}{\sqrt{2\pi}\sigma x}\exp\left[-\frac{(\ln x-\mu)^2}{2\sigma^2}\right]dx \quad (5-24)$$

同样，可令

$$z=\frac{\ln x-\mu}{\sigma} \tag{5-25}$$

将式（5－24）转换为标准正态分布，即

$$F(x)=\Phi(z)=\Phi\left(\frac{\ln z-\mu}{\sigma}\right)=\int_{-\infty}^{x}\frac{1}{\sqrt{2\pi}}\mathrm{e}^{-\frac{z^2}{2}\mathrm{d}z} \tag{5-26}$$

如图5－5所示，对数正态分布密度函数曲线是单峰的且是偏态的。应当指出，式（5－23）和式（5－24）中的μ和σ不是对数正态分布的位置参数和尺度参数，更不是其均值和标准差（标准离差），而分别称为它的对数均值和对数标准差（或对数标准离差）。对数正态分布的均值和标准差分别为$\mathrm{e}^{\mu+\frac{\sigma^2}{2}}$和$\mathrm{e}^{2\mu+\sigma^2}(\mathrm{e}^{\sigma^2}-1)$。

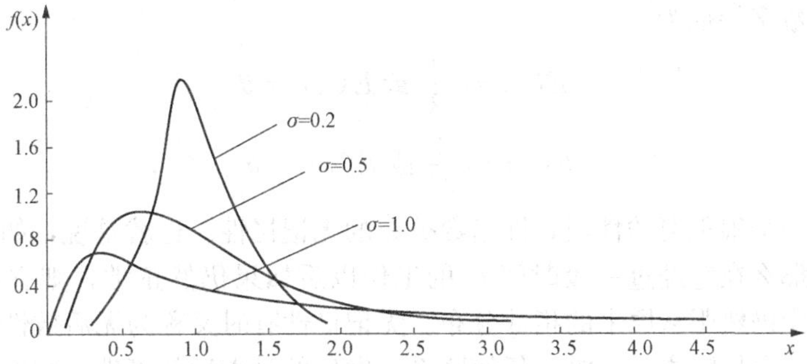

图5－5　对数正态分布的密度函数曲线（当μ=0时）

3. 指数分布

许多电子产品的寿命分布一般服从指数分布。有的系统的寿命分布也可用指数分布来近似。它在可靠性研究中是最常用的一种分布形式。指数分布是伽马分布和威布尔分布的特殊情况，产品的失效是偶然失效时，其寿命服从指数分布。

若X是一个非负的随机变量，且有密度函数为

$$f(x)=\begin{cases}\lambda\mathrm{e}^{-\lambda x} & x\geqslant 0,\lambda>0\\ 0 & x<0\end{cases} \tag{5-27}$$

则称X服从参数为λ的指数分布，记为$X\sim \mathrm{e}(\lambda)$。其中，$\lambda$为常数，是指数分布的失效率。指数分布的分布函数为

$$F(x)=P\{X\leqslant x\}=\int_0^x f(x)\mathrm{d}x=\int_0^x\lambda\mathrm{e}^{-\lambda x}\mathrm{d}x=1-\mathrm{e}^{-\lambda x}\quad x\geqslant 0,\lambda>0 \tag{5-28}$$

指数分布的密度函数和分布函数的图形分别如图5－6和图5－7所示。

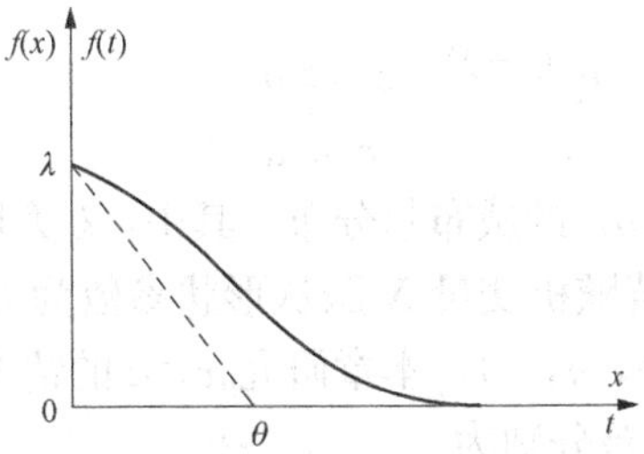

图5－6　指数分布的密度函数曲线

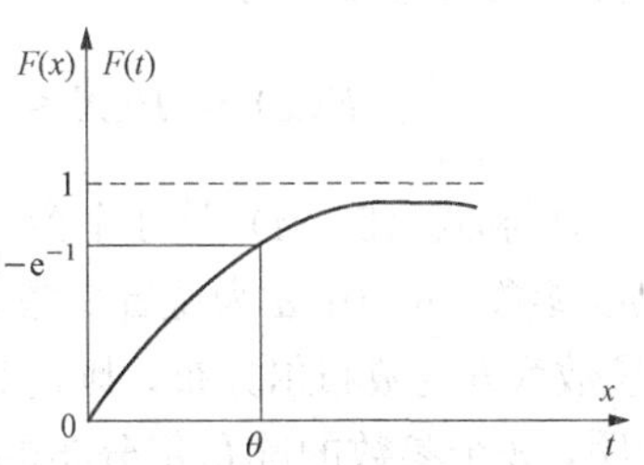

图5－7　指数分布的分布函数曲线

若令 $\theta=\frac{1}{\lambda}$，则指数分布的密度函数还可表达为

$$f(x)=\begin{cases}\frac{1}{\theta}e^{-t/\theta} & t\geqslant 0,\theta>0\\ 0 & t<0\end{cases} \tag{5-29}$$

式中　θ——常数，表示指数分布的平均寿命；

　　　t——失效时间随机变量。

分布函数为

$$F(x)=\begin{cases}1-e^{-t/\theta} & t\geqslant 0,\theta>0\\ 0 & t<0\end{cases} \tag{5-30}$$

指数分布的数字特征为

$$E(x)=\frac{1}{\lambda}\text{ 或 }E(x)=\theta \tag{5-31}$$

$$E(x)=\frac{1}{\lambda^2}\text{ 或 }E(x)=\theta^2 \tag{5-32}$$

指数分布有一个很重要的性质，即指数分布的无记忆性。也就是说，如果某产品的寿命服从指数分布，那么在它经过一段时间 t_0 的工作以后如果仍然正常，则它和新产品一样在 t_0 以后的剩余寿命仍然服从原来的指数分布。无记忆性有时又称为无后效性，即在发生前一个故障和发生下一个故障之间，没有任何联系，发生的是无后效事件，它们是随机事件，可用指数分布描述。

4. 威布尔分布

威布尔（Weibull）分布是由最弱环节模型导出的，这个模型如同由许多链环串联而成的一根链架，两端受拉力时，其中任意一个环断裂，则链条即失效。显然，链条断裂发生在最弱环节。广义地讲，一个整体的任何部分失效，则整体就失效，即属于最弱环节模型。

实践证明，凡是因为某一部件失效或故障而引起整机停止运行，这些部件或设备的寿命都服从威布尔分布，如滚动轴承疲劳剥落、链条、压簧的疲劳断裂、齿轮轮齿的接触疲劳破坏、滑动轴承的磨损寿命等均服从威布尔分布，由于它由 3 个参数组成，所以适应性强，即对各种类型失效试验数据拟合的能力强。

若随机变量 X 服从威布尔分布，其分布密度为

$$f(x)=\begin{cases}\frac{k}{b}\left(\frac{x-a}{b}\right)^{k-1}e^{-\left(\frac{x-a}{b}\right)^k} & x\geqslant a\\ 0 & x<a\end{cases} \tag{5-33}$$

威布尔分布的分布函数为

$$F(x)=P(X\leqslant x)=\begin{cases}1-e^{-\left(\frac{x-a}{b}\right)^k} & x\geqslant a\\ 0 & x<a\end{cases} \tag{5-34}$$

式（5-33）和式（5-34）是 3 个参数（k，a，b）的威布尔分布。其中，k 为形状参数，$k>0$；b 为尺度参数，$b>0$；a 为位置参数，$a>0$。若随机变量 X 服从形状参数为 k，位置参数为 a，尺度参数为 b 的威布尔分布，则记为 $X\sim W(k, a, b)$。本章研究 $x>a$ 的情况。

可以证明，3 个参数的威布尔分布的均值和方差分别为

$$E(x)=a+b\Gamma\left(\frac{1}{k}+1\right) \tag{5-35}$$

$$D(x)=b^2\left[\Gamma\left(\frac{2}{k}+1\right)-\Gamma^2\left(\frac{1}{k}+1\right)\right] \tag{5-36}$$

式（5-35）及式（5-36）中为$\Gamma(\cdot)$为伽马函数，其值可查伽马函数表。

图 5-8 所示为不同参数k的威布尔分布。从图 1-8 可以看出，位置参数a决定了$f(x)$曲线的起始位置，$x<a$时不会产生失效，只有$x>a$时才会发生失效。因此，在寿命研究中，a为最小保证寿命。形状参数k不同，则曲线形状不同，当$k=1$时，由式（5-33）及式（5-34）可知，这是 2 个参数的指数分布。当$k=1$且位置参数$a=0$时，是单参数的指数分布。当$k>1$时，$f(x)$曲线为单峰曲线，其中，$k=2$时，称瑞利分布；$k=3.5$时，$f(x)$曲线近似正态分布。尺度参数b不同，曲线的形状不变，只是坐标尺度改变。图 5-9 所示为$a=0$，$k=2$时，不同参数b威布尔分布。

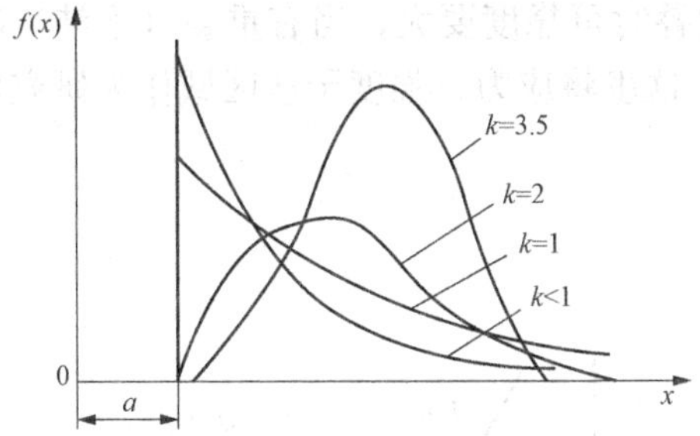

图 5-8 不同参数k的威布尔分布

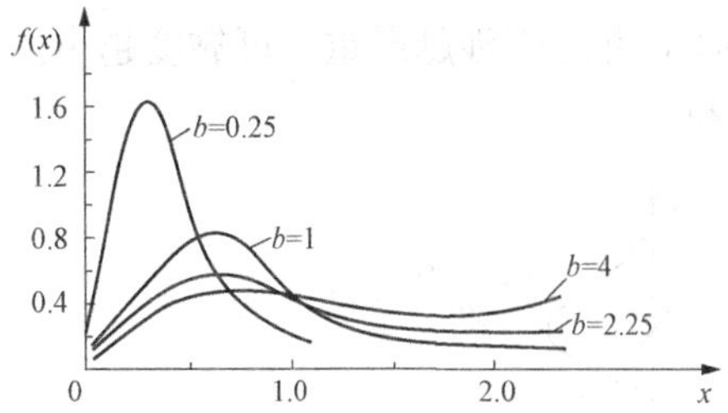

图 5-9 不同参数b的威布尔分布

5.3 可靠性设计原理

传统设计方法将设计参数看作常量。以简单受拉杆件为例，其强度条件为

$$\sigma=\frac{P}{A}\leqslant[\sigma]=\frac{\sigma_{\min}}{n}$$

其中，将拉力P、截面积A、工作应力σ、极限应力$\sigma_{\min}$都视为常量，这并不符合实际情况。经大量的试验统计可查明它们是符合某种统计规律的随机变量。因为不了解这些变量，所以在传统设计中引用了经验的安全系数。而设计中定出的安全系数仍具有相当大的盲目性，不同的设计者对同样条件下所取的安全系数n值常有很大的差别。例如，在常用机械零件设计中安全系数一般取 2，而对矿用提升设备钢丝绳设计时安全系数则取到 10。为了保证安全，在机械设计过程中往往采用过大的安全系数，导致产品的尺寸和质量都过大。这样不仅浪费材料，而且对于很多情况，如受质量限制的运输设备、受空间限制的采掘设备等，都是不合理的。

5.3.1 应力-强度干涉模型

在机械设计中，应力和强度具有相同的量纲，因此可将它们的概率密度曲线表示在同一坐标系中。假设应力S和强度Δ服从某一概率分布，分别用$f(s)$和$g(\delta)$表示应力和强度的概率密度函数。将它们画在同一坐标系中，如图 5-10 所示，则可能出现两种应力和强度的对比情况。

（1）两种分布曲线无重叠。如图 5-10 中的左图所示，此时可能出现的最大工作应力都小于可能出现的最小强度，则该零件不失效或可靠的概率为 1。具有这类应力强度关系的零件是安全的，不会发生因强度不足而发生破坏失效的情况。

(2) 两种分布曲线有重叠。如图 5 - 10 右图中的阴影部分所示，这种重叠称为应力 - 强度干涉现象。将这种干涉称为应力 - 强度干涉模型。发生干涉时，虽然工作应力的平均值仍远小于极限强度的平均值，但不能绝对保证工作应力在任何情况下都不大于极限应力。这是工程中大量出现的情况，也是可靠性设计重点研究的情况。

需要说明的是，即使在第一种情况下，零件在动载荷、磨损、疲劳载荷的长期作用下，强度也将会逐渐衰减，可能会从图 5 - 10 中的位置 a 沿着衰减曲线移到位置 b，造成应力、强度曲线发生干涉，即由于强度的降低造成应力超过强度而产生不可靠的情况。因此，以往按传统的机械设计方法只进行安全系数的计算校核是不够的，还需要进行可靠度的计算，这正是可靠性设计区别于传统设计最重要的特点。

由图 5 - 11 可知，当应力 - 强度干涉曲线无重叠时可靠度要大，当有重叠（干涉）时可靠度要小，并且干涉越严重，可靠度越小。因此，这里将应力、强度干涉区域作为研究对象进行分析。

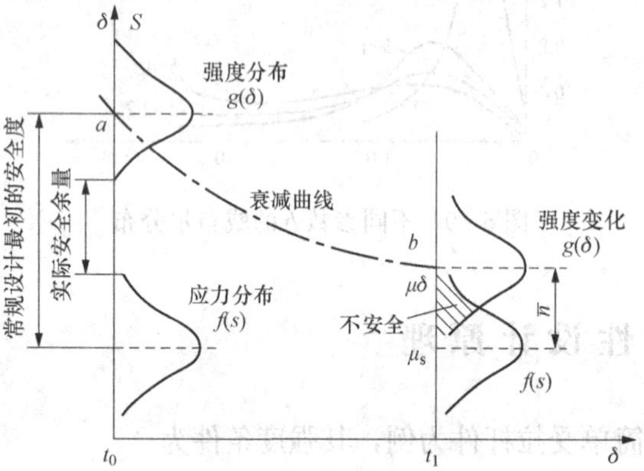

图 5 - 10　应力 - 强度分布区域

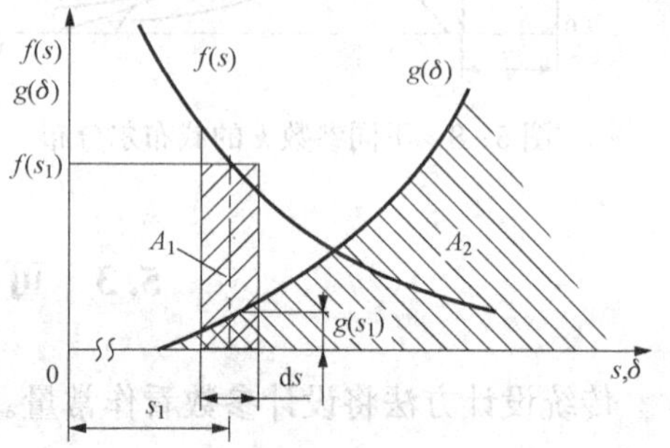

图 5 - 11　应力 - 强度干涉区域

5.3.2　可靠度计算

设机械零件的可靠度为 $R=P(\Delta>S)$，不可靠度为 $F=P(\Delta<S)$，显然存在 $R+F=1$。对于如图 5 - 10 所示的状态，有 $R=1$；对于如图 5 - 11 所示的状态，R 与应力 - 强度分布曲线干涉程度（阴影部分的干涉面积大小）有关。应力 S 在微分区域 $\mathrm{d}s$ 内的概率为

$$P\left(s_1-\frac{\mathrm{d}s}{2}\leqslant S\leqslant s_1+\frac{\mathrm{d}s}{2}\right)=f(s_1)\mathrm{d}s \tag{5-37}$$

而材料强度 $\Delta>s_1$ 的概率为

$$P(\Delta\geqslant s_1)=\int_{s_1}^{\infty}g(\delta)\mathrm{d}\delta \tag{5-38}$$

如果应力在 $\mathrm{d}s$ 内的概率与材料强度大于 s_1 的概率是两个相互独立的事件，则它们同时发生的概率为 $f(s_1)\mathrm{d}s\left[\int_{s_1}^{\infty}g(\delta)\mathrm{d}\delta\right]$。这个概率就是应力 Δ 在 $\mathrm{d}s$ 小区间内不会引起故障或失效的概率，它就是可靠度 $\mathrm{d}R$，即

$$\mathrm{d}R=f(s_1)\mathrm{d}s\left[\int_{s_1}^{\infty}g(\delta)\mathrm{d}\delta\right] \tag{5-39}$$

因为机械零件强度的可靠度是材料强度大于应力的概率，所以对式（5 - 39）在全部应

力取值上积分便可得零件的可靠度，即

$$R=\int_{-\infty}^{\infty}f(s)\left[\int_{s}^{\infty}g(\delta)\mathrm{d}\delta\right]\mathrm{d}\delta \tag{5-40}$$

反之，若定义机械零件的可靠度是应力小于强度的概率，则有

$$R=\int_{-\infty}^{\infty}g(\delta)\left[\int_{-\infty}^{s}f(s)\mathrm{d}s\right]\mathrm{d}\delta \tag{5-41}$$

在工程实际中，常将上述可靠度的应力-强度对比关系表达式用干涉随机变量 $Y=\Delta-S$ 来表示。因 Δ、S 均为随机变量，故 Y 也是随机变量，我们称 Y 为干涉随机变量。因此，零件的可靠度等于 $Y>0$ 的概率，即

$$R=P\quad Y>0 \tag{5-42}$$

根据概率运算法则，可从已知的 $f(s)$、$g(\delta)$ 中求得 Y 的概率密度函数 $f(y)$，因而零件的可靠度计算式为

$$R=P(Y>0)=\int_{0}^{\infty}f(y)\mathrm{d}y \tag{5-43}$$

由式（5-43）可知，可靠度的计算也可归结为求干涉随机变量概率密度函数 $0\sim\infty$ 的积分。

用式（5-40）～式（5-43）计算零件的可靠度时，必须先根据试验和相应的理论分析，获得零件应力和强度分布的概率密度函数。对于一些常见简单分布规律的组合，用式（5-40）～式（5-43）能够获得零件可靠度的解析值。但由于一般概率密度函数都比较复杂，所以难以用上面的公式进行计算，而只能用数值积分的计算方法获得其近似值。

【例 5-1】 已知安全销的剪切强度 Δ 与剪切应力 S 均服从指数分布，其参数 $\overline{\delta}=300\text{MPa}$，$\overline{s}=250\text{MPa}$，求可靠度。

由于指数分布为单参数分布，即 $\lambda_\delta=1/\delta=\frac{1}{300}$，$\lambda_s=\frac{1}{250}$ 且 $s>0$，将此代入式（5-40），得

$$R=\int_{0}^{\infty}\mathrm{e}^{-\lambda_\delta s}\lambda_s\mathrm{e}^{-\lambda_s s}\mathrm{d}s=\frac{\lambda_s}{\lambda_\delta+\lambda_s}=\frac{\overline{\delta}}{\overline{\delta}+\overline{s}}=\frac{300}{300+250}=0.545$$

5.3.3 关于干涉理论的讨论

由以上分析可知，可靠度的大小与应力、强度的分布或干涉有关，即与干涉随机变量的分布有关。具体分析如下：

（1）曲线 $f(s)$ 与 $f(\delta)$ 的相对位置可以用它们各自均值的比值 $\overline{n}=\frac{\mu_\delta}{\mu_s}$ 来衡量，称 $\overline{n}$ 为均值安全系数。另外，也可以用均值差 $\mu_\delta-\mu_s$ 来衡量，称均值差为安全间距。由图 5-12 可以看出，当强度和应力的标准差 σ_δ 和 σ_s 一定时，提高 $\overline{n}$ 或提高 $\mu_\delta-\mu_s$，可提高可靠度，因为干涉面积 A' 小于 A。

（2）由图 5-12（b）可以看出，当应力和强度的均值一定时，降低强度和应力的标准差 σ_δ 和 σ_s，可以提高可靠度，因为干涉面积 A' 小于 A。

（3）干涉区的大小定性地反映了可靠度的大小，即干涉区小，则失效概率小，但是干涉区的面积并不等于失效概率。这里讨论如图 5-13 所示的情况，设应力和强度分布的概率密度函数交点的横坐标为 $s_0=\delta_0$，并记为

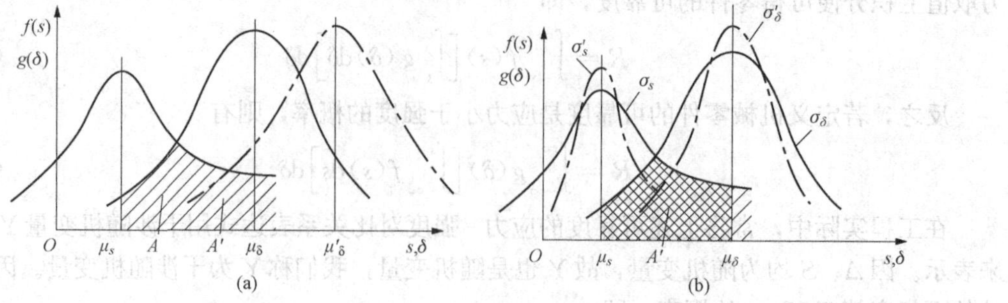

图 5-12　均值、标准差和可靠度的直观变化

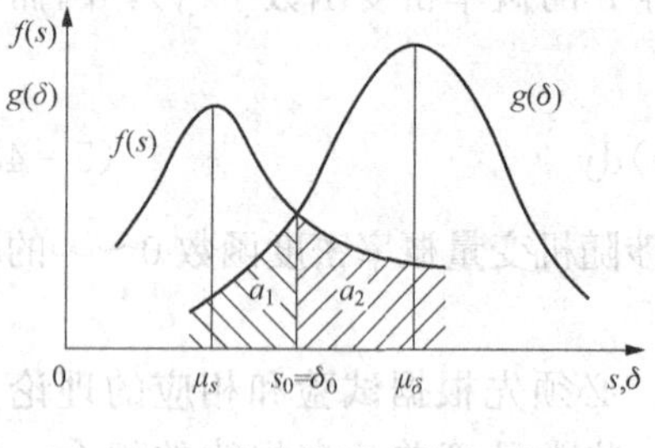

图 5-13　应力与强度分布干涉区

$$a_1=\int_{-\infty}^{\delta_0} g(\delta)\mathrm{d}\delta$$
$$a_2=\int_{s_0}^{\infty} f(s)\mathrm{d}s \tag{5-44}$$

由式（5-40）可知，失效概率 P 可表示为

$$P=\int_{-\infty}^{\infty} f(s)\left[\int_{-\infty}^{s} g(\delta)\mathrm{d}\delta\right]\mathrm{d}s \tag{5-45}$$

利用式（5-44）得

$$P\geqslant\int_{-\infty}^{s_0} f(s)\left[\int_{-\infty}^{\delta_0} g(\delta)\mathrm{d}\delta\right]\mathrm{d}s=\int_{-\infty}^{s_0} a_1 f(s)\mathrm{d}s=a_1a_2$$

按照类似分析可得

$$R\geqslant(1-a_1)(1-a_2)$$

综上所析，可靠度的取值范围是

$$(1-a_1)(1-a_2)\leqslant R\leqslant 1-a_1a_2$$

（4）干涉理论要求已知应力和强度这些随机变量的概率密度函数。

（5）应当强调的是，强度低截尾区的数据和应力高截尾区的数据对可靠度的影响非常大，Wirsching 建议对低截尾区采用某种概率分布、对高强尾区采用两参数的指数分布，值得考虑。

（6）将干涉模型中应力和强度的概念加以拓展，即凡是引起失效的因素都称为“应力”，凡是阻止失效的因素都称为“强度”，则应力-强度干涉理论同样可以应用到刚度、动作、磨损及与时间有关的可靠性问题中。

5.4　零部件的可靠性设计

5.4.1　应力与强度均呈正态分布的可靠度计算

当应力 S 和强度 Δ 服从正态分布时，设它们的概率密度函数分别为

$$f(s)=\frac{1}{\sqrt{2\pi}\sigma_s}\exp\left[-\frac{(s-\mu_s)^2}{2\sigma_s^2}\right]s>0 \tag{5-46}$$

$$g(\delta)=\frac{1}{\sqrt{2\pi}\sigma_\delta}\exp\left[-\frac{(\delta-\mu_\delta)^2}{2\sigma_\delta^2}\right]s>0 \tag{5-47}$$

式中　μ_s——应力均值；

σ_s——应力的标准差；

μ_δ——强度均值；

σ_δ——强度的标准差。

因Δ、S均服从正态分布，则$Y=\Delta-S$也服从正态分布，且其概率密度函数

$$f(y)=\frac{1}{\sqrt{2\pi(\sigma_\delta^2+\sigma_s^2)}}\exp\left\{-\frac{[y-(\mu_\delta-\mu_s)]^2}{2(\sigma_\delta^2+\sigma_s^2)}\right\} \tag{5-48}$$

则Y的均值和标准差分别为

$$\begin{aligned}\mu_y&=\mu_\delta-\mu_s\\ \sigma_y&=\sqrt{(\sigma_\delta^2+\sigma_s^2)}\end{aligned} \tag{5-49}$$

则$Y>0$的概率就是零件的可靠度，所以

$$R=P(Y>0)=\int_0^\infty\frac{1}{\sqrt{2\pi}\sigma_y}\exp\left[-\frac{(y-\mu_y)^2}{2\sigma_y^2}\right]\mathrm{d}y \tag{5-50}$$

对式（5-50）中的分布函数进行标准化变换，令

$$z=\frac{y-\mu_y}{\sigma_y}$$

则$\mathrm{d}y=\sigma_y\mathrm{d}z$，当$y=0$时，$z=-\mu_y/\sigma_y$；当$y\to+\infty$，$z\to+\infty$时，代入式（5-50），得

$$R=\frac{1}{\sqrt{2\pi}}\int_{-\frac{\mu_y}{\sigma_y}}^{\infty}\exp\left(-\frac{z^2}{2}\right)\mathrm{d}z \tag{5-51}$$

令

$$z_R=-\frac{\mu_\delta-\mu_s}{\sqrt{\sigma_\delta^2+\sigma_s^2}} \tag{5-52}$$

将z_R称为可靠性系数。

考虑到决定载荷和应力等现行计算方法有一定的误差，并计及计算零件的重要性，使之具有一定的强度储备，可把零件工作应力的数学期望μ_s扩大n倍作为零件受载时的极限状态，此时

$$z_R=-\frac{\mu_\delta-n\mu_s}{\sqrt{\sigma_\delta^2+\sigma_s^2}} \tag{5-53}$$

式中　n——强度储备系数，按各类专业机械的要求选取，一般$n=1.1\sim1.25$。

根据应力和强度的分布参数计算出可靠性系数后，从标准正态函数表查得相应的数值，即可得到可靠度。式（5-52）称为连接方程（connection equations），它将材料强度、零件应力分布函数特征值与可靠度3个参数的关系连接在一起。表5-1列出了若干z_R与R的对应值。

表5-1　z_R与R的对应关系

R	z_R	R	z_R	R	z_R
0.5	−0	0.995	2.567	0.999 999	−4.753
0.9	−1.288	0.999	−3.091	0.999 9999 9	−5.199
0.95	−1.645	0.999 9	−3.719	0.999 999 99	−5.621
0.99	−2.326	0.999 99	−4.265	0.999 9999 999 9	−5.997

应力和强度均为正态分布时有以下三种情况：

（1）当 $\mu_\delta > \mu_s$ 时，强度的均值大于应力的均值，如图 5-14 所示。此时，$z_R = -\frac{\mu_\delta - \mu_s}{\sqrt{\sigma_\delta^2 + \sigma_s^2}} < 0$，可靠度大于 50%，当 $\mu_\delta - \mu_s$ 为定值时，方差 σ_δ^2、σ_s^2 越大，z_R 的绝对值越小；z_R 值越大，可靠度越小。

（2）当 $\mu_\delta = \mu_s$ 时，如图 5-15 所示。此时，$z_R = -\frac{\mu_\delta - \mu_s}{\sqrt{\sigma_\delta^2 + \sigma_s^2}} = 0$，可靠度等于 50%，可靠度与方差 σ_δ^2、σ_s^2 无关。

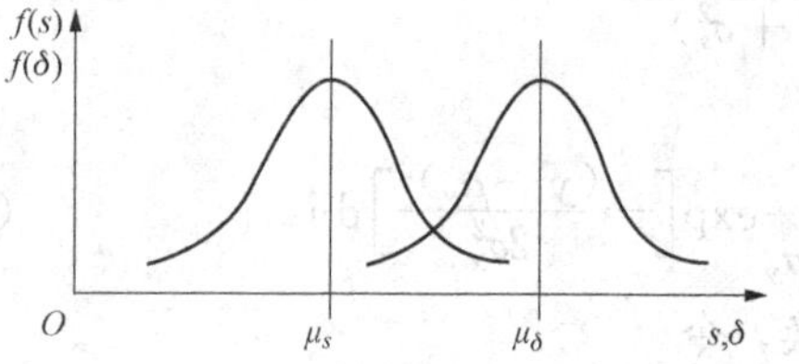

图 5-14 强度均值大于应力均值时的情况

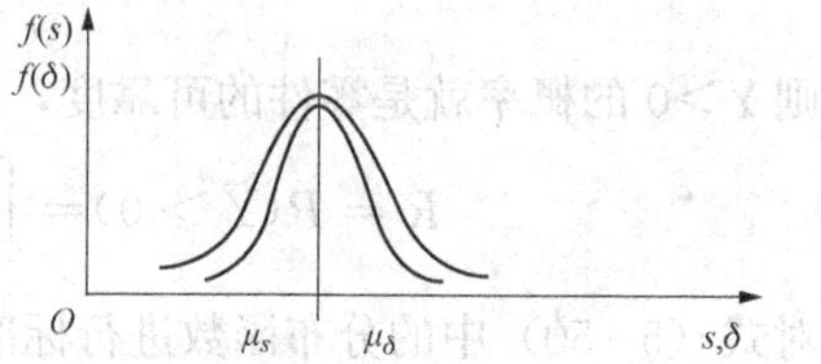

图 5-15 强度均值大于应力均值时的情况

（3）当 $\mu_\delta < \mu_s$ 时，$z_R = -\frac{\mu_\delta - \mu_s}{\sqrt{\sigma_\delta^2 + \sigma_s^2}} > 0$，可靠度小于 50%。

【例 5-2】 已知某缠绕式提升机的钢丝绳受拉伸载荷，其承载能力及载荷均为正态分布，且承载能力的均值和标准差分别为 907200N 和 136000N，载荷的均值和标准差分别为 544300N 和 113400N，试确定钢丝绳的可靠度。若另一提升机的钢丝绳，由于严格质量管理，钢丝绳强度一致性有所提高，其承载能力的标准差降为 907000N，求其可靠度。

解 采用式（5-52），则对第一种钢丝绳

$$z_R = -\frac{\mu_\delta - \mu_s}{\sqrt{\sigma_\delta^2 + \sigma_s^2}} = -\frac{907200 - 544300}{\sqrt{136000^2 + 113400^2}} = -2.0491$$

查阅标准正态分布表，得所求可靠度为 $R = 0.9798 = 97.98\%$。

同理，对第二种钢丝绳，有

$$z_R = -\frac{\mu_\delta - \mu_s}{\sqrt{\sigma_\delta^2 + \sigma_s^2}} = -\frac{907200 - 544300}{\sqrt{90700^2 + 113400^2}} = -2.50$$

查得相应的可靠度为 $R = 0.9938 = 99.38\%$。

由［例 5-2］可知，在同样的承载条件下，由于钢丝绳（零件）的强度一致性好，标准差减小，钢丝绳（零件）的可靠性明显提高。若用常规设计方法的安全系数来评判钢丝绳（零件）的安全性，因为平均安全系数 $n = \frac{\mu_\delta}{\mu_s}$，而这两种情况的 μ_δ 和 μ_s 都相等，所以得出的结论是两种情况下钢丝绳（零件）的安全性相同然而可靠性计算结果并非如此。这正说明了可靠性设计与常规设计的区别之处。

【例 5-3】 一锁制孔用螺栓工作时受剪力，根据经验，剪力及螺栓的抗剪承载能力服从正态分布。已知剪力均值 $\overline{V} = 21000$N，变异系数 $C_V = 0.1$；螺栓承载能力的均值 $\overline{Q} = 31321$N。若要保证螺栓的可靠度 $R = 0.999$，那么螺栓承载能力的变异系数 C_Q 应

为多少？

解 已知可靠度$R=0.999$，可知

$$z_R=\Phi^{-1}(R)=\Phi^{-1}(0.999)$$

查表得$z_R=3.091$。将已知参数代入式连接方程有

$$z_R=\frac{\mu_Q-\mu_V}{\sqrt{\sigma_Q^2+\sigma_V^2}}=\frac{31326-21000}{\sqrt{\sigma_Q^2+(21000\times 0.1^2)}}=3.091$$

解得$\sigma_Q=2598\text{N}$。

故变异系数

$$C_Q=\frac{\sigma_Q}{\mu_Q}=\frac{2598}{31326}=0.082$$

为了保证连接具有0.999的可靠度，螺栓剪切强度的变异系数不得大于0.082。

5.4.2 应力与强度均呈对数正态分布时的可靠度计算

应力S和强度Δ均呈对数正态分布时，则其对数值$\ln S$和$\ln\Delta$服从正态分布，即

$$\ln S\sim N(\mu_{\ln S},\sigma_{\ln S}^2)$$
$$\ln\Delta\sim N(\mu_{\ln\Delta},\sigma_{\ln\Delta}^2)$$

令

$$Y=\ln\Delta-\ln S=\ln\frac{\Delta}{S}$$

则Y为正态分布的随机变量，其均值μ_y和标准差σ_y，分别为

$$\mu_y=\mu_{\ln\Delta}-\mu_{\ln S}$$
$$\sigma_y=\sqrt{\sigma_{\ln\Delta}^2+\sigma_{\ln S}^2}$$

连接方程为

$$z_R=-\frac{\mu_y}{\sigma_y}=-\frac{\mu_{\ln\Delta}+\mu_{\ln S}}{\sqrt{\sigma_{\ln\Delta}^2+\sigma_{\ln S}^2}} \tag{5-54}$$

5.4.3 应力与强度均呈指数分布时的可靠度计算

当应力S与强度Δ均呈指数分布时，它们的概率密度函数分别为

$$f(s)=\lambda_s e^{-\lambda_s s}\quad 0\leqslant s\leqslant+\infty$$
$$f(\delta)=\lambda_\delta e^{-\lambda_\delta\delta}\quad 0\leqslant\delta\leqslant+\infty$$

由可靠度计算的一般公式得

$$\begin{aligned}R=P(\Delta\geqslant S)&=\int_0^\infty f(s)\left[\int_0^\infty g(\delta)\mathrm{d}\delta\right]\mathrm{d}s\\&=\int_0^\infty\lambda_s e^{-\lambda_s}\left[e^{-\lambda_s s}\right]\mathrm{d}s=\int_0^\infty\lambda_s e^{-(\lambda_s+\lambda_\delta)s}\mathrm{d}s\\&=\frac{\lambda_s}{\lambda_\delta+\lambda_s}\int_0^\infty(\lambda_\delta+\lambda_s)e^{-(\lambda_s+\lambda_\delta)s}\mathrm{d}s=\frac{\lambda_s}{\lambda_\delta+\lambda_s}\end{aligned} \tag{5-55}$$

或

$$R=\frac{\mu_s}{\mu_\delta+\mu_s}$$

式中 μ_s——应力的均值；

μ_δ——强度的均值。

5.5　系统可靠性设计

5.5.1　系统的可靠性预测

1. 串联系统的可靠度

若产品或系统是由若干个单元（零部件）或子系统组成的（为了简略，以后子系统略），而其中的任何一个单元的可靠度都具有相互独立性，即各个单元的失效（发生故障）是互不相关的，这样的系统称为串联系统。那么，当任一单元失效时，都会导致产品或整个系统失效，则称这种系统为串联系统或串联模型（见图 5-16）。

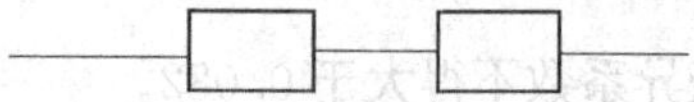

图 5-16　串联系统模型

串联系统要能正常工作必须是组成它的所有单元都能正常工作，应用概率乘法定律，可知串联系统的可靠度为

$$R_s(t) = \prod_{i=1}^{n} R_i(t) \tag{5-56}$$

式中　$R_s(t)$ ——系统的可靠度；

$R_i(t)$ ——单元 i 的可靠度，$i=1, 2, \cdots, n$。

单元的可靠度 $R_i(t) \leqslant 1$，可以看出：

(1) 串联系统的可靠度将因其组成单元数的增加而降低，且其值要比可靠度最低的那个单元的可靠还低。

(2) 最好采用等可靠度单元组成系统，并且组成单元越少越好。如果在串联系统中，各单元的失效率服从指数分布，则系统的失效率等于各组成单元失效率之和，即

$$\lambda_s = \sum_{i=1}^{n} \lambda_i \tag{5-57}$$

$$R_s(t) = \prod_{i=1}^{n} e^{-\lambda_i t} = e^{-\lambda_s t}$$

当串联系统为 n 个相同单元时，其可靠度与单元数和单元可靠度之间的关系如图 5-17 所示。由图 5-17 可以看出，串联系统的可靠度将因其组成单元数的增加而降低。

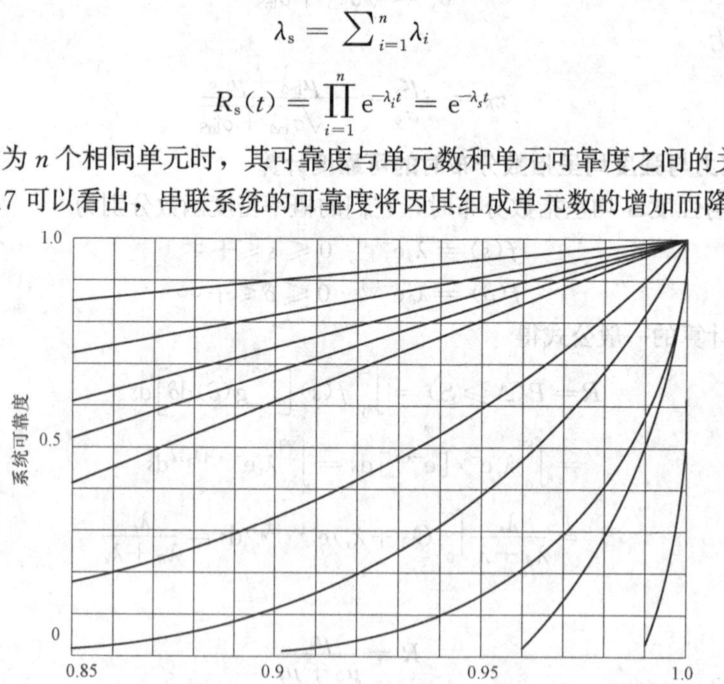

图 5-17　n 个相同串联系统的可靠度

【例 5-4】 某装岩机的传动系统有六级齿轮传动，已知各齿轮的可靠度预测值（1～6）分别为 0.99、0.99、0.98、0.97、0.96、0.95 试确定该传动系的可靠度。

解 该传动系是一串联系统，故其可靠度预测值为

$$R_s = 0.99\times0.99\times0.98\times0.97\times0.96\times0.95 = 0.85 = 85\%$$

【例 5-5】 某带式输送机的输送带有 54 个接头，已知各接头的可靠度为 0.9999，试计算该输送带的可靠度。

解 各接头构成了一串联系统，则系统的可靠度为

$$R_s = 0.99^{54} = 0.58$$

【例 5-6】 计算如图 5-18 所示的单级圆柱齿轮减速器的可靠度。已知使用寿命 5000h，其内各零件的可靠度如下：轴 1 及轴 7 均为 0.995，滚动轴承 2、4、6、9 均为 0.94，齿轮副 5 为 0.99，键 3 及键 8 均为 0.9999。

解 该单级圆柱齿轮减速器是一串联系统，故其可靠度为

$$\begin{aligned}R_s &= 0.995\times0.94\times0.9999\times0.94\times0.99\times0.94\times0.995\times0.9999\times0.94\\&= 0.765 = 76.5\%\end{aligned}$$

即该单级圆柱齿轮减速器的可靠度不低于 76.5%。

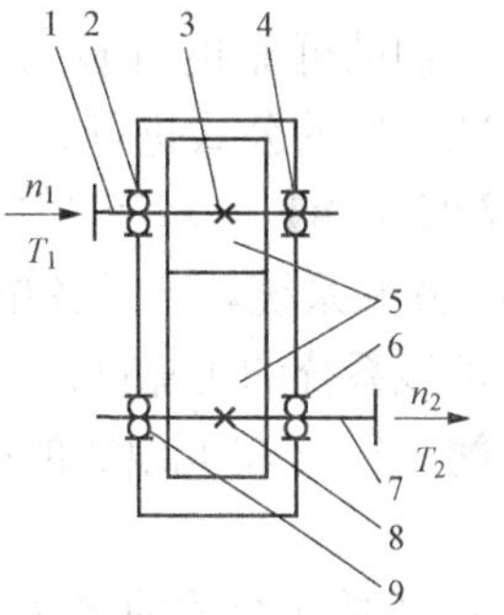

图 5-18 单级圆柱齿轮减速器

2. 并联系统的可靠度

在由若干个单元组成的系统中，只要有一个单元仍在发挥功能，产品或系统就能维持其功能，或者说，只有当所有单元都失效时系统才失效，将此系统称为并联系统或并联模型。并联系统又称并联储备系统。例如，现代的民用客机一般都是由多台（如 3、4 台）发动机驱动，只要有一台发动机还在工作，飞机就不致坠落。又如，矿井提升机液压泵站有两套，以提高系统的可靠性。

并联系统模型的简图如图 5-19 所示。

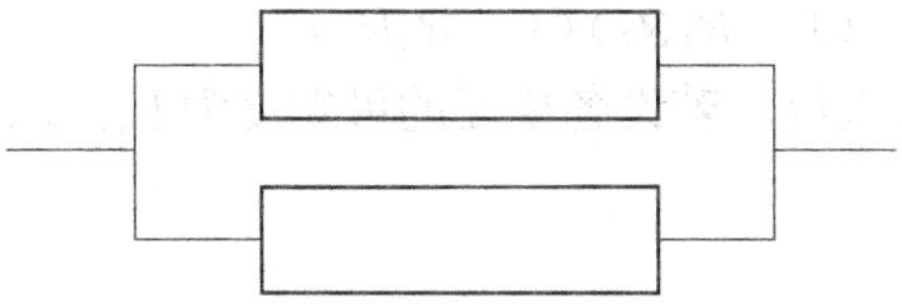
图 5-19 并联系统模型

由于并联系统只有当所有的组成单元都失效时系统才失效，所以应用概率乘法定理，得系统的失效概率或故障概率（不可靠度）为

$$\begin{aligned}F_s(t) &= [1-R_1(t)]\cdot[1-R_2(t)]\cdots[1-R_n(t)]\\&= \prod_{i=1}^{n}[1-R_i(t)]\end{aligned} \tag{5-58}$$

式中 $F_s(t)$ ——系统的失效概率；

$R_i(t)$ ——第 i 个单元的失效概率。

则并联系统的可靠度为

$$R_s(t) = 1-F_s(t) = 1-\prod_{i=1}^{n}[1-R_i(t)] \tag{5-59}$$

由于 $F_s(t)$ 是个小于 1 的数值，则由式（5-59）可知：①并联系统与串联系统相反，它的可靠度总是大于系统中任一个单元的可靠度；②并联元件越多，系统的可靠度越大。显然，提高并联系统可靠度的途径包括提高单元可靠度和增加单元数。

当并联系统为 n 个相同单元时，其可靠度与单元数和单元可靠度之间的关系如图 5-20

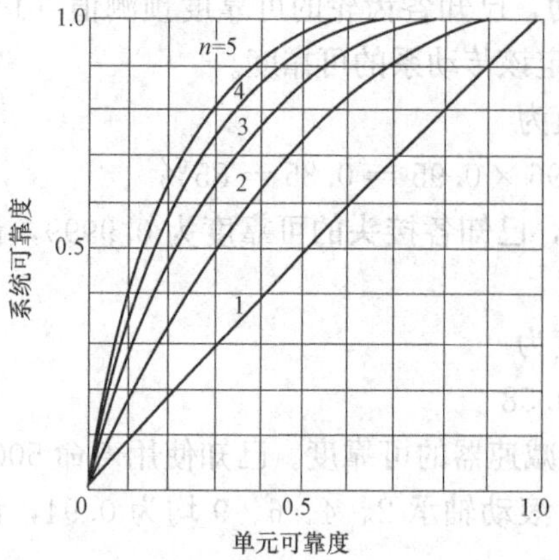

图 5-20 n 个相同单元串联系统的可靠度

所示。由图 5-20 可以看出，并联系统的可靠度将因其组成单元数的增加而增加。

【例 5-7】 系统由两个单元并联组成，可靠度函数为指数函数，即 $R_i(t)=e^{-\lambda t}$，求该并联系统的可靠度。

解 由并联系统的可靠度计算公式有

$$R_s(t)=1-\prod_{i=1}^{n}[1-R_i(t)]=1-(1-e^{-\lambda t})^2$$

3. 串并联系统（混联系统）的可靠度

串并联系统是由一些串联的子系统和并联的子系统组合而成的。串并联系统可分为以下两种：①串-并联系统（先串联后并联的系统），相应的模型如图 5-21（a）所示；②并-串联系统（先并联再串联的系统），相应的模型如图 5-21（b）所示。

串并联系统是串联和并联系统的组合，它们的可靠度计算可直接参照串联和并联系统的公式进行。

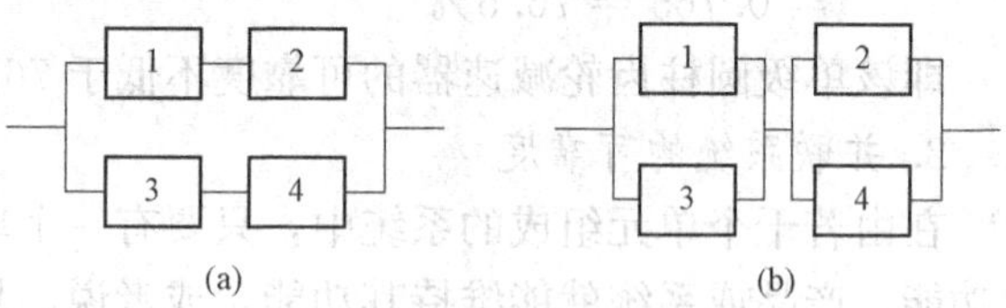

图 5-21 串并联系统模型

【例 5-8】 对于图 5-21（a）所示的串-并联系统，若设各单元的可靠度为 R_i，求该系统的可靠度。

解 1、2 单元组成的串联系统的可靠度为

$$R_{12}=R_1R_2$$

3、4 单元组成的串联系统的可靠度为

$$R_{34}=R_3R_4$$

1、2 单元和 3、4 单元组成的并联系统的可靠度为

$$R_{1234}=1-(1-R_{12})(1-R_{34})=1-(1-R_1R_2)(1-R_3R_4)$$

【例 5-9】 对于图 5-21 中（b）所示的并-串联系统，若设各单元的可靠度为 R_i。求该系统的可靠度。

解 1、3 单元组成的并联系统的可靠度为

$$R_{13}=1-(1-R_1)(1-R_3)$$

2、4 单元组成的并联系统的可靠度为

$$R_{24}=1-(1-R_2)(1-R_4)$$

1、3 单元和 2、4 单元组成的串联系统的可靠度为

$$R_{1234}=R_{13}R_{24}=[1-(1-R_1)(1-R_3)][1-(1-R_2)(1-R_4)]$$

这两种系统的功能是一样的，但可靠度却不一样。

【例 5-10】 如图 5-22 所示，2K-H 型行星齿轮机构的中心轮可靠度为 $R_g=0.995$，行星轮（3 个）的可靠度为 $R_g=0.995$，齿圈的可靠度为 $R_b=0.990$，设任一齿轮的失效是独立事件，求行星齿轮机构的可靠度。

解 行星轮并联后的可靠度为

$$R_{g123}=1-(1-R_g)^3$$

串联系统的可靠度为

$$R = R_a R_{g123} R_b$$
$$= 0.995 \times [1-(1-0.995)^3] \times 0.990$$
$$= 0.985$$

4. 备用冗余系统的可靠度

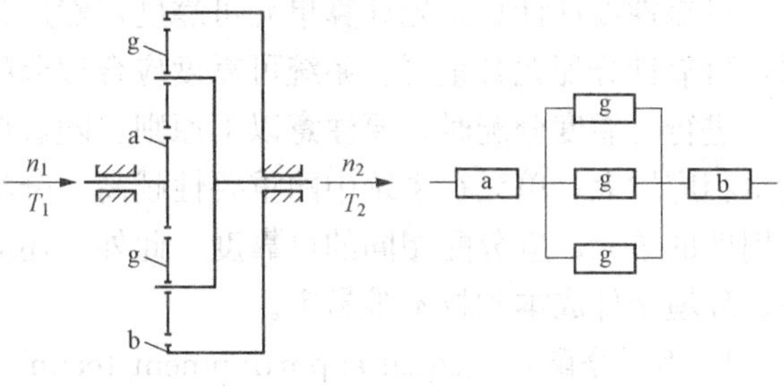

图 5-22 2K-H 型行星齿轮机构简化图

一般来说，在产品或系统的构成中，把同功能单元或部件重复配置以作备用。当其中一个单元或部件失效时，用备用的来替代（自动或手动切换）以继续维持其功能。这种系统称为备用冗余系统，也称为等待系统、旁联系统、并联非储备系统。

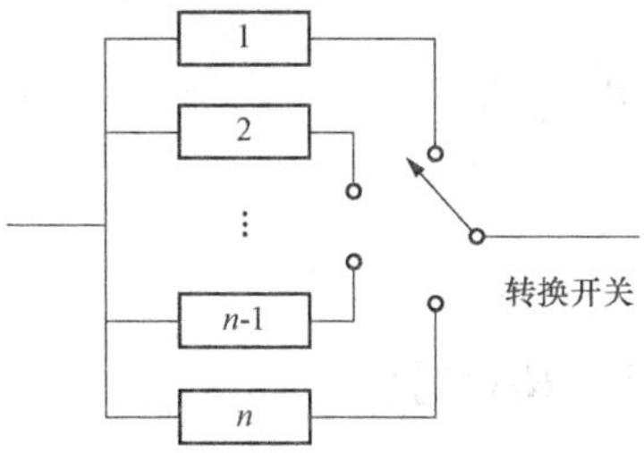

图 5-23 备用冗余系统

这种系统的一个明显特点是有一些并联单元，但它们在同一时刻并非全部投入运行。例如，飞机起落架的收放系统一般采用液压或气动系统，并装有机械的应急释放系统。备用冗余系统如图 5-23 所示。当系统中某个正在工作的单元失效时，备用的等待单元便进入工作，保证系统仍能继续工作。

【例 5-11】 由 n 个单元构成备用冗余系统，如图 5-23 所示。设故障检查器与转换开关的可靠度很高，即可靠度为 100%，它不影响系统的可靠度。各单元的失效率是指数分布，且等于λ_i时，求系统的可靠度。

解 备用冗余系统的可靠度按泊松分布的部分求和公式来计算，即

$$R_s(t) = e^{-\lambda t}\left[1 + \lambda t + \frac{(\lambda t)^2}{2!} + \frac{(\lambda t)^3}{3!} + \cdots + \frac{(\lambda t)^{n-1}}{(n-1)!}\right] \tag{5-60}$$

当 $n=2$ 时，备用冗余系统的可靠度为

$$R_s(t) = e^{-\lambda t}(1 + \lambda t)$$

计算表明，备用冗余系统的可靠度比并联系统的可靠度要高。

5. 表决系统

组成系统的 n 个单元中，不失效的单元不少于 k（k 介于 1 和 n 之间），系统就不会失效的系统称为表决系统，又称为 k/n 系统，如图 5-24 所示。通常 n 个单元的可靠度相同，均为 R，则可靠性数学模型为

$$R_s = \sum_{i=k}^{n} \frac{n!}{i!(n-i)!} R^i (1-R)^{n-1} \quad k \leqslant n \tag{5-61}$$

表决系统是一个更一般的可靠性模型，如果 $k=1$，即为 n 个相同单元的并联系统；如果 $k=n$，即为 n 个相同单元的串联系统。

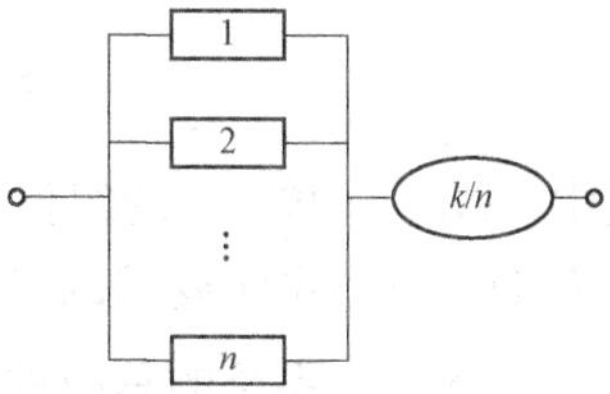

图 5-24 表决系统

5.5.2 系统可靠性分配

在机械系统的可靠性分配（reliability allocation）中，系统是由若干单元组成的，因此在系统的可靠度目标确定之后，应进一步把它分配给系统的组成单元：零部件或子系统。这项工作就是可靠性分配。

可靠性设计计算是先计算单元可靠度，然后计算系统可靠度。对复杂产品和大型系统来说，可靠性分配尤其重要。系统可靠度应合理分配，而不是无原则地分配。

进行可靠度分配时，要注意以下原则：随着单元可靠度技术水平的提高，所分配的可靠度也相应增大；单元在系统中的重要性越高，分配的可靠度就越高；对具有相同重要性和工作周期的单元，应分配相同的可靠度。此外，还应考虑单元结构的复杂程度、故障时的维修性、环境条件成本和技术难易等。

1. 等同分配法（equal apportionment technique）

这是最简单的一种分配方法。此时，全部子系统或各组成单元的可靠度相等。当系统中各单元具有近似的复杂程度、重要性及制造成本时，可用等同分配法。

(1) 串联系统。设其由 n 个单元组成，给定的系统可靠度为 $R_s(t)$，求单元分配所得的可靠度。系统可靠度为

$$R_s(t)=\prod_{i=1}^{n}R(t)=R_i(t)^n$$

所以

$$R_i(t)=R_s(t)^{\frac{1}{n}}$$

(2) 并联系统。系统可靠度为

$$R_s(t)=1-\prod_{i=1}^{n}[1-R_i(t)]=1-[1-R_i(t)]^n$$

所以

$$R_i(t)=1-[1-R_s(t)]^{\frac{1}{n}} \tag{5-62}$$

显然，这种分配方法的主要缺点是未考虑单元的重要性、结构的复杂性及修理的难易程度。

2. AGREE 法

AGREE 法是美国国防部研究开发局的电子设备可靠性顾问团于 1957 年 6 月提出的一种比较完善的综合分配方法。它考虑了系统的各单元或各子系统的复杂度、重要度、工作时间，以及它们与系统之间的失效关系，故又称为按重要度的分配方法，适用于各单元工作期间的失效率为常数的串联系统。

定义重要度为

$$重要度=E_i=\frac{某设备引起的设备故障次数}{所有设备发生故障的总次数}$$

或

$$E_i=\frac{第\ i\ 个单元失效引起系统故障的次数}{各单元的失效总次数}$$

AGREE 法的单元 i 的失效率分配公式为

$$\lambda_i=\frac{N_i[-\ln R_s(t)]}{NE_it_i}\quad(i=1,2,\cdots,n) \tag{5-63}$$

式中 N_i——单元 i 的组件数；

$R_s(t)$——系统要求的可靠度；

N——系统的总组件数，$N=\sum N_i$；

E_i——单元 i 的重要度；

t_i——系统要求单元 i 的工作时间。

单元 i 的可靠度分配公式为

$$R_i(t_i)=1-\frac{1-[R_s(t)]^{\frac{N_i}{N}}}{E_i}\quad(i=1,2,\cdots,n)\tag{5-64}$$

【例 5-12】 一个 4 单元的串联系统，要求在连续工作 48h 内系统的可靠度为 0.96，而单元 1、单元 2 的重要度为 $E_1=E_2=1$，单元 3 的工作时间为 10h，重要度为 $E_3=0.90$；单元 4 的工作时间为 12h，重要度为 $E_4=0.85$。已知各单元的零件数（组件数）分别为 10、20、40、50。试求怎样分配它们的可靠度。

解 （1）系统的零件总数为

$$N=10+20+40+50=120$$

（2）用式（5-64）计算分配给各单元的可靠度

$$R_1(48)=1-\frac{1-0.96^{\frac{10}{120}}}{1}=0.96^{0.0833}=0.99660$$

$$R_2(48)=1-\frac{1-0.96^{\frac{20}{120}}}{1}=0.99322$$

$$R_3(10)=1-\frac{1-0.96^{\frac{40}{120}}}{0.96}=0.98480$$

$$R_4(12)=1-\frac{1-0.96^{\frac{50}{120}}}{0.96}=0.98016$$

系统的可靠度为

$$R_s=0.99660\times0.99322\times0.98498\times0.98016=0.9556$$

由于公式的近似性，以及单元 3、4 的重要度小于 1，得到的 R_s 比规定的系统可靠度略低。

由［例 5-12］的计算结果可以看出，单元的零件数越少，结构越简单，则分配的可靠度就越高；反之，分配给的可靠度就越低。这种分配结果显然是合理的。

习 题

1. 何为产品的可靠性？其基本要素包括哪些？
2. 何为可靠度、不可靠度、失效概率密度函数？它们之间有何关系。
3. 何为失效率，如何计算？失效率与可靠度有何关系？
4. 可靠性设计与传统设计有何不同？
5. 试根据应力-强度干涉理论分析产品失效过程。
6. 试写出串联系统、并联系统、备用冗余系统及表决系统的可靠度计算公式。
7. 现对 40 台机械设备进行现场考察，其结果见表 5-2。

表 5-2 机械设备质量统计

寿命（t/h）	0～2000	>2000～4000	>4000～6000	>6000～8000
失效数	1	1	2	2
尚存数	39	38	36	34

试求 $t=4000\text{h}$ 时该设备的可靠度及不可靠度。

8. 某产品共 150 个，现做其寿命试验。当工作到 $t=20\text{h}$ 时，有 50 个失效；再工作 1h 时，有 2 个失效，试求该产品工作到 $t=20\text{h}$ 时的失效率。

9. 已知某零件的工作应力和强度的分布参数为 $\mu_s=500\text{MPa}$，$\sigma_s=50\text{MPa}$，$\mu_\delta=600\text{MPa}$，$\sigma_\delta=50\text{MPa}$，若应力和强度都是正态分布，试计算该零件的可靠度。当为对数正态分布时，试计算其可靠度。

10. 试计算如图 5-25 所示串并联系统的可靠性，元件 1～8 对应的可靠度为 R_1～R_8。

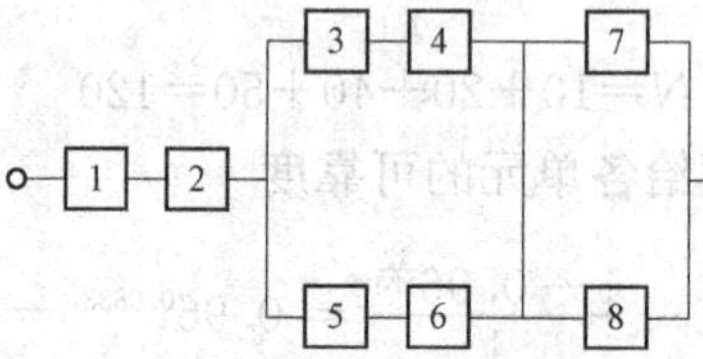

图 5-25 串并联系统

参 考 文 献

[1] 王凤岐．现代设计方法及其应用［M］．天津：天津大学出版社，2008.
[2] 李春书．现代设计方法及其应用［M]，北京：化学工业出版社，2013.
[3] 张鄂，张帆，买买提明·艾尼．现代设计理论与方法［M］．3 版．北京：科学出版社，2019.
[4] 黄靖远，龚剑霞，贾延林．机械设计学［M］．2 版．北京：机械工业出版社，2004.
[5] 赵敏，史晓凌，段海波．TRIZ 入门及实践［M］．北京：科学出版社，2020.
[6] 颜惠庚，杜存臣．技术创新方法实践——TRIZ 训练与应用［M］．北京：化学工业出版社，2014.
[7] 杨家军．机械创新设计与实践［M］．武汉：华中科技大学出版社，2014.
[8] Jorge Nocedal & Stephen J. Wright. Numerical Optimization［M］．USA：Springer，2006.
[9] 高立．数值最优化方法［M］．北京：北京大学出版社，2014.
[10] 孙靖民，梁迎春．机械优化设计［M］．5 版．北京：机械工业出版社，2012.
[11] Stephen Boyd，Lieven - Bandenberghe. 凸优化［M］．王书宁，许鋆，黄晓霖．北京：清华大学出版社，2013.
[12] 张连洪．现代设计方法及其应用［M］．2 版．天津：天津大学出版社，2014.
[13] 钟志华，周彦伟．现代设计方法［M］．武汉：武汉理工大学出版社，2001.
[14] 杜平安，于亚婷，刘建涛．有限元法——原理、建模及应用［M］．北京：国防工业出版社，2011.
[15] 石伟．有限元分析基础与应用教程［M］．北京：机械工业出版社，2010.
[16] 周昌玉，贺小华．有限元分析的基本方法及工程应用［M］．北京：化学工业出版社，2006.
[17] 任重．ANSYS 实用分析教程［M］．北京：北京大学出版社，2003.
[18] 曾攀．有限元分析与应用［M］．北京：清华大学出版社，2004.
[19] 陈定方，卢全国．现代设计理论与方法［M］．武汉：华中科技大学出版社，2010.
[20] 杨现卿，任济生，任中全．现代设计理论与方法［M］．徐州：中国矿业大学出版社，2010.